21世纪应用型本科院校规划教材

物理实验

主　编　金雪尘　王　刚　李恒梅

副主编　杨景景　万志龙　黄红云

参　编　周亚亭　朱　红　王　震　黄　亮

南京大学出版社

内容提要

本书以高等学校物理学与天文学指导委员会物理基础课程教学指导分委员会《理工科大学物理实验课程教学基本要求》为依据，以提高应用型本科高校物理实验教学质量为目标，结合近年来物理实验教学的发展趋势编写而成。本书在重视打好实验基础的同时，将现代技术运用于物理实验，如数字化测量、传感器的应用和数字存储示波器等。全书分六章，前两章为实验理论，包括误差理论与数据处理基本知识、不确定度概述、物理实验基本方法和基本技术；后四章为实验内容部分，分别为基础实验、综合性实验、设计性实验和计算机在物理实验中的应用。本书内容全面，重点突出，便于自学。

本书可作为理工科高校不同专业物理实验教学用书，也可作为相关专业人员参考用书。

图书在版编目（CIP）数据

物理实验 / 金雪尘，王刚，李恒梅主编. —南京：
南京大学出版社，2017.1(2020.1重印)
21世纪应用型本科院校规划教材
ISBN 978 - 7 - 305 - 18139 - 9

Ⅰ.① 物⋯　Ⅱ.① 金⋯　②王⋯　③李⋯　Ⅲ.①物理学
—实验—高等学校—教材　Ⅳ.①O4-33

中国版本图书馆 CIP 数据核字（2016）第 315652 号

出版发行　南京大学出版社
社　　　址　南京市汉口路 22 号　　　邮　编　210093
出 版 人　金鑫荣

丛 书 名　**21世纪应用型本科院校规划教材**
书　　名　**物理实验**
主　编　金雪尘　王　刚　李恒梅
责任编辑　胥橙庭　单　宁　　　编辑热线 025 - 83596923

照　　排　南京南琳图文制作有限公司
印　　刷　宜兴市盛世文化印刷有限公司
开　　本　787×1092　1/16　印张17　字数388 千
版　　次　2017年1月第1版　2020年1月第4次印刷
ISBN　978 - 7 - 305 -18139-9
定　　价　38.00 元

网　　址：http://www.njupco.com
官方微博：http://weibo.com/njupco
官方微信号：njupress
销售咨询热线：(025) 83594756

前　言

　　物理实验是理工科大学生进入大学后第一门进行科学实验基本训练的必修课程,在培养学生的实验方法和实验技能等方面有着不可替代的作用。作为应用型本科院校的物理实验教学工作者,深感培养学生实践动手能力的重要作用,在科学技术迅猛发展的大背景下,我们不断学习和借鉴物理实验教学经验,思考和探索物理实验改革内容。本书是在结合多年教学改革经验的基础上,参考教育部物理基础课教学指导委员会《理工科大学物理实验课程教学基本要求》和《高等学校基础课实验教学示范中心建设标准》编写而成。

　　本教材的实验选题覆盖面广、有代表性,在编写时注意了以下几点:

　　一、由于现代科学技术的成果不断渗透到生产、生活实践中,教材在保证大学物理实验体系完整的基础上,尽量将现代科技成果运用于物理实验中,如传感器的应用、电子天平、数字式电表、电子计时器等。

　　二、鉴于学生的物理实验基础参差不齐,在编排实验内容时,分成基础实验、综合性实验、设计性实验等几个部分,各部分内容要求不同,可供不同的班组或专业选用;在每个实验的内容上,尽量用较少的篇幅讲清实验原理和实验方法,对于一些较为复杂的数学推导过程,一般放在每个实验后的附录中,在实验原理部分仅给出结论或公式,易于学生对每个实验的把握和理解。

　　三、在设计性实验部分,为了尽可能地发挥学生主观能动性,在编写时只提出实验要求和实验器材,并根据不同的实验要求给出一些实验提示,旨在培养学生自主设计实验和独立解决问题的能力。这些实验一部分可在正常教学计划时间内完成,另一部分可在课外专题实验时间完成。

　　本书由金雪尘、王刚、李恒梅担任主编,杨景景、万志龙、黄红云担任副主编,参加编写的还有周亚亭、朱红、王震、黄亮。在编写过程中,得到常州工学院教务处、数理与化工学院领导和全体物理实验任课教师、实验技术人员的大力支持,张德生、茆锐、祁少明等同志协助做了大量工作,在此深表感谢。

　　本书可作为理工科院校和职业技术学院的大学物理实验教材或参考书。

　　限于编者的能力和水平,不妥和疏漏之处在所难免,恳请广大师生批评指正。

编　者

2016 年 11 月

目　录

绪　论

第一节　物理实验课的地位和作用

物理学是所有自然科学的基础学科,其基本原理和基本方法在所有的自然科学中普遍适用。同时,它又为现代科学技术文明奠定了基础,无论是工业、农业、国防和医学,无论是一般技术还是高新技术,物理思想和物理方法都在其中起着十分重要的作用。纵观近代文明史,物理学的每一次重大突破,都对社会生产力的发展起了决定性的影响,对人类文明的进步做出了不可估量的贡献。其典型例子:一是以热力学为基础,以蒸气机为代表的第一次工业革命;二是以电磁场理论为基础,以电气化为代表的第二次工业革命;三是自 30 世纪以来物理学的一系列重大发现,更是将世界带进了计算机、核能、激光、航天等高新技术的时代。

物理学是一门实验科学,物理现象的研究和物理规律的探索都是以严密的实验事实为基础,并且不断受到实验的检验。物理学史上的重大突破,大多以物理实验作为基础,物理实验在自然科学和技术中同样具有基础性和普遍性。物理实验作为理工科大学生进入大学后的一门独立开设的实验课程,它不仅可以加深对物理理论知识的理解,更重要的是让学生获得基本的实验知识,在实验方法和技能诸方面得到较为系统、严格的训练。同时,它又可以为后续课程打好必要的实验基础。

作为应用型本科院校,学生在学好理论知识的同时,培养他们运用所学的知识解决实际问题的能力、提高学生科学实验的素质就显得尤为重要,通过物理实验课程的学习,要求同学完成下列几方面的任务:

(1)通过对实验现象的观察分析及对物理量的测量,进一步掌握物理实验的基本知识、基本方法和基本技能。

通过有关长度测量实验的训练,要求同学掌握各种长度测量仪器(如游标尺、千分尺、读数显微镜、干涉仪等)的原理、用途和使用方法;通过电磁学实验的学习,要求掌握各种常用电学仪器、仪表(如电压表、电流表、示波器等)的原理和使用方法;通过一系列基本实验的训练,掌握一些常用实验技术,如仪器的调试技术(粗调、微调、调零、定标等)、电学元器件的识别技术、电路故障排除及安全用电技术等,并能运用物理实验的方法研究物理现象和物理规律。

（2）培养学生从事科学实验的素质。

在物理实验的学习过程中，我们强调手脑并用，这就意味着动手要在动脑的高度支配下才能正确地完成实验目标。在实验过程中，不仅要有科学、严谨的逻辑思维，而且要有开放的形象思维、发散思维和联想思维，这样才能保证思维的活力，逐步培养创新意识和创造能力。

在物理实验的学习中应注意科学分析方法和测量方法的掌握和积累，例如物理实验中要学会根据基本实验条件和实验仪器进行实验结果的数量级的分析与判断，要学习基本物理实验方法，如比较法、替代法、放大法、转换法和模拟法等。

（3）培养一定的科学实验的能力。

自学能力——能够自行阅读实验教材或参考资料，正确理解实验内容，在实验前做好相关的准备工作。

动手能力——能够借助教材和仪器，正确调整和使用常用仪器。

思维判断能力——能够运用物理学理论，对实验现象进行初步的分析和判断。

表达能力——能够正确记录和处理实验数据，绘制曲线，说明实验结果，撰写合格的实验报告。

初步设计能力——能够根据实验课题要求，确定实验方法，选择合理的仪器，拟定具体的实验程序。

（4）养成实事求是的科学作风，严肃认真的科学态度，不怕困难、主动进取的探索精神；遵守操作规程，爱护公共财物的优良品德；实验过程中同学间相互协作、共同探索的合作精神。

第二节　物理实验基本要求和基本程序

一、预习

预习是上好实验课的基础和前提。预习的基本要求是仔细阅读教材，了解实验的目的和要求，知道实验原理、实验方法和所用实验设备。通过预习，学生应对所做的实验有一个初步的了解，写好预习报告（包括实验目的、原理、步骤、电路或光路图及数据表格等）。

二、实验操作与记录

实验室与教室的最大区别就是实验室中有大量的仪器设备和实验材料。在不同的实验室中，还分别有各种电源、激光器、易燃易爆物品和有害物品等。因此，进入实验室前必须详细了解并严格遵守实验室的各项规章制度。这些规章制度是为保护人身安全和仪器设备安全而规定的，违反了就可能酿成事故，必须首先牢记。

实验时，要胆大心细、严肃认真、一丝不苟。对于精密贵重的仪器或元件，特别要稳拿妥放，防止损坏。在电学实验中，连接好电路以后须经教师检查无误后方可通电。在实验过程中，不管使用的是高压电还是低压电，要养成人的身体不接触带电部位的良好习惯。在光学实验中，手拿光学元件时特别要注意手不接触元件的光学表面。

在使用任何仪器前,必须先看相关说明书,了解仪器的正确使用方法;在调节仪器时,应先粗调后细调;在读数时,应先取大量程后取小量程;实验完成后,应整理好仪器设备,关好水电,经教师许可后方能离开实验室。

实验记录是做实验的重要组成部分,它应全面真实反映实验的全过程,包括实验条件和情况以及实验中观察到的现象和测量到的数据。不仅要记录与预想一致的数据和现象,更要记录与预想不一致的数据和现象。记录应尽量清晰、详尽,实验数据需经教师签字认可。

在实验过程中要养成良好的心态,实验过程不会总是一帆风顺的,在遇到问题时,应看成是学习的良机,通过冷静的分析和处理,能使自己的实验能力得到较大提高。在仪器发生故障时,要在老师的指导下学习排除故障的方法。

三、完成实验报告

实验报告可以在预习报告的基础上继续写,也可以重新写一份。

写实验报告是培养实验研究人才的重要一环。在实验报告中,要求详细记录实验条件、实验仪器、实验环境、实验现象和测量数据。实验报告要尽量用自己的语言,不要照搬照抄,内容应以别人能看懂、自己若干年后也能看懂为标准。

实验报告主要有下列几部分的内容:

(1) 实验名称。

(2) 实验目的。

(3) 实验原理:包括基本公式及其推导过程,相关的电路图、光路图和实验示意图等,必要的文字说明。书写实验原理时,不应照抄实验指导书,要根据自己对实验的理解,对本实验的原理做出概述。

(4) 仪器设备:包括仪器的型号、规格等。

(5) 实验步骤:简要地写出实验的整个过程。

(6) 实验数据及处理:详细列出实验数据表格、计算公式及计算的主要过程、不确定度的计算、必要的实验图表等。

(7) 实验结果:实验结果和结论的正确表述。

(8) 问题讨论:包括实验现象的分析、实验方法的改进与建议、实验的心得体会与收获、解答实验思考题。

第一章　测量与误差

第一节　测量与误差

一、测量

所谓测量,就是借助一定的实验工具,通过一定的实验方法,将待测量与选作计量单位的同类物理量进行比较,以确定被测量的量值为目的的一组操作。简而言之,测量就是为被测对象确定量值而进行的操作。

测量可分为直接测量和间接测量两种。

可以用测量仪器或仪表直接读出测量值的测量称为直接测量。例如用米尺测长度、用温度计测温度、用秒表测时间等都是直接测量,所得的物理量如长度、温度、时间等称为直接测量量。

有些物理量无法进行直接测量,而需由若干个直接测量量经过一定的函数关系求出,这样的测量称为间接测量。大多数的物理量都是间接测量量。例如,要测铁圆柱体的密度 ρ 时,先测出其质量 m、直径 d 和高度 h,再根据公式 $\rho = \dfrac{4m}{\pi d^2 h}$ 计算出铁的密度 ρ,这就是间接测量,而 ρ 就是间接测量量。

二、误差

1. 真值与误差

任何一个物理量,在一定条件下,都具有确定的量值,这个客观存在的量值称为该物理量的真值。测量的目的就是要力图得到被测量的真值。由于测量仪器、测量方法、测量条件、测量者的观察力等都不能做到绝对严密,测量值与真值不可能完全相同,我们把测量值与真值之差称为误差。设被测量的真值为 x_0,测量值为 x,则绝对误差

$$\Delta x = x - x_0 \tag{1-1-1}$$

相对误差

$$E_r = \frac{\Delta x}{x_0} \times 100\% \tag{1-1-2}$$

2. 最佳值与残差

实际测量中,为了减小误差,常常对某一物理量进行多次测量,得到一系列测量值 $x_1, x_2, x_3, \cdots, x_n$,测量结果的算术平均值为

$$\bar{x} = \frac{x_1 + x_2 + \cdots + x_n}{n} = \frac{1}{n} \sum_{i=1}^{n} x_i \qquad (1\text{-}1\text{-}3)$$

算术平均值并非真值,但它比任何一次测量值的可靠性都要高。当测量次数 n 无限增多时,算术平均值 $\bar{x}$ 可作为接近真值的最佳值,称为近真值。我们把测量值 x_i 与算术平均值 $\bar{x}$ 之差称为该次测量的残差,以 v_i 表示,即

$$v_i = x_i - \bar{x} \qquad (1\text{-}1\text{-}4)$$

三、误差的分类

正常测量的误差,按其产生的原因和性质可以分为系统误差和随机误差两类,它们对测量结果的影响不同,对这两类误差处理的方法也不同。

1. 系统误差

在同样条件下,对同一物理量进行多次测量,其误差的大小和符号保持不变,在测量条件改变时,其误差的大小和符号按一定规律变化,这类误差称为系统误差。系统误差具有确定性、规律性和可修正性,它主要来源于下列几方面:

(1) 仪器因素。由于仪器本身的缺陷或没有按规定条件使用而造成的误差。例如,仪器标尺的刻度不准确、零点没有调准、等臂天平的臂长不等、砝码不准等。

(2) 理论或条件因素。由于测量所依据的理论本身的近似性或实验条件不能达到理论公式所规定的要求而引起的误差。例如,称物体质量时没有考虑空气浮力的影响、用伏安法测电阻时没有考虑电表内阻的影响等等。

(3) 人员的因素。由于实验者的主观因素和操作技术而引起的误差。例如,使用停表计时,有的人总是操之过急,计时比真值短;有的人则反应迟缓,计时总是比真值长。再如,有的人习惯于侧坐斜视读数,致使读数偏大或偏小。

对实验者来说,系统误差的规律及其产生的原因,可能知道,也可能不知道。已被确切掌握其大小和符号的系统误差称为可定系统误差,对于大小和符号不能确切掌握的系统误差称为未定系统误差,前者一般可以在测量过程中采取措施予以消除,或在测量结果中进行修正,而后者一般难以修正,只能估计其取值范围。

2. 随机误差

在相同条件下,多次测量同一物理量时,即使排除了系统误差的影响,也会发现每次测量的结果都不一样,测量误差时大时小、时正时负,完全是随机的。在测量次数少时,显得毫无规律,但当测量次数足够多时,可以发现误差的大小和正负都服从某种统计规律。这种误差称为随机误差。随机误差的特征是单个具有随机性,而总体服从统计规律。它的这种特点使我们能够在确定条件下,通过多次重复测量来发现它,而且可以从相应的统计分布规律来讨论它对测量结果的影响。

3. 过失误差

过失误差是由于实验者不正确地使用仪器或粗心大意观察错误、记错数据而造成的。

过失误差又称为粗大误差。它实际上是一种测量错误,相应的数据应当予以剔除。

四、误差的处理

1. 系统误差的处理

（1）系统误差的发现

系统误差一般难以发现,并且不能通过多次测量来消除,我们应从系统误差的来源着手分析。

理论分析法:分析实验所依据的理论和实验方法是否有不完善的地方;检查理论公式所要求的条件是否得到了满足;仪器是否存在缺陷;实验环境是否能使仪器正常工作等。

实验对比法:对同一测量可以采用不同的实验方法,使用不同的实验仪器,以及由不同的测量人员进行测量、对比、研究测量值变化的情况,可以发现系统误差的存在。

数据分析法:因为随机误差是遵从统计分布规律的,所以若测量结果不服从统计规律,则说明存在系统误差。我们可将绝对误差按测量次序排列,观察其变化,若绝对误差不是随机变化而是呈规律变化,如线性增大或减小,则测量中一定存在系统误差。

（2）系统误差的减小和修正

① 减小或消除产生系统误差的根源。如采用更符合实际的理论公式,满足仪器的正常使用条件,保持仪器及装置处于良好的状态等。

② 利用实验技巧,改进测量方法。

③ 通过理论公式引入修正值。

2. 随机误差的处理

（1）标准偏差

在相同条件下,对某一物理量进行多次测量称为等精度测量。测量列就是等精度测量所得到的一组数值。由于随机误差的存在,各测量值有所不同,标准偏差是对这一组测量数据可靠性的一种评价。

当测量次数无限增多时,各测量值 x_i 的误差平方的平均值的平方根,称为标准偏差,也称为标准差,以 σ 表示,即

$$\sigma(x) = \sqrt{\frac{1}{n}\sum_{i=1}^{n}(x_i - x_0)^2} \quad n \to \infty \tag{1-1-5}$$

式中 n 为测量次数。

σ 并不是一个具体的测量误差,它反映在相同条件下进行一组测量后,随机误差概率的分布情况,只具有统计性质的意义,是一个统计性的特征值。

（2）随机误差的统计规律

大量的实验事实和统计理论都证明,大多数情况下,随机误差服从正态分布规律,误差的正态分布如图 1-1-1 所示。横坐标为误差 Δx,

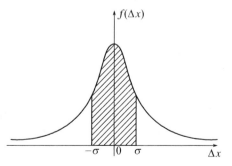

图 1-1-1　正态分布曲线

纵坐标为误差出现的概率密度函数 $f(\Delta x)$，$f(\Delta x)$ 的含义是在 Δx 附近，单位误差间隔内该误差出现的概率，其数学表达式为

$$f(\Delta x) = \frac{1}{\sqrt{2\pi}\sigma}\mathrm{e}^{-\frac{(\Delta x)^2}{2\sigma^2}} \tag{1-1-6}$$

正态分布曲线具有以下性质：

① 单峰性：绝对值小的误差出现的概率比绝对值大的误差出现的概率大。

② 对称性：绝对值相同的正负误差出现的概率相同。

③ 有界性：在一定的测量条件下，误差的绝对值不超过一定的限度。

④ 抵偿性：随机误差的算术平均值随着测量次数的增加而减小，最后趋于零。

由概率论可知，随机误差落在 $(\Delta x, \Delta x + \mathrm{d}x)$ 区间内的概率为 $f(\Delta x)\mathrm{d}x$，测量数据出现在某一区间的概率可以由正态分布函数在该区间的积分求得，这个概率称为置信概率，所对应的区间称为置信区间。若置信区间为 $[-\infty, +\infty]$，则

$$p = \int_{-\infty}^{+\infty} f(\Delta x)\mathrm{d}x = 1 \tag{1-1-7a}$$

式 (1-1-7a) 表明，当 $n = \infty$ 时，任何一次测量误差落在 $[-\infty, +\infty]$ 置信区间的概率为 1，满足归一化条件；若置信区间为 $[-\sigma, +\sigma]$，则

$$p(\sigma) = \int_{-\sigma}^{+\sigma} f(\Delta x)\mathrm{d}x = 0.683 \tag{1-1-7b}$$

式 (1-1-7b) 表明，任何一次测量误差落在 $[-\sigma, +\sigma]$ 置信区间的概率为 68.3%，在图 1-1-1 中表示曲线下阴影部分面积占总面积的 68.3%。如果扩大置信区间，置信概率也将提高；如果区间扩大到 $[-2\sigma, +2\sigma]$ 和 $[-3\sigma, +3\sigma]$，可以分别得到

$$p(2\sigma) = \int_{-2\sigma}^{+2\sigma} f(\Delta x)\mathrm{d}x = 0.954 \tag{1-1-7c}$$

$$p(3\sigma) = \int_{-3\sigma}^{+3\sigma} f(\Delta x)\mathrm{d}x = 0.997 \tag{1-1-7d}$$

可见，测量标准差的绝对值大于 3σ 的概率仅为 0.3%，对于有限次测量，这种可能性是微乎其微的。因此，可以认为是测量失误，应予以剔除。因此，物理实验中常将 3σ 作为判定数据异常的标准，3σ 称为极限误差。

（3）随机误差的实际估算

实际测量中，测量的次数总是有限的，而且真值也不可知，因此，标准误差只有理论上的意义。对标准误差 $\sigma(x)$ 的实际处理只能估算。实验中我们只知道残差 $v_i = x_i - \bar{x}$ 而不知道误差 Δx_i，所以实验中我们只能用残差代替误差计算，用实验标准偏差 $s(x)$ 近似代替标准误差 $\sigma(x)$，实验标准偏差 $s(x)$ 与残差的关系为

$$s(x) = \sqrt{\frac{1}{n-1}\sum_{i=1}^{n}(x_i - \bar{x})^2} \tag{1-1-8}$$

这个公式又称为贝塞尔公式，它是求实验标准偏差的常用公式。

应当指出，$s(x)$ 是从有限次测量中计算出来的，只有测量次数较多时，其相应的置信概率才接近 68.3%。

（4）平均值的实验标准偏差

如果在完全相同的条件下进行多次多组重复测量，可以得到许多个测量列，每个测量列的算术平均值不尽相同，它们围绕被测量真值有一定的分散，但仍服从正态分布。由误差理论可以证明，平均值 $\bar{x}$ 的实验标准偏差 $s(\bar{x})$ 为

$$s(\bar{x}) = \sqrt{\frac{1}{n(n-1)} \sum_{i=1}^{n} (x_i - \bar{x})^2} = \frac{s(x)}{\sqrt{n}} \qquad (1\text{-}1\text{-}9)$$

式（1-1-9）表明，平均值的实验标准偏差 $s(\bar{x})$ 是 n 次测量中任一次测量值实验标准偏差 $s(x)$ 的 $\frac{1}{\sqrt{n}}$ 倍。

由此可知，增加测量次数，可以减小平均值的实验标准偏差，提高测量的准确度。但是，单凭增加测量次数来提高准确度的作用是有限的，当 $n > 10$ 时，随测量次数 n 的增加，$s(\bar{x})$ 减小得很缓慢。因此，在多次测量时，一般取 10 次左右就够了。

（5）仪器的标准偏差

测量是用仪器或量具进行的，有的仪器灵敏度较高，有的仪器灵敏度较低，但任何仪器均存在误差。我们把在正确使用仪器的条件下，测量所得结果的最大误差称为仪器的误差限，用 $\Delta_{\text{仪}}$ 表示。

仪器的误差限一般由生产厂家在仪器铭牌或仪器说明书中给出。对于未说明仪器误差限、又不知道仪器准确度级别的，可根据具体情况做出合理的估算，例如取仪器最小分度值作为仪器误差限。表 1-1-1 列出了实验室常用仪器的误差限。

表 1-1-1　物理实验中常用仪器的误差限 $\Delta_{\text{仪}}$

仪器	$\Delta_{\text{仪}}$	备注
米尺（最小刻度 1 mm）	0.5 mm	
游标卡尺（20、50 分度）	最小分度值 （0.05 mm、0.02 mm）	
螺旋测微器（0~50 mm）	0.004 mm	
物理天平（0.1 g）	0.05 g	
各类数字式仪表	仪器最小读数	
分光计（浙江光学仪器厂）	最小分度值（$1'$）	
电磁仪表（指针式电压表、电流表）	$(AK)\%$	A 是量程，K 是仪表准确度等级
其他仪器	由实验室给出	

一般仪器误差概率密度函数遵从均匀分布的规律，如图 1-1-2 所示。在 $-\Delta_{\text{仪}}$ 到 $\Delta_{\text{仪}}$ 的范围内，各种误差出现的概率相同，在区间以外误差出现的概率为零。由数学计算可得仪器的标准误差 $\sigma_{\text{仪}}$ 为

$$\sigma_{\text{仪}} = \frac{\Delta_{\text{仪}}}{\sqrt{3}} \qquad (1\text{-}1\text{-}10)$$

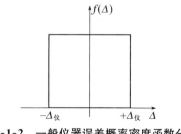

图 1-1-2　一般仪器误差概率密度函数分布

第二节　测量结果的不确定度评定

一、表征测量结果质量的指标

1. 精密度、准确度和精确度

精密度、准确度和精确度都是评价测量结果好坏的指标,但这三个指标的含义不同,使用时应加以区别。

精密度是衡量多次测量数值之间互相接近程度的量,它反映随机误差大小的程度。测量精密度高,是指测量数据比较集中,随机误差小。但是,精密度不能确定系统误差的大小。

准确度是反映所测数值与真值接近程度的量,它反映系统误差大小的程度。测量准确度高,是指测量数据的平均值偏离真值较少,系统误差小。但是,准确度不能确定数据分散的情况,即不能反映随机误差的大小。

精确度是指测量数据比较集中在真值附近,它反映系统误差与随机误差综合大小的程度。测量精确度高,是指测量数据既比较集中一致,又在真值附近,即测量的系统误差和随机误差都比较小。现以射击打靶的弹点分布为例说明这三个指标的意义。

如图 1-2-1 所示,图(a)表示精密度高而准确度低,图(b)表示准确度高而精密度低,图(c)表示精密度和准确度均高,即精确度高。通常所说的精度含义不明确,应尽量避免使用。

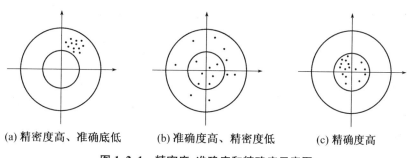

(a) 精密度高、准确底低　　　(b) 准确度高、精密度低　　　(c) 精确度高

图 1-2-1　精密度、准确度和精确度示意图

2. 测量不确定度

误差是测量值与真值之差,由于真值一般不可能准确地知道,因而测量误差也不可能确切获知,要求得误差的估计值,现实可行的办法就只能根据测量数据和测量条件进行推算。但由于测量误差分析方法的不统一,影响了计量测试乃至整个科学技术的交流和发展。于是国际标准化组织等七个国际组织于 1993 年联合公布了《测量不确定度表示指南》(以下简称《指南》),它对当前国际上在评定测量结果可靠性方面进行了新的约定,目的是统一测量不确定度的评定与表示方法。

《指南》对实验的测量不确定度有十分严格而详尽的论述,限于本课程的性质,只要求对不确定度的下述基本概念有初步的了解。

测量不确定度是指由于误差的存在而对测量结果不能肯定的程度,它是与测量结果相关的参数,表征合理赋予的被测量值之间的分散性,即提供测量结果的范围,使被测量的真值能以一定概率位于其中。

显然,不确定度小的测量结果,其可信赖程度高,反之则低。

由于误差来源众多,测量结果不确定度一般包含几个分量。为了估算方便,按估计误差数值的不同方法,可以将其分为 A、B 两类分量。

二、不确定度的分类

(1) A 类不确定度(不确定度的 A 类分量):用统计的方法分析评定的不确定度,用 u_A 表示。

对某物理量 x 做 n 次独立的测量,测量值为 $x_1,x_2,x_3,\cdots,x_n$,则直接测量量的 A 类不确定度分量就用平均值的实验标准偏差乘以 t 因子表示,即

$$u_A = t \cdot s(\bar{x}) = t \cdot \sqrt{\frac{\sum\limits_{i=1}^{n}(x_i - \bar{x})^2}{n(n-1)}} \qquad (1\text{-}2\text{-}1)$$

t 因子与测量次数和置信概率有关,其数值可以根据测量次数和置信概率查表得到。当测量次数较少或置信概率较高时,$t > 1$;当测量次数 $n \geq 10$,且置信概率为 68.3% 时,$t \approx 1$;在本课程的教学中,为了简便,一般就取 $t=1$。

(2) B 类不确定度(不确定度的 B 类分量):由非统计的方法分析评定的不确定度,用 u_B 表示。实验中尽管有多方面的因素存在,本课程一般只考虑仪器误差这一主要因素。我们用仪器的等价标准差 $\sigma_{仪} = \frac{\Delta_{仪}}{\sqrt{3}}$ 近似表示不确定度的 B 类分量,即

$$u_B = \sigma_{仪} = \frac{\Delta_{仪}}{\sqrt{3}} \qquad (1\text{-}2\text{-}2)$$

(3) 直接测量值的合成不确定度。

在各不确定度分量相互独立的情况下,将两类不确定度分量按"方和根"的方法合成,构成合成不确定度,即

$$u_C = \sqrt{u_A^2 + u_B^2} \qquad (1\text{-}2\text{-}3)$$

三、测量结果的表达

1. 直接测量结果的不确定度表示

直接测量量 x 的测量结果常表示为

$$x = \bar{x} \pm u_C(x) \text{(单位)} \qquad (1\text{-}2\text{-}4)$$

对于测量结果,同时还可以用相对不确定度表示

$$E_r(x) = \frac{u(x)}{x} \times 100\% \qquad (1\text{-}2\text{-}5)$$

例如,所测长度为 (1.05 ± 0.02)m。这是不确定度的一般表示法。

在表示测量结果时,应注意以下几点:

（1）不确定度有效数字的取位

由于不确定度本身只是一个估计范围，所以其有效数字一般只取一位或两位。我们约定对测量结果的合成不确定度（或总不确定度）只取一位有效数字，相对不确定度可取两位有效数字。此外，我们还约定，最终结果截取剩余尾数一律采取进位法处理，即剩余尾数只要不为零，一律进位，其目的是保证结果的置信概率不降低。

（2）测量结果有效数字的取位

测量结果本身的有效数字取位必须使其最后一位与不确定度最后一位取齐。截取剩余尾数按"四舍六入五凑偶"的规则进行修约。

例 1　$x=(9.80\pm0.03)$cm 是正确的表示，而 $x=(9.803\pm0.03)$cm 和 $x=(9.8\pm0.03)$cm 均是不正确的表示。

例 2　经计算的长度值为 $x=3.548\,25$ m，若不确定度为 $0.000\,3$ m，则应取测量值的结果为 $x=3.548\,2$ m；若不确定度 0.002 m，则应取测量值为 $x=3.548$ m；若不确定度为 0.05 m，则应取测量值 $x=3.55$ m；若不确定度为 0.1 m，则应取测量值 $x=3.5$ m。（如以毫米为单位，则应写成 3.5×10^3 mm，绝不可写成 $3\,500$ mm）

例 3　用千分尺测量小球直径 8 次，得到数据如下（单位：mm）：2.117，2.123，2.113，2.119，2.116，2.118，2.115，2.121。计算测量结果并给出不确定度。

解：① 小球直径的算术平均值 $\bar{d}=2.118$ mm。

② 这次测量的平均值的实验标准偏差为

$$s(\bar{d})=\sqrt{\frac{1}{8\times(8-1)}\sum_{i=1}^{8}(d_i-\bar{d})^2}=0.001\,1\ \text{mm（中间运算多取一位）}$$

③ A 类分量估算值

$$u_A=s(\bar{d})=0.001\,1\ \text{mm}$$

④ B 类分量的估算值：千分尺的仪器误差限 $\Delta_{仪}=0.004$ mm。

$$u_B=\frac{\Delta_{仪}}{\sqrt{3}}=0.002\,3\ \text{mm}$$

⑤ 合成不确定度为

$$u_C(\bar{d})=\sqrt{u_A^2+u_B^2}=0.002\,5\ \text{mm}\approx0.003\ \text{mm}$$

⑥ 测量结果为

$$D=(2.118\pm0.003)\text{mm}$$

$$E_r(\bar{d})=\frac{u_C(\bar{d})}{\bar{d}}=\frac{0.003}{2.118}\approx0.14\%$$

2. 间接测量结果的不确定度的计算（不确定度的传递）

设 $N=f(x,y,z,\cdots)$。由于 x、y、z 具有不确定度 $u(x)$、$u(y)$、$u(z)\cdots$，N 也必然具有不确定度 $u(N)$，所以对间接测量量 N 的结果也需采用不确定度评定。

（1）间接测量量的最佳值

在间接测量中，可以证明，间接测量量的最佳值由各直接测量量的算术平均值代入函数关系即可求得。

$$\bar{N}=f(\bar{x},\bar{y},\bar{z},\cdots)\tag{1-2-6}$$

（2）间接测量量不确定度的合成

由于直接测量量具有不确定度，从而导致间接测量量也具有不确定度。

因为不确定度是一个微小量，故可借助微分手段来研究。对式（1-2-6）两边取微分，得

$$dN = \frac{\partial f}{\partial x}dx + \frac{\partial f}{\partial y}dy + \frac{\partial f}{\partial z}dz + \cdots \tag{1-2-7}$$

也可两边先取自然对数，再取微分，得

$$\frac{dN}{N} = \frac{\partial \ln f}{\partial x}dx + \frac{\partial \ln f}{\partial y}dy + \frac{\partial \ln f}{\partial z}dz + \cdots \tag{1-2-8}$$

式中，各求和项称为不确定度项，当直接测量量 x、y、z、$\cdots$ 彼此独立时，间接测量量 N 的不确定度为各分量的均方根

$$u(\bar{N}) = \sqrt{\left[\frac{\partial f}{\partial x}u(\bar{x})\right]^2 + \left[\frac{\partial f}{\partial y}u(\bar{y})\right]^2 + \left[\frac{\partial f}{\partial z}u(\bar{z})\right]^2 + \cdots} \tag{1-2-9}$$

相对不确定度

$$E_r = \frac{u(\bar{N})}{\bar{N}} = \sqrt{\left[\frac{\partial \ln f}{\partial x}u(\bar{x})\right]^2 + \left[\frac{\partial \ln f}{\partial y}u(\bar{y})\right]^2 + \left[\frac{\partial \ln f}{\partial z}u(\bar{z})\right]^2 + \cdots} \tag{1-2-10}$$

对于不确定度 $u(\bar{N})$、E_r 及算术平均值 $\bar{N}$，有效数字的取位规则与直接测量量的取位规则相同。

例 4　已知一个质量为 $m = (213.04 \pm 0.05)$ g 的铜圆柱体，用分度值为 0.02 mm 的游标卡尺测量其高度 h 六次，其值分别为 80.38、80.37、80.36、80.38、80.36、80.37，用千分尺测其直径 d 也是六次，其值分别为 19.465、19.466、19.465、19.464、19.467、19.466，以上数值的单位均为 mm。求铜的密度。

解：① 求高度的最佳值和不确定度

$$\bar{h} = 80.37 \text{ mm} = 8.037 \text{ cm}$$

$$u_A(\bar{h}) = s(\bar{h}) = \sqrt{\frac{1}{6 \times (6-1)}\sum(h_i - \bar{h})^2} = 0.0036 \text{ mm} = 0.00036 \text{ cm}$$

游标卡尺的 $\Delta_{仪} = 0.02$ mm $= 0.002$ cm。

$$u_B(\bar{h}) = \frac{\Delta_{仪}}{\sqrt{3}} = 0.0115 \text{ mm} = 0.0012 \text{ cm}$$

$$u_C(\bar{h}) = \sqrt{u_A^2 + u_B^2} = 0.012 \text{ mm} = 0.0012 \text{ cm}$$

② 求直径的最佳值和不确定度

$$\bar{d} = 19.4655 \text{ mm} \approx 1.9466 \text{ cm}$$

$$u_A(\bar{d}) = s(\bar{d}) = \sqrt{\frac{1}{6 \times (6-1)}\sum(d_i - \bar{d})^2} = 0.00045 \text{ mm} = 0.000045 \text{ cm}$$

千分尺的 $\Delta_{仪} = 0.004$ mm $= 0.0004$ cm。

$$u_B(\bar{d}) = \frac{\Delta_{仪}}{\sqrt{3}} = 0.0023 \text{ mm} = 0.00023 \text{ cm}$$

$$u_C(\bar{d}) = \sqrt{u_A^2 + u_B^2} = 0.0024 \text{ mm} = 0.00024 \text{ cm}$$

③ 密度的算术平均值

$$\bar{\rho} = \frac{4\,\bar{m}}{\pi\,\bar{d}^2\,\bar{h}} = 8.907 \text{ g/cm}^3$$

④ 密度的不确定度

$$u_C(\bar{\rho}) = \bar{\rho} \sqrt{\left[\frac{u_C(m)}{\bar{m}}\right]^2 + \left[2\,\frac{u_C(\bar{d})}{\bar{d}}\right]^2 + \left[\frac{u_C(\bar{h})}{\bar{h}}\right]^2} =$$

$$8.907 \times \sqrt{\left(\frac{0.05}{213.04}\right)^2 + \left(2 \times \frac{0.0024}{19.466}\right)^2 + \left(\frac{0.012}{80.37}\right)^2} = 0.0033 \text{ g/cm}^3$$

⑤ 密度测量的最后结果为

$$\rho = (8.907 \pm 0.004) \text{g/cm}^3$$

（3）微小误差准则

当合成不确定度来自多个分量的贡献时,常常可能只有一、二项或少数几项起主要作用,对不确定度贡献小的不确定度项可以忽略不计,通常某一不确定度小于最大不确定度项的1/3,最小平方项小于最大平方项的1/9,就可以略去不计,这就是微小误差准则。在进行误差分析或计算不确定度时,这样处理可以使问题大大简化。

第三节　有效数字及其运算

一、有效数字

如果用钢尺测量铜棒的长度为18.65 cm,18.6这三位数可以从钢尺上直接读出来,是准确和可靠的,称为可靠数字;最后一位0.05是估读出来的,是不十分准确和可靠的,称为可疑数字,在测量中我们还是保留了它,这是因为若将它删去,会明显地扩大误差。虽然可靠数字和可疑数字有差别,但都是有价值的。我们把测量结果中可靠的几位数字加上可疑的一位数字统称为测量结果的有效数字。

有效数字有如下一般规定:

（1）有效数字与十进制单位的变换无关,例如1.68 cm＝16.8 mm＝0.0168 m是三位有效数字,若以微米为单位,则有1.68×10³ μm(注意:不要写成1680 μm),仍是三位有效数字。要尽量采用科学计数法记录有效数字。

（2）数字1～9全是有效数字,数字中间的"0"和后面的"0"是有效数字,而数字前面的"0"则不是有效数字。如0.0120 m是三位有效数字,4.02 kg是三位有效数字,50.00 cm则是四位有效数字。

（3）有效数字的运算过程中,有效数字尾数的取舍法则是"四舍六入五凑偶"。例如,将下列数字保留三位有效数字的修约结果是:

　　　　3.5425→3.54(小于5舍去)　　　3.5450→3.54(等于5凑偶)

　　　　3.5350→3.54(等于5凑偶)　　　3.54601→3.55(大于5进位)

二、有效数字的运算规则

间接测量结果的有效数字,最终应由测量不确定度的所在位来决定(详见不确定度部分相关内容)。但在计算不确定度之前,间接测量量需要经过一系列的运算过程。运算时,若有效数字的位数不一致,一般可按下列规则进行运算:

(1) 几个数进行加减运算时,其结果的有效数字末位与参加运算的诸数中末位数量级最大的对齐,这称为"尾数对齐"。

例 1 $12.3\underline{4}+2.357\underline{4}$

$$
\begin{array}{r}
12.3\underline{4} \\
+\quad 2.3574 \\
\hline
14.6\underline{9}\,\underline{7}\,\underline{4}
\end{array}
$$

$12.3\underline{4}+2.357\underline{4}\approx14.7\underline{0}$

例 2 $47\underline{7}-93.6\underline{1}$

$$
\begin{array}{r}
47\,\underline{7} \\
-\quad 93.6\underline{1} \\
\hline
38\underline{3}.\underline{3}\,\underline{9}
\end{array}
$$

$47\underline{7}-93.6\underline{1}\approx383$

(2) 两个数进行乘法运算时,其结果的有效数字位数一般与参与运算的诸数中有效数字位数最少那个相同。例如:$2.34\underline{8}\times20.\underline{5}=48.1\underline{34}\approx48.\underline{1}$。

但是,如果参与运算的诸数中有效数字的最高位相乘的积大于或等于 10,其积的有效数字位数应比参与运算的有效数字位数最少的多一位。

例如:$5.34\underline{8}\times20.\underline{5}=109.6\underline{34}\approx109.\underline{6}$。

(3) 两个数进行除法运算时,其商的有效数字位数一般与被除数和除数中有效数字位数少的相同。例如:$51.7\underline{8}\div3.1\underline{3}=16.\underline{5}$。

但是,如果被除数的有效数字小于或等于除数的有效数字位数,并且它的最高位的数小于除数的最高位的数,则其商的有效数字位数应比被除数的有效数字位数少一位。例如:$156\div384=0.40\underline{6}\approx0.4\underline{1}$。

(4) 一个数进行乘方、开方运算,其结果的有效数字位数参照乘法和除法运算。

(5) 函数运算的有效数字,应按间接测量误差传递公式进行计算。在实验中为了简便和统一,对常用的对数函数、指数函数和三角函数按如下规则处理:

对数函数运算结果的有效数字中,小数点后面的位数取成与真数的位数相同,如 $\lg 256.7=1.754$,对数的首数不作为有效数字;指数函数运算结果的有效数字中,小数点后面的位数取成与指数中小数点后的位数相同,如 $10^{6.25}=1.8\times10^{6}$。

三角函数结果中有效数字的取法,由角度的有效数字位数决定,一般当三角函数中的角度精确到 $1°$ 时,相应的三角函数值取 4 位;当三角函数中的角度精确到 $1'$ 时,相应的三角函数值取 5 位;当三角函数中的角度精确到 $1''$ 时,相应的三角函数值取 6 位。

例如:$\cos 65°\approx0.422\,6$,$\sin 30°25'\approx0.503\,77$。

(6) 公式中的常数,如:$\frac{1}{2}$、π、e、…可以认为有效数字的位数为无限多,在计算中可根据实际情况,需要几位就取几位。如:用公式 $S=\frac{1}{4}\pi d^{2}$ 计算圆面积,当 d 取 3 位有效数字进行运算时,常数 $\frac{1}{4}$ 和 π 可取 4 位有效数字,即 $\pi \approx 3.142$,$\frac{1}{4} = 0.2500$ 参与运算。

以上有效数字的运算规则,只是一个基本原则,在实际问题中,为防止多次取舍产生误差累积,常常采用中间运算时多取一位有效数字的办法。最后表达结果时,有效数字的取位再由不确定度的所在位来一并截取。

第四节　实验数据处理的基本方法

前几节我们从测量误差的概念出发,讨论了测量结果的最佳值和误差的估算,我们进行科学实验的目的是为了找出事物的规律,或检验理论的正确性,或准备作为以后实验工作的一个依据。因此,对实验测量收集的大量数据资料必须进行正确处理。**数据处理**是指从获得数据起到得出结论为止的加工过程,包括记录、整理、计算、作图、分析等方面的处理。本节主要介绍常用的列表法、图示法、图解法、逐差法等数据处理方法。

一、列表法

在记录和处理数据时,将数据排列成表格形式,既有条不紊,又简明醒目;既有利于表示出物理量之间的对应关系,也有助于检验和发现实验中的问题。列表记录、处理数据是一种良好的科学工作习惯。对初学者来说,要设计出一个项目清楚、行列分明的表格需要经过不断训练、反复比较、多次修改才能实现。

数据在列表处理时,应遵循下列原则:

(1) 表的上方应有表头,写明所列表格的名称、主要测量仪器及规格、有关环境参数等。

(2) 各项目(纵或横)均应标明名称和单位,若名称用自定义符号,均需加以说明。

(3) 栏目的顺序应充分注意数据间的联系和计算的顺序,力求简明、齐全、有条理。

(4) 列入表中的数据主要应是原始数据,处理过程中的一些重要的中间结果也应列入表 1-4-1 中。

表 1-4-1　测量一个圆柱体样品的密度

次数	圆柱体直径 d/cm		圆柱体高 h/cm	圆柱体质量 m/g
	测量值	修正值		
1				
2				
3				
4				
5				
6				
平均				

$$\bar{\rho} = \frac{4m}{\pi \bar{d}^2 \bar{h}} = \underline{\qquad} \ \text{g/cm}^3 。$$

二、图示法

作图可以把一系列数据之间的关系直观地表现出来,实验图线不仅能简明、形象地显示物理量之间的关系,找出对应的经验公式和求得某些结果。作图法有多次测量取平均的效果,并易于发现测量中的错误。

作图的基本规则:

1. 选用合适的坐标纸

一般用直角坐标纸,必要时可用对数坐标纸、极坐标纸等。坐标纸的大小就根据所测数据的有效数字和对测量结果的要求来确定,原则上应使坐标纸的最小格对应测量值中可靠数字的最后一位。作图区应占图纸的一半以上。

2. 定坐标轴与坐标标度

通常以横坐标表示自变量、纵坐标表示因变量。坐标应与图纸上画的线条密切重合,但坐标轴不一定取图纸所印表格的边线,坐标轴的标度值不一定从零开始。应标出坐标轴的方向,并在坐标轴的末端标明物理量的符号和单位。

3. 标点与画线

根据测量数据,用端正的"＋"或"⊙"等符号来表示各点的坐标位置,数据点应在符号的中心。在一张图纸上作多条曲线时,不同的数据应使用不同的符号来表示数据点,并在图中适当位置说明不同符号的不同意义。

画线一定要用直尺或曲线板等作图工具,根据不同情况,数据点连成直线或光滑的曲线,不通过图线的数据点应均匀地分布在图线的两侧,且尽量靠近图线,如图 1-4-1 所示。

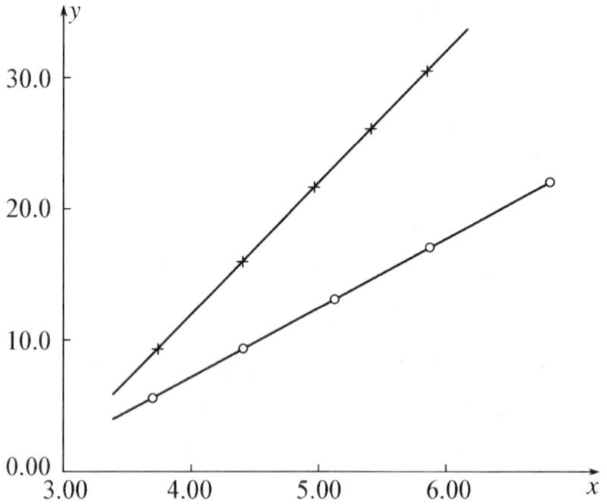

图 1-4-1　在同一坐标纸上画不同图纸

对于仪器仪表的校正曲线,连接时应将相邻的两点连成直线,整个校正曲线呈折线形式,如图 1-4-2 所示。

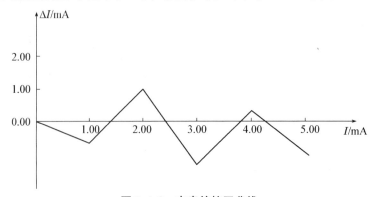

图 1-4-2　电表的校正曲线

4. 图注

在图纸的明显处写出图线的名称、测试条件、作者姓名、日期等。

三、图解法

根据已经作好的图线,应用解析的方法,求出对应的函数关系和有关参量,这种方法称为图解法。当实验图线是直线时,采用此法就更为方便。

1. 直线图解法——确定直线方程

(1) 取点

用图示法根据实验数据作直线,在已经确定的直线上任取两点 $A(x_1, y_1)$、$B(x_2, y_2)$,其坐标值最好是整数值。若用实验数据描出的点用"+"表示,则用符号"⊙"表示所取的点,与实验点相区别。所取 A、B 两点在实验范围内应尽量彼此分开一些,以减小误差,但一般不要取原实验点。

(2) 求斜率 k

在坐标纸的适当空白的位置,由直线方程,写出斜率的计算公式

$$k = \frac{y_2 - y_1}{x_2 - x_1} \tag{1-4-1}$$

将两点坐标值代入式(1-4-1),写出计算结果。

(3) 求截距 b

截距可由式

$$b = \frac{x_2 y_1 - x_1 y_2}{x_2 - x_1} \tag{1-4-2}$$

求出,由此可得到直线方程。

例 已知电阻丝的阻值 R 与温度间的关系为

$$R = R_0(1 + \alpha t) = R_0 + R_0 \alpha t$$

其中 R_0,α 是常数。现有一电阻丝,其阻值随温度变化如表 1-4-2 所示。请用作图法作 R-t 直线,并求 R_0、$R_0 \alpha$ 值。

表 1-4-2 阻值随温度变化表

$T/℃$	15.5	21.0	26.0	31.0	36.0	40.0	45.0	50.0
R/Ω	28.05	28.60	29.15	29.68	30.08	30.62	31.14	31.66

解:由表 1-4-2 可知

$$t_{max} - t_{min} = 50.0 - 15.5 = 34.5(℃)$$
$$R_{max} - R_{min} = 31.66 - 28.05 = 3.61(\Omega)$$

即温度 t 的变化范围为 34.5 ℃,而电阻值的变化范围为 3.61 Ω。根据坐标纸大小的选择原则,既要反映有效数字又能包括所有实验点,选 40 格×40 格的图纸。取自变量 t 为横坐标,起点为 10 ℃,每一小格为 1 ℃;因变量 R 为纵坐标,起点为 28 Ω,每一小格为 0.1 Ω。描点连线作图,得 R-t 直线,如图 1-4-3 所示。

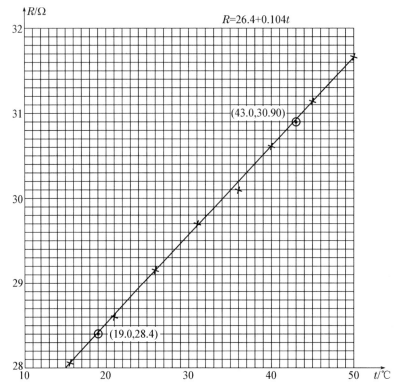

图 1-4-3 电阻值与温度关系曲线

在直线上取两点$(19.0,28.40)$，$(43.0,30.90)$，则

$$R_0\alpha=\frac{30.90-28.40}{43.0-19.0}\approx0.104(\Omega/℃)$$

$$R_0=\frac{43.0\times28.40-19.0\times30.90}{43.0-19.0}\approx26.4(\Omega)$$

故有

$$R=26.4+0.104t$$

2. 曲线的改直

在实际工作中，许多物理量之间的函数关系并非都为线性，而是各种形式的函数关系，如果这种非线性的函数关系可以经过适当变换后成为线性关系，即把曲线变为直线，这种方法叫作曲线改直。现举下列三个例子说明。

(1) $PV=C$，C 为常数。

由 $P=C\dfrac{1}{V}$ 作 P-$\dfrac{1}{V}$ 图得到直线，斜率即为 C。

(2) $s=v_0t+\dfrac{1}{2}at^2$，v_0、a 为常数。

两边除以 t，得 $\dfrac{s}{t}=v_0+\dfrac{1}{2}at$。

作 $\dfrac{s}{t}$-t 图为直线，其斜率为 $\dfrac{1}{2}a$，截距为 v_0。

(3) $y=ax^b$，其中 a、b 为常数。

两边取对数，得 $\lg y=\lg a+b\lg x$。

以 $\lg x$ 为横坐标、$\lg y$ 为纵坐标作图得一直线，截距为 $\lg a$，斜率为 b。

四、逐差法

逐差法是物理实验中常用的数据处理方法之一，特别是当自变量与因变量之间呈线性关系、而自变量为等距变化时，用逐差法处理更具有独特的优点。

例如：在测量弹簧劲度系数的实验中，先记下弹簧端点在标尺上的读数 x_0，然后依次加上 10 N、20 N、30 N、…、70 N 的力，则可读出七个标尺的读数，它们分别为 x_1、x_2、x_3、…、x_7，其相应的弹簧长度变化为 $\Delta x_1=x_1-x_0$、$\Delta x_2=x_2-x_1$、…、$\Delta x_7=x_7-x_6$，根据平均值的定义：

$$\Delta x=\frac{(x_1-x_0)+(x_2-x_1)+\cdots+(x_7-x_6)}{7}=\frac{x_7-x_0}{7}$$

中间数值全部抵消，未能起到平均的作用，只用了始末两次测量值，与力 F 一次增加70 N 的单次测量等价。由此可见，不能用此办法进行平均值的处理。

为了保持多次测量的优越性，通常把数据分成两组，一组是 x_0、x_1、x_2、x_3，另一组是 x_4、x_5、x_6、x_7，求出对应项的差值 $\Delta x_1=x_4-x_0$、$\Delta x_2=x_5-x_1$、…、$\Delta x_4=x_7-x_3$，则平均值为

$$\overline{\Delta x}=\frac{\Delta x_1+\Delta x_2+\Delta x_3+\Delta x_4}{4}=\frac{(x_4-x_0)+(x_5-x_1)+(x_6-x_2)+(x_7-x_3)}{4}$$

这种方法称为逐差，它具有充分利用数据、减小误差的优点，采用逐差法将保持多次测量的优越性。

五、最小二乘法

用作图法处理数据虽有许多优点，但它是一种粗略的数据处理方法。不同的人，用同一组数据作图，由于在拟合直线（或曲线）时，有一定的主观随意性，因而拟合出的直线（或曲线）往往是不一样的，由一组实验数据找出一条最佳的拟合直线（或曲线），更严格的方法是最小二乘法。由最小二乘法所得的变量之间的函数关系称为最小二乘法。最小二乘法拟合亦称为最小二乘法回归。在本课程中，我们只讨论用最小二乘法进行一元线性拟合。

1. 求一元线性回归方程

最小二乘法线性拟合的原理是：若能找到一条最佳的拟合直线，那么该拟合直线上的各点的值与相应的测量值之差的平方和，在所有的拟合直线中应该最小。

假设两个物理量之间满足线性关系，其函数形式可写为 $y=a+bx$，其图线是一条直线。测得一组数据 x_i、$y_i(i=1,2,3,\cdots,n)$，为了讨论的方便，可认为 x_i 的值是准确的，而所有的误差都只与 y_i 联系着。那么每一次的测量值 y_i 与按方程（$y=a+bx_i$）计算出的 y 值之间的偏差为

$$\nu_i=y_i-(a+bx_i)$$

根据最小二乘法原理，a、b 的取值应该使所有 y 方向偏差平方之和，即

$$s = \sum_{i=1}^{n} \nu_i^2 = \sum_{i=1}^{n} (y_i - a - bx_i)^2$$

为最小值。根据求极值的条件，可得

$$\frac{\partial s}{\partial a} = -2 \sum_{i=1}^{n} (y_i - a - bx_i) = 0$$

$$\frac{\partial s}{\partial b} = -2 \sum_{i=1}^{n} x_i (y_i - a - bx_i) = 0$$

整理后可得到

$$na + \left(\sum_{i=1}^{n} x_i \right) b = \sum_{i=1}^{n} y_i$$

若令

$$\bar{x} = \frac{1}{n} \sum_{i=1}^{n} x_i$$

$$\bar{y} = \frac{1}{n} \sum_{i=1}^{n} y_i$$

$$\overline{x^2} = \frac{1}{n} \sum x_i^2$$

$$\overline{xy} = \frac{1}{n} \sum_{i=1}^{n} x_i y_i$$

则

$$a + \bar{x} b = \bar{y}$$
$$\bar{x} a + \overline{x^2} b = \overline{xy}$$

联立求解，可得

$$a = \bar{y} - b \bar{x}$$
$$b = \frac{\bar{x} \cdot \bar{y} - \overline{xy}}{(\bar{x})^2 - \overline{x^2}}$$

由 a、b 所确定的方程 $y = a + bx$ 是由实验数据 (x_i, y_i) 所拟合出的最佳直线方程，即回归方程。

习 题

1. 判断下列几种情况产生的误差属于何种误差？
(1) 由于米尺的分度不准而产生的误差；
(2) 由于天平横梁不等臂而产生的误差；
(3) 由于水银温度计毛细管不均匀而产生的误差；
(4) 由于游标卡尺或外径千分尺零点不准而产生的误差；
(5) 由于电表接入被测电路所引起的误差；
(6) 测量长度，由于最后一位估读而引起的误差；
(7) 电流表没有调零而产生的误差；

(8) 用量筒测量液体体积时由于向上斜视读数引起的误差。

2. 指出下列各数是几位有效数字。

0.000 1,0.010 0,1.000 0,980.123 00,1.35,0.013 5,0.173,0.000 173 0

3. 按有效数字的运算规则,计算下列结果。

(1) $18.856-9.24=$

(2) $2.58\times3.7=$

(3) $\pi^2\times42^2=$

(4) $9.54\div2.83=$

(5) $2.56\times9.36\div1.27=$

(6) $\dfrac{100.0\times(5.6+4.412)}{(78.00-77.0)\times10.000}+110.0=$

4. 指出下列说法的错误并加以修正。

(1) 用分度为 1 mm 的米尺测出某物体长度的读数为 3 mm;

(2) 用分度值为 1 mA 的电流表测得某一电流的读数为 20 mA;

(3) $d=(10.430\pm0.3)$cm;

(4) $D=(18.652\pm1.4)$cm;

(5) $R=6\,371$ km$=6\,371\,000$ m$=637\,100\,000$ cm;

(6) (8.54 ± 0.02)m$=(8\,540\pm20)$mm;

(7) $A=(17\,000\pm1\,000)$m;

(8) $v=341.6\times(1\pm0.2\%)$m/s。

5. 单位变换。

(1) $m=(6.875\pm0.001)$kg $=($_____$\pm$_____$)$g

$\qquad\qquad\qquad\qquad=($_____$\pm$_____$)$mg

$\qquad\qquad\qquad\qquad=($_____$\pm$_____$)$t;

(2) $\rho=(1.293\pm0.005)$mg$\cdot$cm$^{-3}=($_____$\pm$_____$)$kg$\cdot$m^{-3}

$\qquad\qquad\qquad\qquad\qquad=($_____$\pm$_____$)g\cdot$cm^{-3}。

6. 测量某物体的质量 m,其结果分别为 32.126 g、32.116 g、32.122 g、32.122 g、32.124 g、32.122 g。试求其算术平均值、实验标准偏差和平均值的实验标准偏差,并求出本次测量的不确定度的 A 类分量。

7. 随机误差服从什么统计规律? 有什么特征?

8. 为什么在进行和差运算的测量时,要选择精度相同的仪器最合理? 为什么在进行积商运算测量时,要选择各测量结果有效数字位数相同的仪器最为合理?

第二章 物理实验基本方法和基本技术

第一节 物理实验基本测量方法

实验方法是以实验理论为依据,以实验技术、实验装置为主要手段进行科学研究、取得所需结果的方法,是理论联系实际的桥梁和纽带。它凝聚了许多科学家和实验工作者的巧妙构思,学习掌握实验方法是我们提高科学素质和实验能力的重要手段,我们应不断积累,并在实践中去解决实际问题。

一、比较法

1. 直接比较法

直接比较法是将待测量与标准量具直接进行比较,测出其大小。如:用米尺测量长度,用秒表测时间等就是直接比较法,采用直接比较法要注意量具和仪器必须是经过标定的。

有时光有标准量具还不够,还必须配置一定的比较系统,才能实现被测量与标准量之间的比较。例如,仅有砝码还不能测质量,必须借助于天平;仅有标准电池还不能测电压,要有比较电阻等附属装置组成的电位差计,这些装置就是比较系统。

这种情况下,常常采用平衡、补偿或示零测量来进行直接比较。例如,在惠斯登电桥实验中,测量未知电阻用的是平衡测量法,而作为表征电桥是否平衡使用的却是检流计示零法;在电位差计实验中,测量电源电动势的原理是补偿法测量的典型(其原理将在专门的实验中作介绍),它也是以检流计示零而获得测量结果的。示零测量法的特点是测量精度与示零仪器的灵敏度密切相关,一般实验室都配有高灵敏度的检流计,而高精度的电流表却很少配置,所以常用示零法来实现较高精度的测量。

2. 替代比较法

在现代测量技术中,当某些物理量无法直接比较时,往往利用物理量之间的函数关系制成相应的仪器进行比较测量,如温度计、糖量计、密度计等。

应当指出,替代比较法是以物理量之间的函数关系为依据的,为了使测量更加方便、准确,在可能的情况下,应当尽量将上述物理量之间的关系转换成线性关系。

二、放大法

在物理测量中,如果被测量很微小,不能用仪器直接测量,常常要放大后进行测量。

要适应各种范围内的精密测量,就得设计相应的装置或采用不同的方法,其中放大法是常用的基本方法之一(缩小也可视为其放大倍数小于 1 的放大)。放大法有机械放大、积累放大(或累计放大)、光学放大、电学放大等等。

1. 机械放大法

测量微小长度或角度时,为了提高测量读数的精度,常将其最小刻度用游标、螺距的方法进行机械放大。由于放大作用提高了测量仪器的分辨率,从而提高了测量准确度。而迈克耳逊干涉仪则是将游标放大和螺旋放大结合起来,位置分度值可达 0.000 1 mm,从而实现了精密测量。

用秒表测量单摆周期,我们可以测量 100 个周期的时间后求得单个周期的时间间隔,这样做同样可以提高测量精度。

2. 电学放大法

电学放大法是用电子技术中的放大电路将微弱的电信号放大后进行测量。在非电量的电测法中,由于转换出来的电学量往往很微弱,所以同样要进行放大。这种方法几乎已成为科技人员的惯用方法。

3. 光学放大法

利用光学透镜组成的"放大镜""显微镜"和"望远镜",已成为精密测量中必不可少的工具。除了直接进行光学放大,也可以利用光学原理进行转换放大,如测量微小长度变化的"光杠杆法"就是典型的一例。

三、转换测量法

转换测量法是根据物理量之间的各种效应和函数关系利用变换原理进行测量的方法。由于物理量之间存在多种效应,所以有各种不同的换测法,这正是物理实验最富有启发性和开创性的一面。随着科学技术的发展,特别是随着各种专用传感器推向市场,各种测量不断向高精度、宽量程、快速测量、自动化测量方向发展。现介绍几种典型的转换测量法。

1. 热电转换测量

将热学量转换成电学量测量,例如:利用温差电动势的原理,将温度的测量转换成热电偶的温差电动势的测量;利用热敏电阻的特性,将温度的测量转换成电阻的测量。

2. 光电转换测量

将光通量转换成电量的测量,其变换原理是光电效应,转换元件有光电管、光电池、光敏二极管等。

3. 磁电转换测量

利用半导体霍尔效应进行磁学量与电学量的转换测量,一些磁场测量装置、速度测量装置等就是利用这种方法。

4. 压电转换测量

利用压电效应进行测量。话筒和扬声器就是利用这种原理制成的。话筒把声波压力变换为相应的电压变化,而扬声器则进行相反的转换。

四、补偿法

采用一个可以变化的附加能量装置,用以补偿实验中某部分能量损失或能量变换,使得实验条件满足或接近理想条件,这种方法称为补偿法。补偿法是将因种种原因使测量状态受到的影响尽量加以弥补。例如,用电压补偿法弥补因用电压表直接测量电压时而引起被测量支路工作电流的变化;用温度补偿法弥补某些物理量(如电阻)随温度变化而对测试状态带来的影响;用光程补偿法弥补光路中光程的不对称等。下面简单介绍电压补偿法和电流补偿法。

1. 电压补偿法

用电压表测量电池的电动势 E_x,如图 2-1-1 所示,因电池内阻 r 的存在,当有电流通过时,电池内部不可避免地产生电压降 Ir,因此,电压表指示的只是电池的端电压 U,即 $U = E_x - Ir$,显然只有当 $I = 0$ 时,电池的端电压才等于电动势 E_x。

如果有一个电动势大小可以调节的电源 E_0,使 E_0 与待测电源 E_x 通过检流计反串起来,如图 2-1-2 所示。调节电动势 E_0 大小,使检流计指示为零,即 E_0 产生一个与 I 方向相反而大小相等的电流 I',以弥补 Ir 的损失,于是两个电源的电动势大小相等、互相补偿,可得 $E_x = E_0$,这时电路达到补偿。知道了补偿状态下 E_0 的大小,就可得出待测电动势 E_x。

2. 电流补偿法

如图 2-1-3 所示,若用毫安表直接测量硅光电池的短路电流,由于电表本身的内阻,所以将影响测量结果的精度。若在电路右边附加一个电压可调的电源 E,如图 2-1-4 所示,当电路中 B、D 两点电势相等时,检流计中无电流通过,即 $I_G = 0$。此时,BD 支路中两电流互相补偿,通过毫安表中的电流 I 即为光电池的短路电流。这就是电流补偿法。

由于电流补偿法可以消除或减弱测量状态受到的影响,从而大大提高了测量的精度。因此,这种方法在实践中应用广泛。

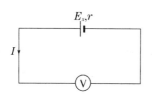

图 2-1-1 用电压表测量电池电动势

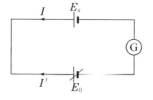

图 2-1-2 电压补偿法原理图

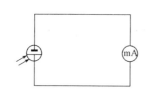

图 2-1-3 短路电流测量原理图

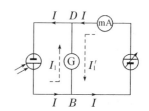

图 2-1-4 电流补偿原理图

五、模拟法

模拟法是以相似理论为基础，把不能或不易测量的物理量用与之类似的模拟量进行替代测量。模拟法分为物理模拟和数学模拟。

1. 物理模拟

物理模拟就是保持同一物理本质的模拟。物理模拟必须满足几何相似和物理相似。几何相似指在形状上模型与原形完全相似；物理相似指模型与原形遵从同样的物理规律，只有这样才能用模型代替原形进行这种物理规律范围内的测量。值得注意的是，模型与原形不管经过怎样的变换和处理，也只能做到某些方面的相似，不能使两者的物理性质完全相同。

如"风洞"实验，就是将飞机模型置于高速气流装置中，模拟飞机在大气中飞行的实际情况。

2. 数学模拟

数学模拟是指把两个不同本质的物理现象或过程，用同一数学方程来描述。如静电场的模拟实验中，用稳恒电流场来模拟静电场，就是基于这两种场的分布有相同的数学形式。

第二节　电磁学实验基本仪器及实验操作规程

电磁学实验是大学物理实验的重要组成部分，是培养学生科学思维能力、动手能力和创新意识的重要载体，它通过学习电磁学中典型的实验方法，例如模拟法、伏安法、电桥法、补偿法、冲击法等，训练学生的基本实验技能，培养看图、正确连接线路和分析判断实验故障的能力。同时，通过实际的观察和测量，掌握电磁学基本测量仪器的使用方法，进一步认识和掌握电磁学理论的基本规律。

电磁学实验的测量对象除了电磁量外，还可以通过各种传感器把非电学量转化为电学量来进行测量。电磁测量通常都要借助各种电学仪器、仪表来进行，为此，必须首先了解常用基本仪器的性能，掌握仪器布置和线路连接的要领。下面对一些常用的基本仪器及接线要领作简单的介绍。

一、常用电源

电源是把其他形式的能量转变为电能的装置。常用的电源分直流和交流两类。

1. 直流电源

用符号"DC"或"—"表示直流电，常用的直流电源有干电池、晶体管直流稳压电源和铅蓄电池。在电路中，用"—|⊢—"表示直流电源，在使用时，一定要认准电源的正负极，否则会损坏电源。

干电池的电动势一般为 1.5 V，使用时如果外壳发潮、漏液，应及时更换。

铅蓄电池的正常电动势为 2 V，额定供电电流约为 2 A，多个并联可得到较大电流，输出电压比较稳定。使用时须注意，当其电动势降到 1.8 V 时，应及时充电；另外，蓄电池即使未用也需要每隔 2～3 星期充电一次。平时要注意蓄电池的维护工作,防止电解液外流。

直流稳压电源的型号繁多,外形各异,但结构上都是由变压器、晶体管、电阻和电容等电子元件按一定的线路组装而成的。它的电压稳定性好,内阻小,输出功率较大,使用方便。只要接到交流电源(220 V)上,就能输出电压连续可调的直流电,输出电压和电流的大小可由仪器读出。使用时,切不可超过它的最大允许输出电压和电流值。

2. 交流电源

用符号"AC"或"～"表示交流电。常用的电网电源是交流电源,有 380 V 和 220 V 等,频率为 50 Hz。在电路中交流电源用符号"—$\bigcirc$—"表示。交流电的电压可通过变压器来调节。交流仪表的读数一般指有效值,例如市电电压 220 V 就是指有效值,其最大值为 $\sqrt{2} \times 220 \approx 310 (V)$。

使用电源时,应特别注意不能使电源短路,否则会损坏电源。

二、电阻

为了改变电路中的电流和电压,或作为特定电路的组成部分,在电路中经常需要接入各种大小不同的电阻。电阻分为固定电阻和可变电阻两类。下面着重介绍两种可变电阻——滑线变阻器和旋转式电阻箱的结构和用法。

1. 滑线变阻器

滑线变阻器的外形和结构如图 2-2-1 所示。把电阻丝(如镍铬丝)绕在陶瓷筒上,然后将电阻丝两端和接线柱 A、B 相连,因此 A、B 之间的电阻即为总电阻。在陶瓷筒上方的滑动接头 C 可在粗铜棒上移动,它的下端始终和陶瓷筒上的电阻丝接触。改变滑动接头 C 的位置,就可以改变 AC 或 BC 之间的电阻。

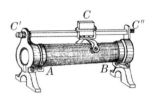

图 2-2-1　滑线变阻器

滑线变阻器在电路中的两种接法。

(1) 限流接法(限流器):如图 2-2-2(a)所示,将变阻器中的任一个固定端 A(或 B),与滑动端 C 串联在电路中,当滑动接头 C 向 A 移动时,A、C 间电阻减小;当滑动接头 C 向 B 移动时,A、C 间的电阻增大。可见,移动滑动接头 C 就改变了 A、C 间的电阻,也就改变了电路中的总电阻,从而使电路中的电流发生变化。

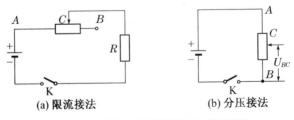

(a) 限流接法　　　　　(b) 分压接法

图 2-2-2　滑线变阻器的限流和分压接法

(2) 分压接法(分压器):如图 2-2-2(b)所示,将变阻器的两个固定端 A、B 分别与电源的两极相连,由滑动端 C 和任一固定端 B(或 A)将电压引出。当滑动接头 C 向 B 移动时,B、C 间的电压 U_{BC} 减小。可见,改变滑动接头 C 的位置,就改变了 B、C(或 A、C)间的电压。

应该注意的是,在开始实验以前,在限流接法中,变阻器的滑动端 C 应放在电阻最大的位置 B;在分压接法中,变阻器的滑动端 C 应放在分出电压最小的位置 B。

2. 旋转式电阻箱

电阻箱是由若干个准确的固定电阻元件,按照一定的组合方式接在特殊的交换开关装置上构成的。利用电阻箱可以在电路中准确调节电阻值。准确度级别高的电阻箱还可作为任意值的电阻标准量具。图 2-2-3 为某一电阻箱的内部电路和面板示意图。在箱面上有 6 个旋钮和 4 个接线柱,每个旋钮的边缘上都标有 0、1、2、3、…、9,靠近旋钮边缘的

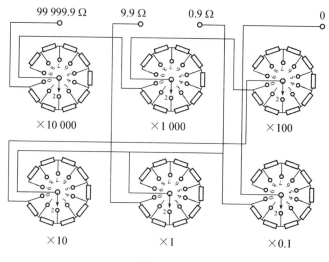

(a) 内部电路示意图

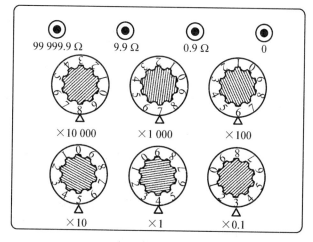

(b) 面板示意图

图 2-2-3 电阻箱的内部电路和面板示意图

面板上刻有标志,并有×0.1、×1、…、×10 000 等字样,这称为倍率。当某个旋钮上的数字旋到对准其所示的倍率时,用倍率乘上旋钮上的数字,即为所对应的电阻。在使用时,如需要 0 到 99 999.9 Ω 的阻值变化,只需将导线接到"0"和"99 999.9 Ω"两个接线柱上。如图 2-2-3(b)所示的电阻箱面板上每个旋钮所对应的电阻分别为 3×0.1、4×1、5×10、6×100、7×1 000、8×10 000,总电阻为 3×0.1+4×1+5×10+6×100+7×1 000+8×10 000＝87 654.3(Ω)。这种接法,可以避免电阻箱其余部分的接触电阻和导线电阻对低阻值带来不可忽略的影响。电阻箱各挡电阻容许通过的电流是不同的。现以 ZX21型电阻箱为例,其额定功率 $P=0.25$ W,当电阻示值为 R 时,允许通过的最大电流为 $I_m=$ $\sqrt{\dfrac{P}{R}}=\sqrt{\dfrac{0.25}{R}}$ A。

电阻箱参数表如表 2-2-1 所示。

表 2-2-1　ZX21 型电阻箱参数表

旋钮倍率	×0.1	×1	×10	×100	×1 000	×10 000
容许负载电流/A	1.5	0.5	0.15	0.05	0.015	0.005

电阻箱的准确度等级分为 0.02、0.05、0.1、0.2 和 0.5 共五个等级。电阻箱的仪器误差限 $\Delta_仪$ 可由下式计算:

$$\Delta_仪=(aR+bm)\%$$

式中:a 为电阻箱的准确度等级;R 为电阻箱示值;b 为与准确度相关联的参数;m 是所使用的电阻箱的旋钮个数。不同等级的电阻箱的仪器误差极限如表 2-2-2 所示。

表 2-2-2　不同等级的电阻箱的仪器误差限

等级 a	0.02	0.05	0.1	0.2
$\Delta_仪$	$(0.02R+0.1m)\%$	$(0.05R+0.1m)\%$	$(0.1R+0.2m)\%$	$(0.2R+0.5m)\%$

三、电表

电表可以分为交流电表和直流电表,在使用时,两者不能混用。除了要注意表的类型外,还要注意选择合适的量程。

在物理实验中,常用的电表绝大多数都是磁电式仪表,其读数靠指针在标尺上的偏转来显示。这种仪表只适用于直流电,具有灵敏度高、刻度均匀、便于读数等优点。下面对电表作一简单介绍。

1. 电流计(表头)

电流计又称表头,是利用通电线圈在永久磁铁的磁场中受到力偶作用发生偏转的原理制成的。在磁场、线圈面积和线圈匝数一定时,偏转角度与电流的大小成正比。它的结构如图 2-2-4 所示。与游丝连接的可动线圈置于磁场中,线圈通电后受到磁力矩的作用而绕轴转动,游丝随着发生扭转变形,由于游丝是螺旋形弹簧,具有恢复原状的特性,因此对转轴会产生反作用力矩,当反作用力矩与磁力矩平衡时,线圈停止转动,指针指向一定的位置。这时指针偏转的角度与通电电流成正比,所以可以在刻度盘上将指针偏转的角

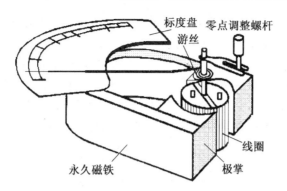

图 2-2-4 磁电式电表的结构示意图

度显示为电流的大小。

为了使仪表指针开始在零位置,通常还有一个"调零器",它的一端与游丝相连。如果在使用前仪表的指针不指向零位,可用起子调节露在表壳外面的调零螺杆,使仪表指针逐渐趋近于零位。

电流计(表头)可用于检验电路中有无电流通过,它能直接测量的电流在几十微安到几十毫安之间。如果用它来测量较大的电流,必须加分流器。

专门用来检验电路中有无电流通过的电流计称为检流计,它分为指针式和光电反射式两类。

(1)指针式检流计

指针式检流计的特点是其零点位于刻度盘中央,未通电流时,指针正对零点。通电流后,随电流方向的不同可以左右偏转。检流计常处于断开状态,仅当按下按钮时,检流计才接入电路中。因此用它来检验电路中有无电流,十分方便。

以 AC5/4 型检流计为例,其面板示意图如图 2-2-5 所示,在使用时为了保护检流计,常在其两端串联一个大电阻。面板中间的表针锁扣置于红色圆点位置时,可以把表针锁住,便于保护检流计的扭丝。使用时,则将表针锁扣由红色圆点拨向白色圆点,按下"电计"按钮接通检流计电路,若指针发生偏转,立即松开"电计"按钮,指针偏转的方向即是电流流进检流计的方向。如果松开"电计"按钮后,指针出现左右晃动现象,此时可按下"短路"按钮,此时指针晃动能很快停下来。另外,"电计"和"短路"按钮也可变为常闭,只需按住按钮右旋,要想恢复常开,则按住左旋即可。

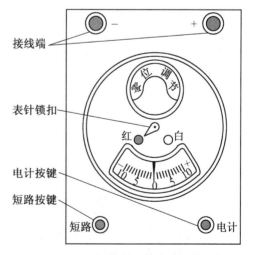

图 2-2-5 AC5/4 指针式检流计面板示意图

(2)光电反射式检流计

光电反射式检流计可分为墙式和便携式两种。便携式(如 AC15 型直流复射式检流计)使用较方便,常用作电桥、电势差计等的指零仪器,或用来测量小电流和小电压。

AC15 型直流复射式检流计主要由磁场部分、偏转部分和读数部分组成,内部结构如图 2-2-6(a)所示。上、下两根拉紧的可导电张丝将动圈置于均匀辐射状磁场中,如图 2-2-6(b)所示。灯泡发出的光经凸透镜后变成平行光,再经过中央有一条竖直细丝的光阑后,使通过光阑的圆形光斑中央有一条黑色竖直线而形成光标,光标经多次来回反射后照到标度尺上。这样一来,动圈和小镜只要有微小的偏转,就可观测到标度尺上光标的移动,从而提高了检流计的灵敏度。

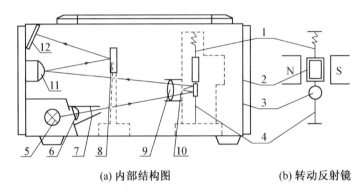

(a) 内部结构图　　　　　　　(b) 转动反射镜

1—上张丝;2—动圈;3—小平面镜;4—下张丝;5—灯泡;6—凸透镜;7—光栏;
8—固定反射镜;9—成像透镜;10—固定反射镜;11—球面镜;12—标度尺

图 2-2-6　AC15 型直流复射式检流计内部结构图

AC15/4 型检流计的面板如图 2-2-7 所示,使用方法和注意事项如下:

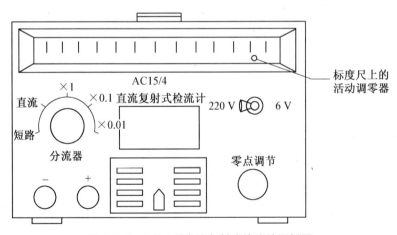

图 2-2-7　AC15 型直流复射式检流计面板图

① 接通电源前,应先检查电源插头是否插在检流计后面板的"220 V"插口里,电源开关置于"220 V"一侧。特别要防止将 220 V 市电插入后面板的"6 V"插口里。

② 接通电源后,在标度尺上应有光标出现。如果找不到光标,可将"分流器"置于"直接"挡,观察光标的踪迹,调节"零点调节"旋钮,将光标调到标度尺中央。

③ 检流计的"零点调节"为零点粗调,标度尺右下角有一金属小柱为"零点细调"。可

左右移动小柱体,将光标的竖线与标度尺的零分度线对齐。

④ "分流器"的"×1""×0.1""×0.01"三挡是改变灵敏度用的。测量时应从灵敏度最低的"×0.01"挡开始。若偏转不大,方可逐步增加灵敏度。"×1"挡灵敏度最高,此挡的分度值才是检流计的标称分度值,而使用"×0.1"和"×0.01"挡时,分度值分别为标称值的 10 倍和 100 倍。

当检流计的光标来回振动,或改变外电路、移动检流计和使用结束时,都应将"分流器"置于"短路"挡,使检流计的动圈短路,利用电磁阻尼保护检流计。

2. 电流表(安培表)

如图 2-2-8 所示,在表头线圈上并联一个阻值很小的分流电阻,就成了电流表。使用电流表时,应把它串联在待测电流的电路中,并使电流从电流表的正端流入,负端流出。

图 2-2-8 电流表的构造   图 2-2-9 电压表的构造

3. 电压表(伏特表)

如图 2-2-9 所示,在表头线圈上串联一个高电阻,就成了电压表。使用时,应把电压表并联在待测电压的两端,并将电压表的正端接在电位高的一端,负端接在电位低的一端。

使用电流表和电压表时,应注意电表的量程,不得使测量值超过量程,否则易将电表烧坏。对于多量程的电表,在不知道被测量值的范围时,为了安全考虑,一般应先接大量程;在得出测量值的范围后,应换接与被测量值最接近的量程,以获得更精确的测量值。测量值 A 按下式计算

$$A = n \cdot \frac{a}{N}$$

式中:a 为该量程可测量的最大值;N 为该量程对应的分度线的总分度数;n 为电表指针指示的读数(分度数)。

4. 数字式电表

随着半导体工业和电子技术的发展,尤其是大规模和超大规模集成电路的发展,电子测量仪表走向数字化,并日益普及。数字电表是采用数字化技术将待测的模拟量转化为数字量,经过检测和数据处理后,自动地将测量结果以数字形式显示出来。

数字式电表具有准确度高、灵敏度高、测量范围广、显示清晰、测量速度快、对电路的影响小、电路集成度高、整体功耗低、具有数码信息输出功能等优点,可以把测量结果在存储器中长期保留,还具有与计算机、打印机相连接等扩展功能。物理实验教学中常用的数字式电表可用来测量直流电压和电流、交流电压和电流、电阻、电容、温度、频率、逻辑电平、二极管正向压降、晶体三极管参数等。

常用的数字式电表显示位数一般有 $3\frac{1}{2}$ 位、$4\frac{1}{2}$ 位、$5\frac{1}{2}$ 位等。例如:$3\frac{1}{2}$ 位电压表表头如图 2-2-10 所示,右边三位可显示 0~9 共 10 个不同的数字,左边只能显示 0 或 1,就

是所谓的"$\frac{1}{2}$"位。当 $3\frac{1}{2}$ 位数字表量程为 1.999 V 时,其最

小分度为 0.001 V。如果上述表头输入端加上一个放大倍

数为 10 倍的电压放大电路,分度值就变成 0.1 mV,表的量

程变为 0.199 9 V。普通物理实验室中常用的数字表是

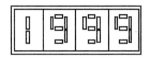

图 2-2-10 $3\frac{1}{2}$ 位数字表表头

$3\frac{1}{2}$ 位或 $4\frac{1}{2}$ 位,在需要精密测量的场合,可以使用 $7\frac{1}{2}$ 位

数字电压表,其分度值可以达到 0.1 μV。

数字式电表的总误差为多种误差的综合,其误差限 $\Delta_仪$(即数字式电表的准确度等

级)的一般表示方式为

$$\Delta_仪 = \pm(a\%U_x + n)$$

其中:a 为误差的相对项系数;U_x 为读数值;n 为数字。a、n 的具体值可参考仪器使用说

明书。

5. 电表使用时的注意事项

(1) 选表

在使用电表时,首先要根据测量的需要正确选择电表,除了要分清电流表、电压表和

欧姆表外,还要分清交流表还是直流表,表面上通常有符号:"—"表示直流,"~"表示交

流,"≃"表示交直流两用。

(2) 表的允许使用状态

电表表面上通常规定了电表使用时的放置方位,如果不按规定方位放置电表,将会给

测量带来附加的不确定度。放置方位规定如表 2-2-3 所示。

表 2-2-3 电表的放置方式

符号	放置方式
⊓ 或 →	水平放置
⊥ 或 ↑	竖直放置
∠60°	与水平面倾斜 60° 放置

(3) 量程选择

正确选择电表后,还要根据测量的需要选择合适的量程,量程是电表能够测量的物理

量的最大值,除了单量程的电表外,大多数电表都有多个测量挡位,称为多量程电表。电

表上不同的接线柱(或插孔)对应不同的量程,被测量值不能超过电表量程,否则会损坏电

表。因此在不知道被测量值的大小时,通常用最大的量程去测试,然后再逐步选择合适的

量程。

(4) 读数

在测量前,首先要将电表指针调零。电表指针下有一平面镜,读数时要做到"三线合

一",即视线、表针和表针在镜中的像重合。

除了单量程外,测量值一般不能直接从表面刻度上读出,而要根据量程把表面示数乘

上某一系数后才能得到,这个系数等于所用量程除以表面的最大刻度。

例如，一个表面刻度为 150 mV 的电压表，有三个量程：0～75 mV、0～150 mV、0～300 mV，用此表的不同量程测量时，测量值计算方法如表 2-2-4 所示。

表 2-2-4　不同量程的读数方法

量程	计算方法	读数
0～75 mV	表面示数$\times\dfrac{75 \text{ mV}}{150 \text{ mV}}$	表面示数$\times\dfrac{1}{2}$
0～150 mV	表面示数$\times\dfrac{150 \text{ mV}}{150 \text{ mV}}$	表面示数$\times 1$
0～300 mV	表面示数$\times\dfrac{300 \text{ mV}}{150 \text{ mV}}$	表面示数$\times 2$

（5）准确度等级

根据国家标准 GB/T7676—1998，电表的准确度等级分为 0.05、0.1、0.2、0.5、1.0、1.5、2.5 和 5.0 八级。准确度为 k 级的电表，简称为 k 级电表，它表示在规定的测量条件下，使用该电表测量时，其测量值的最大不确定度为

$$U_{x_m} = A_m \cdot k\%$$

式中，A_m 是所用电表的量程。

例如，用 0.5 级的电流表测量电流，此表有若干个量程，若选用 150 mV 量程挡，测量值为 100 mV，最大不确定度 $U_{I_m} = 150 \times 0.5\% = 0.8 (\text{mA})$，相对不确定度为 $U_r = \dfrac{U_{I_m}}{U} = 0.8\%$，测量结果表示为 $I = (100.0 \pm 0.8) \text{mA}$。

可以验证，量程用得越大，电表示数的不确定度就越大。所以，测量时在不超过量程的前提下，应尽可能采用较小的量程，使电表指针尽可能接近满度。

（6）电表上的其他符号

电表上还有一些其他符号也需要了解，见表 2-2-5。在特殊场合使用电表时，应当注意。

表 2-2-5　常用电器仪表面板上的符号标记

符号	符号意义
Ⅱ	Ⅱ级防外磁场
☆	绝缘强度试验电压为 2 kV
⌒	磁电式电表
⌒	磁电整流式电表
⚠	A 级仪表

四、开关

电键也叫开关，在电路中的作用是接通或切断电源以及变换电路，实验中常用的开关

分为单刀单掷、单刀双掷、双刀双掷、双刀换向开关等,它们在电路中的符号如图 2-2-11 所示。

(a) 单刀单掷　　　　(b) 单刀双掷　　　　(c) 双刀双掷　　　(d) 双刀换向开关

图 2-2-11　　开关示意图

其中双刀换向开关的作用是改变电路中某段电路的电位方向或电流方向,具体作用如图 2-2-12 所示。当双刀换向开关拨向 BB' 时,A、B 相连,A'、B' 相连,流过电阻 R 的电流方向为 $F{\rightarrow}G$;当双刀换向开关拨向 CC' 时,A、C 相连,A'、C' 相连,流过电阻 R 的电流方向为 $G{\rightarrow}F$。

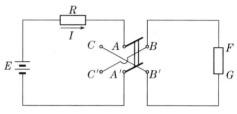

图 2-2-12　双刀换向开关

五、仪器布置和线路连接

在电学实验中,实验仪器的布置和线路的正确连接是非常重要的,仪器布置不恰当,实验时就不顺手,而且容易造成接线混乱、不便于检查线路,还可能造成事故。因此,有必要学习和训练仪器布置和连接线路方面的技能。连线的基本原则是电流表串联,电压表并联,直流电表分清正负极。

(1) 在电磁学实验中,各种仪器都是用一定的图形符号表示(表 2-2-6),并用直线将它们连接起来。接线时,首先必须了解电路图中每个符号所代表的仪器的接线要求和特点,然后按照"走线合理、操作方便、易于观察、实验安全"的原则布置仪器。仪器设备不一定要完全按照实验电路中的相应位置一一对应;而一般是将经常用或要读数的仪器放在近处,其他仪器放在远处;高压电源要远离人身。

(2) 从电源正极开始按回路接线,当电路复杂时,可把它按图形分成儿个回路,先接完一个回路,再依次连接其他回路,接线时应充分利用电路中的等位点,避免在一个接线柱上集中过多的导线连接片(一般不宜超过三个)。

(3) 电磁学实验大都使用多种仪器,如果接线不正确又随意接电源,将会造成仪器损坏。因此,必须遵守"先接线路,后接电源;先断电源,后拆线路"的操作规程。按电路图接好电路后,先自行检查一遍,再请教师复查和指导,然后才能接通电源。接电源时,必须全局观察整个线路上的所有仪器,如发现有不正常现象(如指针超出电表的量限、指针反转、有焦味等),应立刻切断电源、重新检查、分析原因。若电路正常,可用较小的电压或电流先观察实验现象,然后逐步将电压调到正常再开始测量数据。

(4) 测得实验数据后,应当用理论知识来判断数据是否合理、有无遗漏,是否达到预期的目的,在自己确认并经教师复核后,方可拆除线路,并整理好仪器用具。

表 2-2-6 常用的电气元件符号

名称		符号	名称	符号
干电池或蓄电池			单刀单掷开关	
电阻的一般符号(固定电阻)				
变阻器(可调电阻)	一般符号		单刀双掷开关	
	可断开电路的			
	不断开电路的		双刀双掷开关	
电容器的一般符号			指示灯泡	
可变电容器			不连接的交叉导线	
电感线圈			连接的交叉导线	
有铁心的电感线圈			晶体二极管	
有铁氧体心不可调线圈			稳压管	
有铁心的单相双线变压器			晶体三极管(p-n-p)	

第三节 光学实验基本仪器及实验操作规程

　　光学实验使用的仪器比较精密,光学仪器的调节也比较复杂,只有在了解仪器结构性能基础上建立清晰的物理图像,才能选择有效而准确的调节方法,判断仪器是否处于正常的工作状态。为了做好光学实验,要在实验前充分做好预习,实验时多动手、多思考,实验后认真总结,只有这样才能提高科学实验的素养、培养实验技能、养成注重实际的科学作风。

一、光学实验的特点

　　1. 在理论知识的指导下进行实验

　　光波的本质是频率极高的电磁波。例如可见光的频率为 10^{14} Hz 的数量级,即在

10^{-9} s 的时间内,光扰动就有几十万次之多。而我们的实验只是在观察时间内给出一个平均结果,因此在光学实验中我们必须要用理论来指导实践。如果不掌握光的基本理论,不熟悉光的宏观特性、相干性和偏振态,有些光学实验就很难做好。光学元器件的选择、实验光路的布置、实验现象的观察、光学仪器的调整和检验各个环节,均需要理论指导。如果没有经过周密思考而盲目操作,就不会得到好的学习效果。

　　2. 仪器调节要求较高

　　仪器调节是光学实验成败的关键。在研究和观测某一光学实验现象的时候,首先必须调节实验仪器和装置,使光线按照规定的路径和方向传播,并遮挡其他不必要的光线。在测量某些物理量(如波长、焦距、折射率等)时,由于这些物理量一般都是通过测量长度或角度等几何量来实现的,因此要求测量各个几何量与仪器的读数系统相一致(如光具座的刻度尺、分光计上的刻度盘),只有这样才能确保结果的可靠性。

二、实验室常用光源

　　实验室光源种类繁多,但基本都属于电光源。电光源按照能量转换模式的不同可以分为两类:一类是热辐射光源,即依靠电流通过物体使物体温度升高而发光的光源,如白炽灯;另一类是气体放电的光源,即依靠电流通过气体(包括金属蒸汽)使气体受激发光的光源,如钠灯、汞灯、氦灯等。

　　除了电光源外,还有激光光源和固体发光光源也是实验室常用的。

　　1. 白炽灯

　　白炽灯根据热辐射原理制成。灯泡里充以惰性气体。当灯泡钨丝通电后由于电流热效应,加热至白炽发光。白炽灯光谱为连续光谱,光谱成分和光强与钨丝加热温度有关。

　　在白炽灯内加入微量的碘或溴,利用卤钨循环原理能更加有效地抑制钨的蒸发。从灯丝蒸发出来的钨和卤族元素反应形成卤钨化合物,当卤钨化合物扩散到灯丝周围的时候,又发生分解,钨重新沉积到灯丝上去,这样循环就控制了钨丝的蒸发,大大提高了发光效率,也延长了使用寿命。

　　实验室使用的白炽灯灯泡除了用于室内照明和暗室有色灯泡外还有以下几种:

　　(1) 小电珠。规格有 6.3 V、6~8 V 等,作为白光光源和读数照明用。它通过灯丝变压器点燃,这种灯泡使用寿命短,不用时应该立即切断电源。

　　(2) 金属卤素灯。它是一种高亮度的白光点光源,作强光光源使用,规格有 12 V/100 W、24 V/300 W,通过控制变压器点燃。

　　(3) 钨带灯,钨丝灯。由于寿命较长、工作状态稳定,用黑体辐射源校准以后可以作为光强标志灯,或者光通量标志灯。此时供电电源必须为稳压电源。

　　2. 气体放电灯

　　气体放电灯用得较多的是辉光放电与弧光放电两类。它们结构基本相同,一般都是由泡壳和电极组成,泡壳内充以某种气体。

　　发光过程一般都是:由阴极发射电子并被外电场加速。高速运转的电子碰撞了气体原子,使气体原子处于激发状态。当受激原子返回基态的时候,所吸收的能量又以辐射形式释放出来。电子不断地被激发再发光,发光过程就持续下去。不同的气体原子有其特别的原子光谱或分子光谱。

（1）汞灯

汞灯又称为水银灯，发光气体为汞蒸汽。它的放电状态是弧光放电。按照光源工作时汞蒸汽压的高低可以分为低压汞灯、高压汞灯和超高压汞灯。

① 低压汞灯（图 2-3-1）。低压汞灯的汞蒸汽压通常在一个大气压之下，辐射能量几乎集中在 253.7 nm 这一谱线上，一般作为紫外光源用。低压汞灯使用交流电时，配合漏磁变压器限制其工作电压和工作电流。应用直流电源工作时，整流器输出约为 700 V，电路中串联一电阻，以稳定和限制其工作电流使电弧稳定。

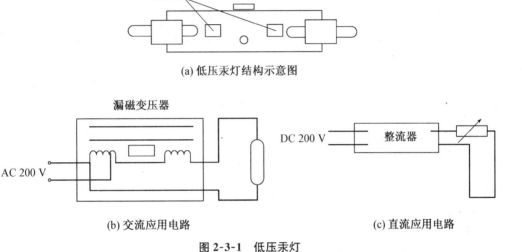

(a) 低压汞灯结构示意图

(b) 交流应用电路　　　　　　(c) 直流应用电路

图 2-3-1　低压汞灯

② 高压汞灯（图 2-3-2）。高压汞灯的汞蒸汽一般从几个大气压到 25 个大气压之间。灯泡的亮度因而大大增加，产生了更多的谱线。管内一般除了汞蒸汽之外，还充有少量惰

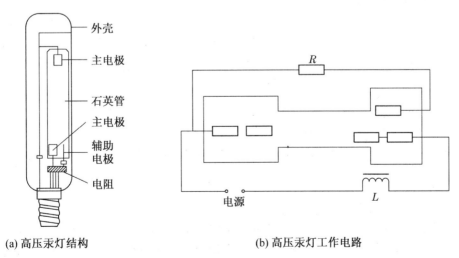

(a) 高压汞灯结构　　　　　　(b) 高压汞灯工作电路

图 2-3-2　高压汞灯

性气体。当汞灯接入电路后,在强电场的作用下,产生辉光放电。大量的带电粒子,在两主电极电场作用下产生高压弧光放电。当汞全部蒸发完毕光强才开始稳定,灯管发光正常。使用高压汞灯,应根据灯管工作电流选用适当的限流器,以稳定工作电流。汞灯预热需要 5~10 分钟。高压汞灯熄灭后灯管依然发烫,内部汞蒸汽压强较高,要再次点燃必须等到灯管冷却,汞蒸汽压强下降到一定程度才能再次打开电源。

③ 高压汞灯的总辐射中 37% 是可见光,其中一半以上集中在汞的绿色谱线 546.1 nm 和黄色谱线 577.0 和 579.1 nm,都近于人眼的敏感波长区域。因此,高压汞灯是光学实验和光谱分析中比较理想的光源。

④ 汞灯辐射紫外线较强,为防止眼睛受伤,一定不能直视汞灯。

(2) 钠光灯

钠光灯的光谱线在可见光范围内有两条,波长分别为 589.0 和 589.6 nm 的强谱线。在很多仪器中这两条谱线不易分开,因此经常把它作为单色光源使用。取它的谱线平均值 589.3 nm 作为单色波长。

钠光灯是将金属钠封闭在抽空的放电管内,发光原理是汞灯相似,都是金属蒸汽弧光放电。钠光灯电源采用 220 V(AC)并串联限流器。

(3) 氢灯、氦灯

氢灯、氦灯也是气体放电光源,放电时产生原子光谱和分子光谱,制作时根据需要突出其中一种。它们的管内电势差约几千伏,工作电流一般为几个毫安,采用氢灯专用电源或激光电源提供能量,由于管端电压很高,使用时应该防止触电。

3. 激光器

(1) He-Ne 激光器

激光器是 20 世纪 60 年代出现的新光源,其发光机理和前面数种光源有根本上的不同。激光器是受激发射而发光,普通光源是自发发射而发光。激光是一种方向性好、单色性好、亮度高、空间相干性高的光源,因此实验室经常用它作强的定向光源和单色光源。其中最常用的是 He-Ne 激光器,它发出的激光波长是 632.8 nm。

He-Ne 激光器由激光电源和激光管两部分组成。激光管是一个气体放电管,管内充有氦氖混合气体,两端镀有多层介质膜的反射镜封固构成谐振腔,形成多次反射,出现持续振荡。如果放电管的窗口与管轴形成布鲁斯特角,则出射光成为线偏振光。

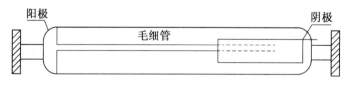

图 2-3-3　He-Ne 激光器结构

(2) 半导体激光器

半导体激光器又称激光二极管(LD),它采用了量子阱(QW)和应变量子阱(SL-QW)等新颖的结构,引进了折射率调制布拉格发射器以及增强调制布拉格发射器等最新技术,同时还发展了分子束外延生长法、金属有机化合物气象沉积法及化学外延生长法等晶体生长技术新工艺,使得外延生长工艺能够精确地控制晶体生长,达到原子层厚度的精度,生长出优质量子阱以及应变量子阱材料。于是制作出的 LD,其阈值电流显著下降,转换效率大幅度提高,输出功率成倍增长,使用寿命也明显加长。

4. 固体发光光源

发光二极管就是一个半导体灯,它是由 P-N 结组成的。当在 P-N 结上施加正向电压时,被注入的少数载流子穿过 P-N 结,在 P-N 结区形成大量电子,空穴复合,复合时以热或光的形式辐射出光子,光子能量满足 $E_g = h_r$,E_g 为半导体材料的禁带宽度,不同材料的 E_g 不同,因而 υ 不同。一般在可见光区域采用 GaP(550.0 nm)、SiC(435.0 nm),而 Ge、Si、GaAs 等辐射区域在红外区域。半导体灯常用作信号灯、显数管等。

三、常用光电探测器

人眼本身就是较好的光探测器,对于弱光的接收灵敏度尤其出色。但人眼分辨光谱范围较窄,易疲劳,而且不能直视激光。因此,我们更多地采用客观的光探测器来扩展人眼的功能。例如光电探测器。

光电探测器是利用一些物质在接收光照之后,其电化学性质发生改变的特点制成的光电器件。光电探测器可分为三类:(1) 光电发射,属于外光电效应机制,如光电倍增管;(2) 光电导,属于内光电效应机制,如半导体光导管、光电二极管;(3) 光生伏打效应,属于内光电效应机制,如光电池。

光电探测器的相对灵敏度随波长的分布曲线称之为光谱灵敏度分布曲线。灵敏度降到最大值的 1/10 处的波长称为光电探测器的极限波长,由光电探测器的灵敏度分布曲线可以知道光电探测器的工作波长范围和探测极限。

光电探测器对于微弱光的探测能力称为光电探测器的极限灵敏度。如果有一定温度,虽然探测器没有受到光照,但由于热激发也会产生光电子,此时产生的电流称为暗电流或本底电流。在某些情况下,暗电流会使灵敏度下降。比如连续工作,或强光照时间过长,都会出现灵敏度下降的情况。此时应该停止使用,并存放在暗处,方可使部分或全部恢复。

光电探测器受光照之后产生的光电流与入射光成正比,这一关系被称为光电探测器的线性响应。实际使用中,一般都期待光电探测器有较宽的线性范围。

1. 光电池

光电池是利用半导体的内光电效应制成的一种光电转换器件。常用的有硅光电池和硒光电池,如图 2-3-4 所示。当它们受到光照的时候,会在构造内部的电极和基板上产生电势差,如果用导线接入检流计,就会产生光电流。硒光电池在可见范围内有较高灵敏度,峰值波长在 540 nm 附近(黄光区),它适用于测量可见光。如

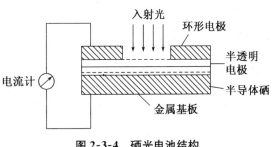

图 2-3-4 硒光电池结构

果硒光电池与适当的滤光片配合,则它的光谱灵敏度可与人眼接近。硅光电池的光谱灵敏度为 400～1 200 nm,其峰值在 780 nm 附近(近红外区),其性能比硒光电池稳定。

使用光电池的时候,应选用它的光电特性的线性区域,这就要求入射光通量较小,且外接负载电阻小。这样才能稳定,保持良好的线性关系。

2. 光电二极管

光电二极管也是利用半导体的内光电效应制成的一种光电转换器件。根据材料和制造工艺的不同有多种型号。它们的光谱响应范围主要集中在 400.0 ～1 100.0 nm,灵敏度峰值为 800.0～900.0 nm。从它的线性光电特性可以看出,这一特点可以用于光强度测量,只要读出光电流的相对强度,就可以表示出光的相对强度。

3. 光电管

光电管由一个阴极和一个装在真空或惰性气体的玻璃管内的阳极制成。阴极表面涂有光电发射材料,称为光阴极。当有一定波长的光照射时,阴极发射电子,由两极间电压形成光电流。

只有当 $h\nu > W$(W 为光阴极表面的电子脱出功,$\nu = c/\lambda$)时就会激发光电子逸出。现有的阴极材料 W 基本都在 1 个电子伏特以上,相应的长波限在 1 200 nm 以下,因此该光电管的探测有效波长范围也都在 1 200 nm 以下。

4. 光电倍增管

光电倍增管与光电管的不同在于它能够将微弱的入射光转换为光电子,并使得光电子获得倍增。

在它的阴极与阳极之间,安装了多个二次发射极,又称倍增极。当阴极由于光照产生光电子的时候,这些电子会在阳极电压的吸引下加速打到一系列的二次发射极上,产生更多的二次电子。最后经过倍增的光电子(可以达到原光电子的数百万倍)被阳极收集而输出电流。此刻阳极的电流 I_g 与光阴极接收的光通量 φ 成正比。

由于光电倍增管的灵敏度较高,微弱的光照就会产生大量电流,因此加上高压后,即使避免强光和散杂光影响,在完全暗处也有暗电流,使用时一定要注意维护仪器的寿命。

5. 光导管

某些半导体当光照射后,其电导率会发生变化。如硫化镉、硒化镉,当光照之后其电阻会变小。因此,可以利用光导管受光照之后电阻的变化来测量入射光通量的大小。

光电流与入射通量有关,同时也与工作电压成正比。每种不同的光导管都规定了最高允许电压,一般在几十伏到几百伏之间。

四、实验室常用光学仪器

光学仪器的种类繁多,本书实验中采用的仪器大致可以分为以下几类:

(1) 观测仪器——光具座、平行光管、迈克耳逊干涉仪、投影仪等。

(2) 助视仪器——显微镜(读数显微镜、测微目镜、生物显微镜)、望远镜。

(3) 光谱仪器——分光计、单色仪(棱镜单色仪、平面光栅单色仪、凹面镜单色仪)、小型摄谱仪。

(4) 成像类仪器——照相机、翻拍机。

五、爱护眼睛

光是人眼认识世界的媒介。光学实验对人眼的要求特别高,有些实验现象必须要有足够好的视力才能顺利观察,准确读数。由于部分实验要求光源具备空间相干性和时间相干性,因此必须在暗室环境下完成操作,若是此时仪器调节不理想,现象不明显,这时用眼疲劳会明显加剧。因此,为了做好光学实验,实验者必须保护好自己的眼睛,特别注意以下事项:

(1) 做光学实验前后注意用眼卫生。

(2) 避免光亮度的骤变(实验室光线较暗,出入暗室要先闭眼睛,再慢慢张开,使眼睛有个适应过程)。

(3) 眼睛感到疲劳时,应稍作休息后再继续实验,切忌过度疲劳。

(4) 了解实验室灯光中哪些灯光含有紫外线(高压汞灯,氢灯),注意不能裸眼直视这些光源。

(5) 严禁眼睛直视激光! 激光会灼伤视网膜。实验中也要注意,不能将激光照射在其他同学的眼睛上。

六、爱护仪器

具备良好实验素养的科技工作者,在光学实验中都会十分爱惜各种仪器。而学生在实验中加强爱护仪器的意识也是培养良好实验素养的重要方面。光学仪器一般都比较精密,光学元件都是用光学玻璃经多项技术加工而成的,其光学表面加工尤其精细,有的还镀有膜层,因此使用时要特别小心。如使用维护不当很容易造成光学元件破损和光学表面的污损。使用和维护光学仪器时应注意以下方面:

(1) 用光学玻璃器件(透镜、三棱镜、光栅片等)时,要轻拿轻放,勿使器件受到碰击或摩擦。不容许将光学玻璃器件随意乱放,以免发生意外碰落摔坏,尤其在室内光线暗淡的情况下更应注意。

(2) 光学玻璃器件的工作面(光学面)都经过精细抛光加工,有些表面镀有极薄的膜层。使用它们时,不能用手接触光学面,不要对着光学玻璃器件咳嗽、打喷嚏或大声说话。

(3) 光学器件的表面发现有污染时,切勿随意用手帕或普通纸张擦拭,要用实验室提供的专用"镜头纸"轻轻擦拭干净。对有镀膜表面的污染,学生不要擦拭,交由指导教师妥善处理。

(4) 光学仪器中的机械部分,如分光仪、迈克耳逊干涉仪、显微镜等,操作时动作要轻缓。不容许拆卸仪器上的任何部件。对结构较为复杂的分光仪要了解各旋钮(螺钉)的作用,切勿盲目乱拧。不要将需要定位的那些旋钮(螺钉)拧得过紧。

(5) 实验之前熟悉仪器的摆放,尤其是带有大量附件的实验仪器。结束后,将仪器按照原位摆放整齐,附件全部清点后,收入附件盒,用防尘罩罩好。

第三章　基础实验

实验 3.1　物体密度的测定

均匀物质单位体积的质量称为密度,它是物质的重要物理参数之一。密度的测量涉及物体的质量和体积的测量,物体的质量一般可用天平直接测得。对于外形规则的物体,如圆柱体、长方体等,可通过测量其外观的几何尺寸计算出它的体积,这就需要进行长度的测量。本实验主要学习物理实验中的两种基本测量:长度和质量。

一、实验目的

(1) 掌握测定规则物体密度的一种方法;
(2) 掌握游标卡尺、螺旋测微计、电子天平的使用方法;
(3) 正确记录实验数据、掌握有效数字的运算方法;
(4) 会进行不确定度的计算,会用不确定度表示实验测量结果。

二、实验原理

物体的密度 ρ 等于物体的质量 m 和它的体积 V 之比,即

$$\rho = \frac{m}{V} \tag{3-1-1}$$

当被测物体是一个有规则形状的几何体时,可用数学方法算出其体积。例如,当被测物体是一直径为 d、高度为 h 的圆柱体时,其体积 V 为

$$V = \frac{1}{4} \pi d^2 h \tag{3-1-2}$$

在式(3-1-2)中,只要测量出圆柱体的质量 m、直径 d 和高度 h,即可求出圆柱体的密度,即

$$\rho = \frac{4m}{\pi d^2 h} \tag{3-1-3}$$

三、实验仪器

游标卡尺、螺旋测微计、分析天平或电子天平、待测圆柱体。

1. 游标卡尺

游标卡尺是一种常用的测量长度的工具,其分度值可达 0.02~0.1 mm,它的外形如图 3-1-1 所示。

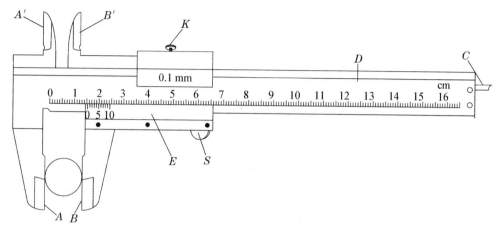

A、B—钳口;A'、B'—刀口;C—深度尺;D—主尺;E—游标刻度;
K—固定螺丝;S—推把

图 3-1-1　游标卡尺

游标卡尺主要由主尺和可以沿主尺滑动的副尺组成。主尺头上有钳口 A 和刀口 A',副尺上有钳口 B、刀口 B' 和深度尺 C。使用钳口 A、B 可用来测量物体的外部尺寸,如长度、厚度、宽度和管的外径,使用刀口 A'、B' 可用来测量管的内径和槽的宽度,使用深度尺 C 可用来测量槽和小孔的深度。

副尺上刻有游标 E,游标卡尺就是利用游标来提高测量精度的。游标的分度有 10 分度、20 分度和 50 分度等不同,但它们的基本原理和读数方法是相同的。现以 10 分度游标卡尺为例,主尺的最小分度是 1 mm,游标上有 10 个小的等分刻度,它们的总长等于 9 mm,因此游标尺的每一最小分度比主尺的最小分度相差 0.1 mm。当钳口 A、B 合在一起时,游标尺的零刻线与主尺的零刻线重合。如果在钳口 A、B 间放一长为 L 的物体,游标尺的"0"刻度对在主尺上的某一位置,以图 3-1-2 为例,毫米以上的整数部分 z 可以从主尺上直接读出,而毫米以下的部分 Δx,则应细心观察游标上的哪一根线与主尺上的刻度对得最齐。在图 3-1-2 中,第八根线对得最齐,从图上可以看出 Δx 就是 8 个主尺最小分度和 8 个游标分度之差,即

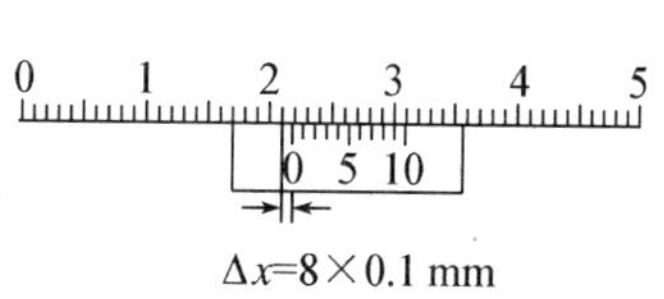

$\Delta x = 8 \times 0.1$ mm

图 3-1-2　游标卡尺的读数

$$\Delta x = 8 \times (1-0.9) = 8 \times 0.1 = 0.8 \text{(mm)}$$

如果游标上第 k 根线与主尺某一刻度对得最齐,Δx 就是 $k \times 0.1$ mm,此时物体的总长为

$$L = x + k \times 0.1 \text{(mm)}$$

对于一般情况,如果用 a 表示主尺上最小分度的长度,用 n 表示游标的分度数,并且

取 n 游标分度与主尺($n-1$)个最小分度的总长相等,则每一游标分度的长度 b 为

$$b=\frac{(n-1)a}{n}$$

主尺的最小分度与游标分度的长度之差为

$$a-b=a-\frac{(n-1)a}{n}=\frac{a}{n}$$

式中 $\frac{a}{n}$ 称为游标卡尺的分度值,在测量时,如果游标的第 k 条线与主尺某一刻度对齐,则

$$\Delta x=ka-kb=k\frac{a}{n}$$

使用游标卡尺时,可用左手拿被测物体,右手握主尺,用拇指按在游标的推把推拉。要注意保护钳口和刀口不被磨损。卡住被测物体时,松紧要适当。若不方便直接读数时,要旋紧固定螺丝 K,然后取下被测物体进行读数,再旋松固定螺丝 K。

2. 螺旋测微器

螺旋测微器又称千分尺,它是比游标卡尺更为精密的测长仪器,其最小分度可在 0.01~0.001 mm 之间。它常用于测量细丝和小球的直径,以及薄片、薄板的厚度等。

螺旋测微器的主要部分是测微螺旋,它由一根精密的测微螺杆和螺母套管组成,如图 3-1-3 所示。螺母套管 B、固定套管 D 和测砧 E 都固定在尺架 G 上。固定套管 D 上刻有主尺,主尺上有一条横线,横线上面刻有表示毫米数的刻度,横线下面刻有表示半毫米数的刻线。测微螺杆 A 和微分筒 C、棘轮旋柄 K 连在一起。微分筒的刻度通常一圈为 50 分度,在其他精密仪器上还有 25 分度或 100 分度的。现以 50 分度的微分筒为例,其测微螺旋的螺距是 0.5 mm,因此,测微螺杆旋转 1 周时,它沿轴线方向前进(或后退)0.5 mm,而每旋转 1 格时,它沿轴线方向前进(或后退)0.5/50=0.01 mm。由此可见,螺旋测微器的最小刻度是 0.01 mm,并且还可以估读一位。

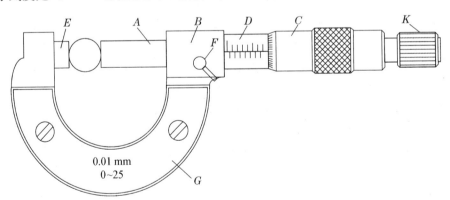

A—测微螺杆;B—螺母套管;C—微分筒;D—固定套管;
E—测砧;F—锁紧装置;G—尺架;K—棘轮旋柄

图 3-1-3　螺旋测微器

测量物体长度时,应先将测微螺杆 A 退开,把被测物体放在测量面(即 E、A 间的两平面)之间,然后轻轻地转动棘轮旋柄 K,使两测量面刚好与物体接触。读数时,从主尺

上读出 0.5 mm 以上的部分,从微分筒上读出余下的部分(估计到最小分度的 1/10,即千分之一毫米),然后两者相加。例如,图 3-1-4(a)中读数为 5.155 mm,图 3-1-4(b)中的读数是 5.655 mm,两者的差别就在于微分筒的端面位置,前者没有超过 5.5 mm,而后者超过了 5.5 mm。

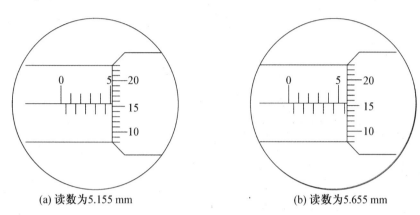

(a) 读数为5.155 mm　　　　　　　(b) 读数为5.655 mm

图 3-1-4　螺旋测微仪的读数

使用螺旋测微器的注意事项:

(1) 测量前应先检查并记下零点读数。

(2) 在校正零点读数时,当螺旋测微器两个测量面快密合时,不要再直接转动测微螺杆 A 和微分筒 C,以免过分压紧,应轻轻地转动棘轮旋柄 K,待发出"咔、咔"声时,检查一下微分筒零线是否和主尺横线对齐,如果不对齐的话,两者的差值被称为零点读数。应当注意零点读数的正负,以便对测量数据进行零点修正。棘轮的作用是使测量面刚好与物体接触,这样才能保证读数的准确。

(3) 在进行测量时,当螺旋测微器两个测量面与待测物体快密合时,也不要再直接转动测微螺杆 A 和微分筒 C,以免过分压紧,应轻轻地转动棘轮旋柄 K,待发出"咔、咔"声时,即可进行读数。

3. 电子天平

实验室常用的电子天平如图 3-1-5 所示,它的基本原理是使用各种压力传感器将压力变化转变为电信号输出,放大后再通过 A/D 转换直接用数字显示出来。电子天平使用方便,操作简单,实验室常用电子天平的分度值为 1 mg 或 0.1 mg。

电子天平的使用方法:

(1) 调水平

称量前首先把天平放在水平工作台上,然后调整天平前部的两只水平调整脚,将天平上的水准仪气泡调整至中央。

(2) 预热天平

每次使用天平之前,都需要对天平进行预热和校准,通常在校准前预热 60 min 左右。电子天平的各面板按键和数字显示的位置如图 3-1-6 所示,按下"开机"键打开天平,使天平进入正常的称量模式。用多次按下"单位"键的方式,选择天平的称量单位为 g。

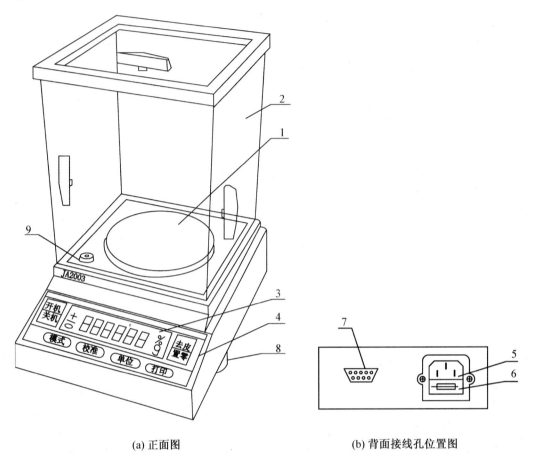

(a) 正面图   (b) 背面接线孔位置图

1—秤盘;2—防风罩;3—显示窗;4—按键面板;5—电源插座;
6—保险丝;7—RS 232 接口;8—水平调节脚;9 水平泡

图 3-1-5 电子天平

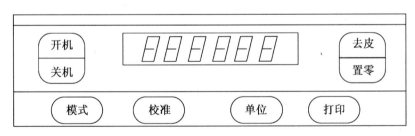

图 3-1-6 电子天平面板按键和数字显示部分

（3）校准天平

第 1 步 保证秤盘上没有被称物。

第 2 步 按"去皮/置零"键，置零。

第 3 步 等天平稳定后，天平显示"0.000 g"时轻按一下"校准"键。天平会闪烁显示"CAL - 200"，提示加载校正砝码。CAL 之后的"200"表示校准砝码值为 200 g。

第 4 步 将校准砝码轻放于称盘中间位置上，同时关上防风罩的玻璃门，此时显示

"————",请等待天平内部自动校准。

第5步　当显示屏上显示"200.000"g且左下角的小圆"o"消失后,取下校准砝码,天平显示"0.000"g,表明校准完毕。

注意:① 为了保证校准的准确性,在天平自动执行校准的过程中,请不要取下砝码或让天平受到振动;② 由于各种原因造成校准效果不理想时,可以重复多次校准。

(4)基本称量

第1步　按一下"去皮/置零"键,将天平置零。

第2步　在秤盘上放置被称物体。

第3步　显示值稳定后,即可读取质量读数。

注意:单位符号的显示,一般常用的称量单位为"g",显示屏左下角小圆"o"消失,此时即为显示值稳定。

(5)使用容器称量

如需用容器装着待测物(如液体)进行测量(不包括容器的质量),方法步骤如下:

第1步　先将空的容器放在秤盘上。

第2步　按"去皮/置零"键置零,等待天平显示零。

第3步　将待测物体放入容器中,待显示稳定后,即可读取质量读数。

四、实验步骤

(1)用游标卡尺测圆柱体不同部位的高 h 共 6 次,填入表 3-1-1 内。

(2)测量螺旋测微器的零点读数 3 次,并求出平均值,填入表 3-1-2 内。

(3)用螺旋测微器测量圆柱体不同部位(上、中、下部各两次)的直径 d 共 6 次,填入表 3-1-1 内。

(4)用电子天平测出待测圆柱体的质量 m,填入表 3-1-1 内。

(5)求出圆柱体的密度,并计算其不确定度,写出测量结果。

五、实验数据记录及处理

表 3-1-1　物体密度的测定

次数	圆柱体直径 d/cm		圆柱体高 h/cm	圆柱体质量 m/g
	测量值	修正值		
1				
2				
3				
4				
5				
6				
平均				

表 3-1-2 螺旋测微器零点读数

次数	1	2	3	平均
零点读数/cm				

$$u_\text{C}(m) = u_\text{B}(m) = \frac{\Delta_\text{仪}}{\sqrt{3}} = \underline{\hspace{2cm}} \text{ g};$$

$$u_\text{A}(\bar{d}) = s(\bar{d}) = \sqrt{\frac{\sum\limits_{i=1}^{6}(d_i - \bar{d})^2}{6 \times (6-1)}} = \underline{\hspace{2cm}} \text{ cm};$$

$$u_\text{B}(\bar{d}) = \underline{\hspace{2cm}} \text{ cm};$$

$$u_\text{C}(\bar{d}) = \underline{\hspace{2cm}} \text{ cm};$$

$$u_\text{A}(\bar{h}) = s(\bar{h}) = \sqrt{\frac{\sum\limits_{i=1}^{6}(h_i - \bar{h})^2}{6 \times (6-1)}} = \underline{\hspace{2cm}} \text{ cm};$$

$$u_\text{B}(\bar{h}) = \underline{\hspace{2cm}} \text{ cm};$$

$$u_\text{C}(\bar{h}) = \underline{\hspace{2cm}} \text{ cm};$$

$$\bar{\rho} = \frac{4m}{\pi \bar{d}^2 \bar{h}} = \underline{\hspace{2cm}} \text{ g/cm}^3;$$

$$u_\text{C}(\bar{\rho}) = \bar{\rho}\sqrt{\left[\frac{u_\text{C}(m)}{m}\right]^2 + \left[\frac{2u_\text{C}(\bar{d})}{\bar{d}}\right]^2 + \left[\frac{u_\text{C}(\bar{h})}{\bar{h}}\right]^2} = \underline{\hspace{2cm}} \text{ g/cm}^3;$$

$$\rho = \bar{\rho} \pm u_\text{C}(\bar{\rho}) = \underline{\hspace{2cm}} \pm \underline{\hspace{2cm}} \text{ g/cm}^3。$$

六、预习思考题

1. 怎样判断螺旋测微器的零点读数符号?

2. 本实验中为什么要用螺旋测微器测量圆柱体的直径?

3. 量角器的最小刻度是 $0.5°$。为了提高此量角器的精度,在量角器上附加一个角游标,使游标 30 分度正好与量角器的 29 分度等弧长。求:

(1) 该角游标的精度;

(2) 试读出图 3-1-7 所示的角度。

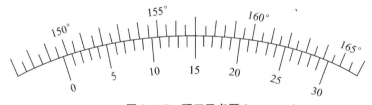

图 3-1-7 预习思考题 3

实验方法指导之一——关于有效数字

学会运用有效数字是正确表达实验结果所必需的,也是物理实验的基本训练内容之一。有关有效数字的一些主要结论如下：

(1) 有效数字是准确数字＋可疑数字(或欠准确数字)。本教材中规定,被测量的最终结果中,可疑数字只取一位。

(2) 在严格计算不确定度的场合,直接由不确定度来确定测量结果的有效数字。本教材中规定,在最后表达的测量结果中,不确定度只取一位,测量结果的有效数字与此对齐。

如：$E \pm u(E) = (1.85 \pm 0.05) \times 10^{11}$ Pa 是正确的,而 $E \pm u(E) = (1.852 \pm 0.05) \times 10^{11}$ Pa 和 $E \pm u(E) = (1.8 \pm 0.05) \times 10^{11}$ Pa 都是不正确的。

(3) 在不能严格进行不确定度计算或不要求计算不确定度的场合,则其有效数字的确定可分为以下两种情况。

① 直接测量结果(原始数据记录)的有效数字由仪器设备的精度来确定,一般可读到标尺最小分度的 1/10 或 1/5 甚至是 1/2。

② 间接测量结果是通过加减乘除四则运算得到的,其有效数字按相应的运算法则处理,其他函数运算结果的有效数字按相关规定处理(见本教材 1.3 节)。

(4) 为了保证测量最后的结果中有效数字的取位和数值的可靠性,中间结果的有效数字必须比上述原则多保留一位。待获得最后结果时再进行修约。

(5) 有效数字的修约原则是"小于5舍去,大于5进位,等于5凑偶"。这里的"大于5进位"是指要舍去的数字的最高位大于或等于5,若等于5,其后要有非零读数;"等于5凑偶"是指要舍去的数字的最高位是5,同时其后面已没有数字或数字全是0。

如：3.325 06 修约成三位有效数字是 3.33。

实验 3.2　刚体转动惯量的实验研究

转动惯量是刚体转动惯性大小的量度,它的大小不仅取决于刚体的质量,而且还与刚体的质量分布和转轴位置有关。对于形状简单且质量分布均匀、具有规则几何形状的刚体,可以直接计算出它绕特定轴的转动惯量。对于质量分布不均匀、几何形状不规则的刚体,用数学方法计算其转动惯量相当困难,故常用实验的方法来测定。因此,学会刚体转动惯量的测定方法具有重要的实际意义。

测定转动惯量的方法很多,如用三线摆、扭摆、转动惯量仪等,本实验是采用三线摆,其特点是操作简便,比较实用,对于形状复杂的刚体亦可以进行测量。为了将实验结果与理论值进行比较,本实验仍采用形状规则的刚体。

一、实验目的

(1) 学会用三线摆测定物体的转动惯量;

(2) 学会正确测量长度、质量和时间的方法;

(3) 验证转动惯量的平行轴定理。

二、实验原理

图 3-2-1 是三线摆实验装置的原理图。上、下圆盘均处于水平状态,并悬挂在横梁

上。等长的三条悬线对称地将两圆盘相连。上圆盘固定,下圆盘可绕中心轴 OO' 做扭转摆动。当下圆盘转动角度很小且略去空气阻力时,扭转摆动可近似看作简谐运动。根据能量守恒定律和刚体转动定律可以导出物体绕中心轴 OO' 的转动惯量(推导过程见本实验附录):

$$J_0 = \frac{m_0 g R r}{4\pi^2 H} T_0^2 \tag{3-2-1}$$

式中:m_0 为下圆盘质量;r 和 R 分别为摆线悬点到上、下圆盘中心的距离,如图 3-2-2 所示,其大小可通过测量上、下两圆盘的悬点间距求得,若上、下两圆盘的悬点间距为 a 和 b,则 $r = \frac{\sqrt{3}}{3}a$,$R = \frac{\sqrt{3}}{3}b$;H 为两盘间垂直距离;T_0 为摆动周期;g 为重力加速度。

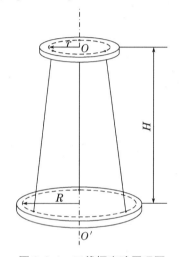

图 3-2-1 三线摆实验原理图

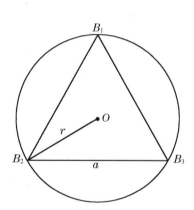

图 3-2-2 上圆盘 r 的位置图示

欲测质量为 m_1 的物体相对于某固定轴的转动惯量,只要将该物体放在下盘上,并使其转轴与 OO' 轴重合。测出此时物体和下圆盘共同的摆动周期 T_1,则系统总的转动惯量为

$$J_1 = \frac{(m_0 + m_1) g R r}{4\pi^2 H} T_1^2 \tag{3-2-2}$$

那么,待测物体绕 OO' 轴的转动惯量为

$$J = J_1 - J_0 \tag{3-2-3}$$

用三线摆法还可以验证平行轴定理。若质量为 m_2 的物体绕通过其中心轴的转动惯量为 J_C,当转轴平行移动距离 x 时(图 3-2-3),物体对新轴 OO' 的转动惯量为 $J = J_C + m_2 x^2$。这一结论称为转动惯量的平行轴定理。

实验时将质量均为 m_2、形状和质量分布完全相同的两个圆柱体对称地放置在下圆盘上(下圆盘有对称的两个小孔),如图 3-2-4 所示。按同样的方法,测出两小圆柱体和下圆盘绕中心轴 OO' 的转动周期 T_2,则可求出两圆柱体对中心轴 OO' 的转

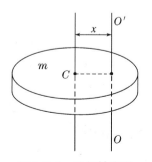

图 3-2-3 平行轴定理

动惯量：

$$J_2 = \frac{(m_0+2m_2)gRr}{4\pi^2 H}T_2^2 - J_0 \qquad (3\text{-}2\text{-}4)$$

一个圆柱体对中心轴 OO' 的转动惯量：

$$J_x = \frac{1}{2}J_2 \qquad (3\text{-}2\text{-}5)$$

如果测出小圆柱中心与下圆盘中心之间的距离 x 以及小圆柱体的半径 R_x，则由平行轴定理可求得

$$J_x' = m_2 x^2 + \frac{1}{2}m_2 R_x^2 \qquad (3\text{-}2\text{-}6)$$

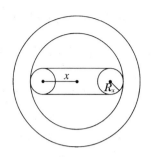

图 3-2-4　完全相等的圆柱体对称放置在下圆盘上

比较 J_x 与 J_x' 的大小，可验证平行轴定理。

三、实验仪器

三线摆实验仪、米尺、游标卡尺、电子秒表、物理天平等。

三线摆实验仪的装置如图 3-2-5 所示，仪器的各部分名称如图标所示。

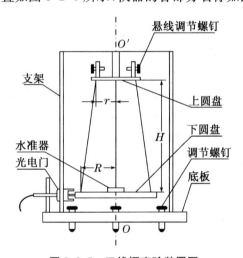

图 3-2-5　三线摆实验装置图

四、实验内容与步骤

1. 调整三线摆装置

（1）利用上圆盘上的三个调节螺丝，使三根摆线等长，并用螺钉将其固定。

（2）观察下圆盘中心的水准器，并调节底板上三个调节螺钉，使下圆盘处于水平状态。

（3）调整底板上方的光电传感接收装置，使下圆盘边上的挡光杆能自由往返通过光电槽口，并注意挡光杆能有效挡光。

2. 测量下列各参数

（1）各刚体的质量；

（2）上下圆盘三悬点之间的距离 a 和 b，并算出平均值 $\bar{a}$ 和 $\bar{b}$，然后根据 $r = \dfrac{\bar{a}}{\sqrt{3}}$ 和 $R =$

$\dfrac{\overline{b}}{\sqrt{3}}$，算出悬点到中心的距离 r 和 R（也称有效半径）；

（3）测出上下两圆盘之间的垂直距离 H，测出圆盘直径 D_0、待测圆环的内径 D_1 和外径 D_2、小圆柱体的直径 D_x 和放置两小圆柱体小孔间距 $2x$。

3. 测量圆盘的转动惯量

（1）将光电传感器与测试仪用专用导线连接，再设定计数次数，按"置数"键后，再按"下调"或"上调"键调至所需的次数，再按"置数"键确定。

（2）下圆盘处于静止状态，拨动上圆盘的"转动手柄"，将上圆盘转过一个小角度（5°左右），带动下圆盘绕中心轴 OO' 做微小扭摆运动。摆动数次后，按测试仪上的"执行"键，光电门开始计数（同时状态显示灯闪烁）。到给定的次数后，状态显示灯停止闪烁，此时测试仪显示的计数为总的时间 t_0，从而得到摆动周期 $T_0 = \dfrac{t_0}{n}$（n 为摆动次数）。如此测 5 次，取平均值。进行下一次测量时，测试仪先按"返回"键。

（3）由式（3-2-1）计算圆盘的转动惯量。

4. 测量圆环的转动惯量

（1）将圆环放在下圆盘上，使两者的中心轴线重叠，按步骤 3 测定摆动周期 T_1。

（2）由式（3-2-2, 3-2-3）计算圆盘的转动惯量。

5. 验证平行轴定理

（1）将两小圆柱体对称放置在下圆盘上，用上述同样的方法测定摆动周期 T_2。

（2）由式（3-2-4, 3-2-5）计算圆柱体对中心轴 OO' 的转动惯量。

（3）将结果与式（3-2-6）的计算结果比较，验证平行轴定理。

五、实验数据记录与处理

1. 实验数据记录

$$r = \frac{\sqrt{3}}{3}a \qquad R = \frac{\sqrt{3}}{3}b$$

下圆盘质量 $m_0 = $＿＿＿＿＿；待测圆环质量 $m_1 = $＿＿＿＿＿；圆柱体质量 $m_2 = $＿＿＿＿＿。

表 3-2-1　累积法测周期数据记录表格

	次数	下圆盘	下圆盘＋圆环	下圆盘＋两圆柱
摆动 20 次所需时间/s	1			
	2			
	3			
	4			
	5			
	平均			
周期/s		$T_0 =$	$T_1 =$	$T_2 =$

表 3-2-2　有关长度测量数据记录表

次数	上下圆盘间距 H/cm	上圆盘悬点间距 a/cm	下圆盘悬点间距 b/cm	下圆盘直径 D_0/cm	待测圆环		小圆柱体直径 D_x/cm	放置小圆柱体两小孔间距 $2x$/cm
					内直径 D_1/cm	外直径 D_2/cm		
1								
2								
3								
平均								

$$r=\frac{\sqrt{3}}{3}\bar{a}=\underline{\qquad};\quad R=\frac{\sqrt{3}}{3}\bar{b}=\underline{\qquad}。$$

2. 圆盘的转动惯量

$$J_0=\frac{m_0 g R r}{4\pi^2 \bar{H}}\bar{T}_0^2=\underline{\qquad};$$

理论值 $J_{0理}=\dfrac{1}{8}m_0 \bar{D}_0^2=\underline{\qquad}$; .

求相对误差 $E_r=\dfrac{J_0-J_{0理}}{J_{0理}}\times100\%=\underline{\qquad}。$

3. 圆环的转动惯量

$$J_1=\frac{(m_0+m_1)gRr}{4\pi^2 \bar{H}}\bar{T}_1^2=\underline{\qquad};$$

$$J=J_1-J_0=\underline{\qquad};$$

理论值 $J_{理}=\dfrac{1}{8}m_1(\bar{D}_1^2+\bar{D}_2^2)=\underline{\qquad}$;

求相对误差 $E_r=\dfrac{J-J_{理}}{J_{理}}\times100\%=\underline{\qquad}。$

4. 圆柱体对中心轴 OO' 的转动惯量

$$J_x=\left[\frac{(m_0+2m_2)gRr}{4\pi^2 \bar{H}}\bar{T}_2^2-J_0\right]/2=\underline{\qquad};$$

由平行轴定理计算出的理论值:

$$J_x'=m_2 x^2+\frac{1}{2}m_2 R_x^2=\underline{\qquad}。$$

比较实验值与理论值。

六、预习思考题

1. 用三线摆测刚体转动惯量时,为什么必须保持下圆盘水平?

2. 三线摆在什么位置开始计时测量误差最小?

3. 在测量过程中,如下圆盘出现晃动,对周期的测量有影响吗? 如有影响,应如何避免?

4. 三线摆下圆盘放上待测物后,其摆动周期是否一定比空盘的转动周期大?为什么?

5. 测量圆环的转动惯量时,若圆环的转轴与下圆盘转轴不重合,对实验结果有何影响?

七、复习思考题

如何利用三线摆测定任意形状的物体绕某轴的转动惯量?

八、附录

转动惯量测量式的推导

在图 3-2-6 中,当下圆盘扭转振动,其转角 θ_0 很小时,其扭动是一个简谐振动,其运动方程为

$$\theta = \theta_0 \sin \frac{2\pi}{T_0} t \tag{3-2-7}$$

当摆离平衡位置最远时,其重心升高 h。由机械能守恒定律,有

$$\frac{1}{2} J \bar{\omega}_0^2 = mgh \tag{3-2-8}$$

即

$$J = \frac{2mgh}{\bar{\omega}_0} \tag{3-2-9}$$

而

$$\bar{\omega} = \frac{\mathrm{d}\theta}{\mathrm{d}t} = \frac{2\pi\theta_0}{T_0} \cos \frac{2\pi}{T_0} t \tag{3-2-10}$$

$$\bar{\omega}_0 = \frac{2\pi\theta_0}{T_0} \tag{3-2-11}$$

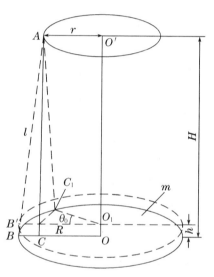

图 3-2-6   三线摆中各物理图示

将式(3-2-11)代入式(3-2-8),得

$$J = \frac{mghT_0^2}{2\pi^2\theta_0^2} \tag{3-2-12}$$

从图 3-2-6 中的几何关系中,可得

$$(H-h)^2 + R^2 + r^2 - 2Rr\cos\theta_0 = l^2 = H^2 + (R-r)^2$$

简化,得

$$Hh - \frac{h^2}{2} = Rr(1-\cos\theta_0) = 2Rr\sin^2\frac{\theta_0}{2}$$

略去 $\frac{h^2}{2}$,因转角较小($\theta_0 < 10°$),故有 $\sin\frac{\theta_0}{2} \approx \frac{\theta_0}{2}$。

则 $1-\cos\theta_0 \approx \frac{\theta_0^2}{2}$,于是有

$$h = \frac{Rr\theta_0^2}{2H}$$

代入式(3-2-12),得

$$J = \frac{mgRr}{4\pi^2 H} T_0^2 \tag{3-2-13}$$

即得式(3-2-1)。

实验方法指导之二——几种减小误差的测量方法

在基础物理实验中,有许多减小误差特别是系统误差的方法,在实验过程中,应不断学习、长期积累,并把它上升到实验思想的高度加以归纳,并运用到以后的学习和工作中。

1. 差值测量法

在"声速测量"实验中,发射和接收换能器的端面位置很难严格平行,两个换能器端面距离也很难严格读出,但换能器移过的距离却比较容易测定。该实验正是由此来测得超声波的波长。

这种方法可以有效地消除大小未知的定值系统误差。本实验发射-接收换能器端面的距离中包含了近场末端效应的影响,采用差值测量,其影响就被消除了。由于扣除了零点或本底的系统误差,可使测量的准确度大幅度地提高;另一个典型的例子是千分尺(螺旋测微仪),被测量的值等于测量值扣除零点读数。这在物理实验和其他实验研究中十分常见。

然而差值测量法如果使用不当,也可能出问题。如三线摆测转动惯量实验中关于平行轴定理的验证,小圆柱体对过质心转轴的转动惯量公式为

$$J_0 = J_x - mx^2$$

式中,J_x 为小圆柱体质心距转轴为 x 时的转动惯量。本实验中,J_0 是一个固定不变的小量,而 J_x 和 mx^2 均远大于 J_0,因而出现了两个大数相减得一小数的情况。在这种情况下,即使 J_x 和 mx^2 的测量误差都很小,但由于它们的差值也很小,因此计算出的转动惯量仍可能有较大的误差。正因为如此,该实验只讨论平行轴定理的验证,而不涉及小圆柱体对过质心转轴的转动惯量的测量。在实验设计中,应注意避免两个大数相减得小数的情况出现。

2. 累计测量法

对一个等间隔或重复过程,其间隔的测量,可以取多个间隔数进行测量,这样可以大大减小测量误差。

如测定单摆的周期,由于周期 T 较小(1 s 左右甚至不到 1 s),直接测量很难测准确,一般采用测量 50 次或 100 次周期的时间,然后再求得周期 T。显然,多次重复测量的精度要高得多。

类似的例子在超声波波长的测量、牛顿环半径的测量和迈克耳逊干涉仪测波长实验中也能看到。

3. 交换测量法

在用物理天平测量质量的过程中,若将被测物体放在左盘,砝码放在右盘,测得质量为 m_1,两盘交换测量,测得质量为 m_2,则被测物体的质量为 $m = \sqrt{m_1 m_2}$,这样就可以消除因物理天平的左右横梁不等长所带来的误差(上述公式自己证明)。

在自主电桥实验中,除比较臂电阻 R_0 采用精度较高的电阻箱外,比率臂的电阻 R_1 和 R_2 只要使用普通电阻,由于采用交换测量,并不要求知道它们的准确值,只要 R_1 和 R_2 在测量时保持阻值不变,就可以获得准确度较高的被测电阻 $R_x = \sqrt{R_0 R_0'}$。

4. 对称测量法

分光仪在左右两个对称的位置设置读数窗口进行读数,可以消除主刻度盘和游标盘因转动中心不重合而带来的系统误差。在拉伸法测金属丝的杨氏弹性模量实验中,要记录加减载荷时标尺上的读数并将对应的数据取平均,这也体现了类似的思想。

总结一下,在你做过的实验中,还有哪些减小误差、提高测量精度的方法和手段?

实验 3.3　气轨上测物体的速度和加速度

利用气垫导轨来模拟理想状态下的无摩擦条件,就可极大地减小力学实验中由于摩擦力引起的误差,使实验结果接近理论值。在气轨实验中,我们可以对多种力学量进行测定,并对力学定律进行验证。

一、实验目的

(1) 学习使用气垫导轨和数字毫秒计;
(2) 加深对瞬时速度与加速度概念的认识;
(3) 学习在低摩擦情况下研究力学问题的方法。

二、实验原理

如图 3-3-1 所示,将气轨支成小倾角斜面,在滑块 m 上安装挡光宽度 $\Delta s = 1.0\text{ cm}$ 的 B 挡光片,光电门 G_1、G_2 分别固定在气轨上 A、B 点,距离 s 可以取 $30 \sim 40\text{ cm}$。

挡光片前后两次穿过光电门 G_1、G_2,就会得到两个时间 Δt_1、Δt_2。于是 A、B 两点处的速度分别为

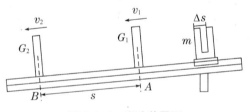

图 3-3-1　实验装置图

$$v_1 = \frac{\Delta s}{\Delta t_1}, v_2 = \frac{\Delta s}{\Delta t_2}$$

于是我们可以得出在距离 s 间,滑块 m 的加速度为

$$a = \frac{v_2^2 - v_1^2}{2s}$$

三、实验仪器

1. 气垫导轨

如图 3-3-2 所示,气垫导轨利用从导轨表面的小孔中喷出的压缩空气,使导轨表面和滑块之间形成一层很薄的气膜——气垫,将滑块浮在导轨上,从而消除了接触摩擦,提高了实验的精确程度。它和数字计时器、气源配合使用,可做多种力学实验,且误差甚小,是目前较为理想的力学实验仪器。

下面对气垫导轨的各部分进行介绍:

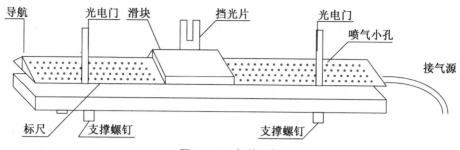

图 3-3-2　气垫导轨

（1）导轨是一金属空腔，其一端封闭，另一端装有进气嘴，导轨工作面上均匀分布着喷气小孔，轨面前侧装有标尺。

（2）滑块：它是在导轨上运动的物体，共有两件，其上可装挡光片，如图 3-3-3 所示。挡光片有一定的挡光宽度，称为计时宽度。滑块运动时，挡光片的计时宽度 Δs 就是 Δt 时间内滑块的位移。此外，滑块上还可安装缓冲弹簧、附加砝码等。

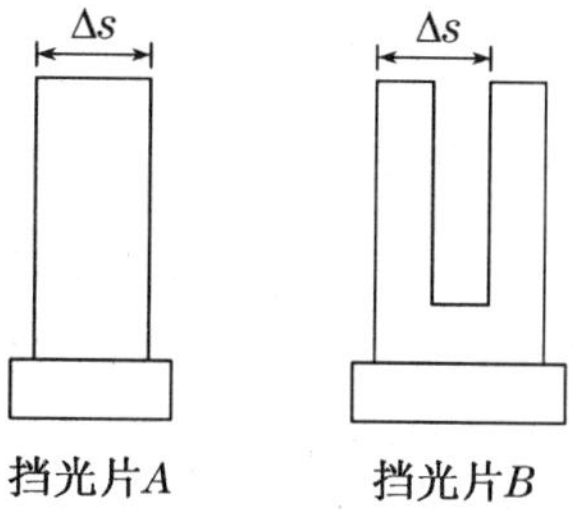

（3）光电门：光电门由光敏二极管和聚光灯呈上下安装构成，聚光灯点亮时，正好照在光敏二极管上，利用光敏二极管受光照和不受光照的电阻阻值差异，刚好获得电压控制信号，用来控制数字毫秒计计时或停止。

图 3-3-3　装挡光片的滑块

（4）支撑螺钉：它是用来调导轨的纵向、横向水平的，也可根据实验要求使导轨向某一端倾斜。

2. 气源

气源就是空气压缩机，它使压缩空气从气垫导轨工作面上的小孔喷出，使滑块与导轨面之间形成气垫。

3. 数字毫秒计

数字毫秒计可分为主机和光电门两部分。光电门通过导线与主机连接。JSJ－3 型数字毫秒计主机的面板控制器布局如图 3-3-4 所示。

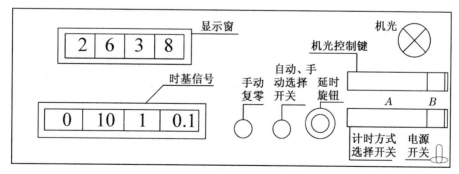

图 3-3-4　主机面板

（1）计时方法：数字毫秒计的启停，可用光电信号控制（也可以用机械触点开关控制）。用光电信号控制（简称光控）时，有 A、B 两种计时方式。当计时方式选择开关拨向 A 时，使用 A 挡光片，如图 3-3-3 所示。A 挡光片挡光开始计时，不挡光立即停止计时，数码管显示的是一次挡光的时间（即通过 Δs 位移所需要的时间 Δt）；当计时方式选择开关拨向 B 时，使用 B 挡光片，挡光片第一次挡光开始计时，到第二次挡光就停止计时，数码管显示的是连续两次遮光的时间间隔。

（2）时基信号：时基信号分 10、1 和 0.1 ms 三种，供选择测量精度所用。例如，按下"10 ms"键，数码管显示数字是"2 638"时，则计时时间为 $2\,638 \times 10\text{ ms} = 26.38\text{ s}$。其他选择可以此类推。

（3）复零（也称清零）：有手动和自动两种复零方式。采用手动复零，需按手动复零按钮后，数码管的显示方为零；复零按钮置于"自动"位置时，则停止计时后延长一定的时间自动复零，延长的时间可在 0～3 s 范围内任意选择，选择延时时间由延时旋钮调节。

四、实验步骤

（1）按数字毫秒计的使用方法，把两光电门与数字毫秒计连接起来。将控制方式选择开关置于"光控"位置；选择适当的计时方式（A 挡或 B 挡）；复零按钮置于"自动"位置，选择适当的延时旋钮，按下"0.1 ms"时基信号键，接上电源，经指导教师检查无误后打开电源开关，检查数字毫秒计工作是否正常。

（2）调整气垫导轨的地脚螺丝使导轨水平。检测是否水平的方法，是看滑块运动经过两光电门的时间是否基本相等（相对误差应小于 1%）。

（3）调节导轨单脚螺钉，使导轨产生倾角，滑块可以沿导轨做匀加速直线运动。

（4）记录所用的挡光片类型和挡光宽度 Δs 值，记录光电门之间的距离 s 值。

（5）由某个位置 O 点释放滑块，顺次通过两个光电门，在"数字表"窗口中就分别显示出挡光片通过两个光电门的时间 Δt_1 和 Δt_2，记录下这两个时间。

（6）依据公式 $v_1 = \dfrac{\Delta s}{\Delta t_1}$、$v_2 = \dfrac{\Delta s}{\Delta t_2}$，分别计算出挡光片通过两个光电门的平均速度，记录在表格中。

（7）再以这两个平均速度作为瞬时速度，依据公式 $a = \dfrac{v_2^2 - v_1^2}{2s}$ 计算出滑块运动的加速度。

五、数据记录与处理

$\Delta s =$ _____。

序次	Δt_1/ms	Δt_2/ms	s/m	$v_1 = \dfrac{\Delta s}{\Delta t_1}$/(m·s^{-1})	$v_2 = \dfrac{\Delta s}{\Delta t_2}$/(m·s^{-1})	$a = \dfrac{v_2^2 - v_1^2}{2s}$/(m·s^{-2})
1						
2						
3						
平均						

六、注意事项

（1）应特别注意保护滑块，切不可掉在地上，否则将使滑块立刻变成废品（此滑块不能修复）。

（2）不能用手触摸导轨表面，以免汗渍污染腐蚀导轨。

（3）实验开始时应该先开气泵，再放置滑块；实验结束后应先取下滑块，再关气泵。

（4）各组的滑块不能相互挪用。

（5）操作中若出现滑块在导轨上某一段位置浮起困难的现象，则表明该段导轨的气孔有堵塞现象，此时应用专用细钢丝对该段气孔进行疏通。

（6）气源的气泵要随手关闭，以免长时间运转导致其过热。

（7）实验结束后，应及时关断气泵和计数器电源，并将两滑块放于紧靠导轨的桌面上，然后用脱脂棉蘸取少量丙酮擦拭导轨表面，最后盖上防尘布。

七、预习思考题

1. 气轨实验是如何避免摩擦力对速度测量的影响？

2. 调节气轨时应该调节哪个螺钉？怎样判断气轨已经调节水平？

八、问题讨论

如果按照 $a = \dfrac{v_2 - v_1}{t}$ 的实验原理测加速度，应怎样测量时间 t？

实验 3.4　验证动量守恒定律和机械能守恒定律

动量守恒和能量守恒定律是自然界中最重要、最普遍的守恒定律之一，它们与角动量守恒定律一起成为现代物理学中的三大基本守恒定律。最初它们是牛顿定律的推论，但后来发现它们的适用范围远远广于牛顿定律，是比牛顿定律更基础的物理规律，是时空性质的反映。其中，动量守恒定律由空间平移不变性推出，能量守恒定律由时间平移不变性推出。

一、实验目的

（1）进一步掌握气垫导轨和数字式计时器的使用；

（2）通过碰撞过程中动量守恒问题的研究，验证动量守恒定律。

二、实验原理

1. 验证动量守恒定律

在一个力学系统中，当系统不受外力或所受外力的合力为零时，系统的总动量保持不变。本实验利用气垫导轨上两个滑块的碰撞来验证动量守恒定律。

本实验是将水平气垫导轨上的两个滑块 m_1、m_2 作为一个系统（图 3-4-1）。由于滑块跟气垫导轨之间的摩擦力很小,可以略去,所以两滑块在水平方向的碰撞过程中,系统在水平方向上不受外力,碰撞前后总动量将保持不变。

实验中两滑块都装有宽度为 Δs 的挡光片,测出两个挡光片分别通过光电门的时间,即可算出它们碰撞前后各自的速度:$v_1 = \dfrac{\Delta s}{\Delta t_1}$,$v_1' = \dfrac{\Delta s}{\Delta t_1'}$,$v_2' = \dfrac{\Delta s}{\Delta t_2'}$。再用天平称出两滑块的质量 m_1 和 m_2,就能计算出系统在碰撞前的动量 $p_0 = m_1 v_1$ 与碰撞后的动量 $p = m_1 v_1' + m_2 v_2'$,以便验证在误差允许范围内(相对误差小于 10%)p_0 与 p 是否近似相等。

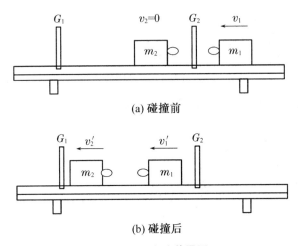

(a) 碰撞前

(b) 碰撞后

图 3-4-1 实验装置图

如图 3-4-1 所示,两滑块质量分别为 m_1 和 m_2,初速度分别为 v_1 和 v_2,碰撞后速度分别为 v_1' 和 v_2',则根据动量守恒定律,有

$$m_1 v_1 + m_2 v_2 = m_1 v_1' + m_2 v_2'$$

(1) 完全弹性碰撞:两滑块的相碰端安装缓冲弹簧,以实现完全弹性碰撞。此时,碰撞前后的能量有如下关系:

$$\frac{1}{2} m_1 v_1^2 + \frac{1}{2} m_2 v_2^2 = \frac{1}{2} m_1 v_1'^2 + \frac{1}{2} m_2 v_2'^2$$

即有

$$v_1' = \frac{(m_1 - m_2) v_1 + 2 m_2 v_2}{m_1 + m_2}$$

$$v_2' = \frac{(m_2 - m_1) v_2 + 2 m_1 v_1}{m_1 + m_2}$$

令 $v_2 = 0$,则 $v_1' = \dfrac{m_1 - m_2}{m_1 + m_2} v_1$,$v_2' = \dfrac{2 m_1}{m_1 + m_2} v_1$。

令 $m_1 = m_2$,$v_2 = 0$,则 $v_2' = v_1'$。

(2) 如果是完全非弹性碰撞,在两滑块的相碰端上贴上尼龙搭扣或橡皮泥,这样两滑块碰撞后将粘在一起以同一速度运动,从而实现完全非弹性碰撞。计算过程中引入恢复系数 e:

$$e = \frac{v_2' - v_1'}{v_1 - v_2} = 0$$

$$v_2' = v_1' = v$$

若 $v_2 = 0$，则 $v = \dfrac{m_1 v_1}{m_1 + m_2}$；

若 $m_1 = m_2$，则 $v = \dfrac{1}{2} v_1'$。

2. 验证机械能守恒定律

(1) 如图 3-4-2(a)所示，调节导轨水平，把质量为 m 的砝码和砝码盘以细绳跨过轻质滑轮 C 与质量为 M 的滑块相连。在忽略导轨与滑块之间摩擦阻力情况下，除重力外其他力都不做功，系统的机械能守恒。如果忽略空气的阻力和滑轮的转动惯量，当砝码盘下降一段距离 s 时，则有

$$mgs = \frac{1}{2}(m + M)(v_2^2 - v_1^2) \tag{3-4-1}$$

式中 v_1、v_2 分别为砝码下落距离 s 前后运动系统的速度。

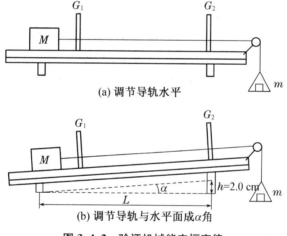

(a) 调节导轨水平

(b) 调节导轨与水平面成 α 角

图 3-4-2 验证机械能守恒定律

(2) 如图 3-4-2(b)所示，调节导轨与水平面成 α 角，把质量为 m 的砝码和砝码盘 A 以细绳跨过轻质滑轮 C 与质量为 M 的滑块相连。在忽略导轨与滑块之间摩擦阻力情况下，除重力外其他力都不做功，系统的机械能守恒。如果忽略空气的阻力和滑轮的转动惯量，当砝码盘下降一段距离 s 时，则有

$$mgs = \frac{1}{2}(m + M)(v_2^2 - v_1^2) + Mgs\sin\alpha$$

式中 v_1、v_2 分别为砝码下落距离 s 前后运动系统的速度。

三、实验仪器

气垫导轨、滑块、挡光片、光电门、气源。

四、实验步骤

(1) 导轨通气后，用酒精棉擦拭导轨和滑块，检查光电计时系统，使之能正常工作。

然后调节导轨水平(详见实验3.3)。

(2) 取两个滑块放在导轨上(缓冲弹簧相对),让滑块 m_2 停放在两光电门 G_1、G_2 之间靠近 G_2 静止不动(必要时可用手轻轻按住,待将要碰撞时放开,以保证 $v_2=0$)。光电门 G_2 也应尽量靠近碰撞地点,使滑块 1 能在刚通过光电门 G_2 后就立即与滑块 2 碰撞(要注意选择好数字毫秒计适当的复位延时)。实验时,轻推滑块 1 使之和滑块 2 相撞,依次记录滑块 1 撞前通过光电门时间 Δt_1 以及碰撞后滑块 2 过光电门的时间 $\Delta t_2'$ 和滑块 1 通过光电门的时间 $\Delta t_1'$。重复测量 5 次。

(3) 将两块有尼龙搭扣的滑块放在导轨上(尼龙搭扣端相对),取下滑块 2 上的遮光板,用同样的方法使两滑块做完全非弹性碰撞。记录滑块 1 通过光电门的时间 Δt_1 和碰撞后两滑块通过光电门 G_2 的时间 Δt_2。重复测量 5 次。

(4) 按图 3-4-2(a)将砝码盘和滑块 m 用细线连接起来,气轨仍处于水平位置($\alpha=0$),在砝码盘中加入质量为 15.0 g 的砝码,使其连同砝码盘的总质量为 20.0 g。调节两光电门 G_1、G_2 间的距离 $s=60.00$ cm,将滑块放在远离滑轮的导轨一端,并使其由静止开始运动,分别记下滑块通过光电门 G_1 和 G_2 的时间 Δt_1 和 Δt_2。重复实验 3 次。

(5) 在靠近滑轮一端的底脚螺钉下垫上 2.00 cm 厚的垫块使气轨倾斜,使导轨与水平成 α 角,按步骤(4)重复实验 3 次。

(6) 测量两遮光板的宽度及两滑块的质量,并记下实验室提供的两底脚螺钉间的距离 L。

五、数据记录与处理

1. 动量守恒

滑块质量:$m_1=$ _____ kg,$m_2=$ _____ kg;

遮光板宽度:$\Delta s_1=$ _____ cm,$\Delta s_2=$ _____ cm。

表 3-4-1 完全弹性碰撞

测量次数	Δt_1	$\Delta t_1'$	$\Delta t_2'$	v_1	v_1'	v_2'	p_0	p	相对误差
1									
2									
3									
4									
5									

请参考完全弹性碰撞的表格设计完全非弹性碰撞的表格。

2. 机械能守恒

(1) $\tan\alpha=0$,$s=60.00$ cm;

滑块质量:$M=$ _____ kg;

遮光板宽度:$\Delta s=$ _____ cm。

表 3-4-2　机械能守恒实验数据记录表

测量次数	Δt_1	v_1	Δt_2	v_2	mgs	$\frac{1}{2}(m+M)(v_2^2-v_1^2)$	相对误差
1							
2							
3							

(2) $\tan\alpha=\dfrac{h}{L}$、$s=60.00\ \text{cm}$、$h=2.00\ \text{cm}$。请参考表 3-4-2 设计表格。

六、预习思考题

两个等质量物体的弹性碰撞和完全非弹性碰撞各具有什么规律?

七、复习思考题

1. 在验证动量守恒实验中,为什么要求两光电门位置应尽量靠近? 如果不是这样有什么影响?

2. 在进行完全非弹性碰撞实验中,为什么只有滑块 1 上安置遮光板,这比用两个遮光板有什么好处?

3. 滑块在气垫导轨上的运动并不是完全没有摩擦阻力,所以你可能对在气轨上验证动量守恒定律的实验结果不是很满意。请对实验中的摩擦阻力做出估计(用实验方法)并设法减小摩擦阻力的影响(气轨上的摩擦力可表示 $F=-\eta\dfrac{Av}{d}$,η 为空气的黏度,A 为空气层表面积,v 为滑块的速度,d 为空气层厚度)。

4. 证明在完全非弹性碰撞中(设 $v_2=0$),碰撞后的总动能与碰撞前总动能之比为 $R=\dfrac{m_1}{m_1+m_2}$。

实验 3.5　液体表面张力系数的测定

表面张力是液体表面重要的物理性质,它类似固体内部的拉伸应力,存在于极薄的液体表面层内,使液体表面好像一张拉紧的橡皮膜一样,具有尽量缩小其表面的趋势,我们把这种沿着表面的、使液体收缩的力称为表面张力。利用它可以用来解释很多物理现象,如液体与固体接触时的浸润与不浸润现象、毛细现象及液体泡沫的形成等。工业生产中使用的浮选技术、动植物体内液体的运动、土壤中水的运动等都是液体表面张力的表现。工业生产中对表面张力有着特殊的要求,研究它具有重要的意义。

测量液体表面张力系数有多种方法,如拉脱法、毛细管法、平板法、最大工业气泡压力法等。本实验是用拉脱法测定水的表面张力系数。

§3.5.1　用焦利氏弹簧测量液体表面张力

一、实验目的

（1）测定焦利氏弹簧的劲度系数；

（2）学习用拉脱法测定室温下水的表面张力系数；

（3）掌握用逐差法处理数据。

二、实验原理

液体表面有厚度为分子有效半径（约10^{-9} m）的液体薄层。根据分子运动论，液体表面层内的液体分子与液体内部分子比较，缺少一半能对其起吸收作用的液体分子，因而只有一个指向液体内部的力。宏观上就存在使表面趋于收缩的应力，这种力称为表面张力。用表面张力系数α来描述。

设想在液体表面作一条长为L的线段，则表面张力的作用就表现为线段两侧的液面会以一定的拉力F_α相互作用，此拉力的方向垂直于线段，大小与此线段的长度L成正比，即

$$F_\alpha = \alpha L \tag{3-5-1}$$

式中比例系数α称为液体表面张力系数，它表示作用在液体表面单位长度上力的大小，单位为牛顿/米，记为 $N \cdot m^{-1}$。实验证明，表面张力系数的大小与液体的温度、纯度、种类和它上方的气体成分有关。温度越高，液体中所含杂质越多，则表面张力系数越小。

拉脱法测定液体表面张力系数是基于液体与固体接触时的表面现象提出的。由分子运动论可知，当液体分子和与其接触的固体分子之间的吸引力大于液体分子的内聚力时，就会产生液体浸润固体的现象。

现将一洁净⊓形金属丝框浸入水中，由于水能浸润金属，当拉起金属丝框时，在⊓形金属丝框内就形成双面水膜，如图 3-5-1 所示。设⊓形金属框宽为L，重量为mg，弹簧向上的拉力为F，液体的表面张力为F_α，金属丝直径和所受浮力忽略不计。当缓慢拉起⊓形框至水膜刚好破裂的瞬间，有

$$F = mg + F_\alpha \tag{3-5-2}$$

则

$$F_\alpha = F - mg = 2\alpha L \tag{3-5-3}$$

如果取⊓形丝框上边缘恰与水面平齐时为弹簧的平衡位置s_0，水膜刚好破裂的瞬间弹簧的位置为s，这时，弹簧伸长量为$\Delta s = s - s_0$，且由胡克定律知 $F - mg = k \cdot \Delta s$，代入式（3-5-3），整理得

$$\alpha = \frac{F_\alpha}{2L} = \frac{k \cdot \Delta s}{2L} \tag{3-5-4}$$

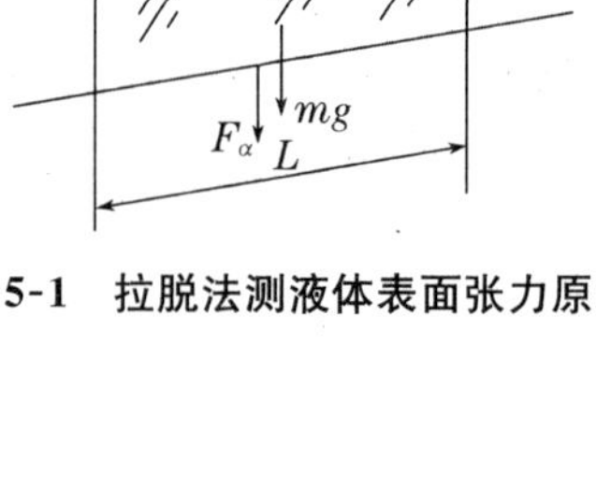

式中，k 为焦利氏弹簧的劲度系数，可由实验测

图 3-5-1　拉脱法测液体表面张力原理图

出。由式(3-5-4)可知,此实验主要有两项内容:一是测量焦利氏弹簧的劲度系数 k,二是通过拉膜过程测出 Δs。

三、实验仪器

　　焦利氏秤、⊓形金属丝框、0.5 g 砝码 10 只、游标卡尺、玻璃杯、酒精灯、金属镊子、温度计等。

　　焦利氏秤实际上是一个精细的弹簧测力计,常用于测量微小的力,其外形如图 3-5-2 所示,一金属套管 A 垂直竖立在三角底座上,调节底座螺丝,可使金属管处于垂直状态。带米尺刻度的金属杆 B 套在金属管 A 内,旋转升降旋钮 P 可使金属杆 B 上升或下降,金属杆 B 与金属管 A 的相对位置可由游标尺 V 读出。金属套管上附有平台 E 和带刻线的玻璃管 D,一锥形弹簧 L 挂于横梁上,下端带一个两头带钩的小镜 C,小镜穿过玻璃管 D 后挂一砝码盘 G。旋动平台升降螺丝 S,平台 E 可上下移动,盛有水的玻璃皿放置在平台上。玻璃管和小镜上均有一横刻度线,测量时,砝码盘加上砝码后旋动 P,使杆上升,弹簧亦随之上升,使镜面上横线与玻璃管上横线及其在镜中的像三线对齐,用这种方法保证弹簧下端的位置固定,而弹簧的伸长量 Δx 可由伸长前后米尺与游标尺的两次读数之差确定。按胡克定律,弹簧的伸长量 Δx 与所加的外力 F 成正比,即 $F = k \cdot \Delta x$,式中 k 为弹簧的劲度系数。如果将已知质量的砝码加在砝码盘中,测出相应的弹簧伸长量,即可计算弹簧的 k 值。

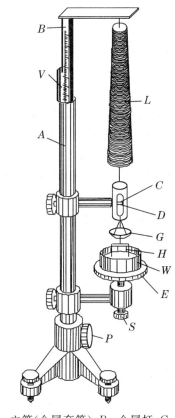

A—立管(金属套管);B—金属杆;C—镜面标线;D—玻璃管刻线;E—平台;L—弹簧;G—砝码盘;H—金属丝框;P—升降旋钮;S—平台升降螺丝;V—游标尺;W—玻璃皿

图 3-5-2　用焦利氏秤测液体表面张力系数

四、实验步骤

　　(1) 安装、调试仪器。安装好支架,装挂好弹簧、小镜及砝码盘等,调节支架底座螺丝钉使金属杆垂直,使小镜悬在玻璃管中央。

　　(2) 测定焦利氏弹簧的劲度系数 k。

　　① 调节支架升降旋钮,使小镜上的水平线 C、玻璃管上的水平线 D 及 D 在小镜中的像"三线重合",记下标尺读数 x_0;

　　② 将等量的小砝码(0.5 g)逐个加入砝码盘中,每加一个砝码,应重新调节升降旋钮使"三线重合",再读出游标位置 x_i(一般 i 取 7 次)并记录;

　　③ 再逐个减砝码,每减一个,仍需调节升降旋钮使"三线重合"后,再读出游标位置并记录,这里与 x_i 对应的游标位置记为 x_i'。

用逐差法处理数据,求出焦利氏弹簧的劲度系数 k 的公式是

$$k_1 = \frac{4mg}{\bar{x}_4 - \bar{x}_0}, \quad k_2 = \frac{4mg}{\bar{x}_5 - \bar{x}_1}$$

$$k_3 = \frac{4mg}{\bar{x}_6 - \bar{x}_2}, \quad k_4 = \frac{4mg}{\bar{x}_7 - \bar{x}_3}$$

再算出劲度系数的平均值

$$k = \frac{k_1 + k_2 + k_3 + k_4}{4}$$

(3)测定水的表面张力系数 α。

① 用游标卡尺测出∏形丝框的宽度 L,重复测量 5 次求平均。

② 用酒精清洁玻璃烧杯,盛上适量水并置于支架的载物平台上,将∏形丝框用酒精洗净后或用镊子夹住在酒精灯上烧后挂在砝码盘下的小钩上。

③ 调节载物台和升降钮的高度,使∏形丝完全浸入水中。

④ 在保证"三线重合"的条件下,一手调节升降旋钮,一手调节载物台的高度,至∏形丝框上边缘刚好与水面平齐时,记下支架上游标的位置 s_0。

⑤ 在保证"三线重合"的条件下,继续缓慢调节升降旋钮和载物台,至∏形丝框刚好脱离液面时(丝框液膜破裂的瞬间)记下游标位置 s。

⑥ 重复步骤③～⑤ 5 次。

⑦ 记下实验前、后的室温,取平均后作为测量过程中水的温度 t。

(4)计算水的表面张力系数 α 及其不确定度,注明实验时的水温。

五、实验数据记录与处理

表 3-5-1　测量弹簧劲度系数数据记录表

砝码重/N	标尺读数/cm		
	加砝码时	减砝码时	平均
	$x_0 =$	$x_0' =$	$\bar{x}_0 =$
	$x_1 =$	$x_1' =$	$\bar{x}_1 =$
	$x_2 =$	$x_2' =$	$\bar{x}_2 =$
	$x_3 =$	$x_3' =$	$\bar{x}_3 =$
	$x_4 =$	$x_4' =$	$\bar{x}_4 =$
	$x_5 =$	$x_5' =$	$\bar{x}_5 =$
	$x_6 =$	$x_6' =$	$\bar{x}_6 =$
	$x_7 =$	$x_7' =$	$\bar{x}_7 =$

$\Delta m = \underline{\hspace{2cm}}$ kg。

表 3-5-2 测液体的表面张力系数数据记录表　　　　室温 $t=$ _____ ℃

次数	s_0/m	s/m	$(s-s_0)$/m	$\overline{s-s_0}$/m	L/m	$\bar{L}$/m
1						
2						
3						
4						
5						

$$\alpha=\frac{k\cdot\Delta s}{2L}=\underline{\hspace{3cm}}。$$

六、注意事项

(1) 焦利氏弹簧是精密元件,应轻拿轻放,防止损坏。

(2) 在实验过程中要始终保证小镜悬于玻璃管中央,不能与管壁接触。

(3) 测量∏形丝宽度时,应平放于纸上,防止变形。

(4) 水的表面若有少许污染,其表面张力系数将有明显改变,因此,清洁后的玻璃杯内侧和∏形丝不可用手触摸,手也不能触及水面。

(5) 测量时要始终保证"三线重合",并在丝框上边缘与水面平齐时读取 s_0。

(6) 拉膜时动作要平稳、轻缓,且要防止仪器受振动影响。不能在振动的情况下测量,特别是水膜将要破裂时,更要注意。

七、预习思考题

1. 在拉膜时弹簧的初始位置如何确定? 为什么?

2. 在拉膜过程中为什么要始终保持"三线重合",为实现此条件,实验中应如何操作?

3. 如果金属丝、玻璃杯和水不洁净,那么对测量结果将会带来什么影响?

八、复习思考题

1. 本实验能否用图解法求焦利氏弹簧的劲度系数?

2. 如果∏形金属丝不规则,或拉出水面时不水平,对测量结果有何影响?

3. 试用图解法求焦利弹簧的劲度系数 k,并将所得结果与用逐差法所得的劲度系数 k 作比较。

§3.5.2 用力敏传感器测量液体表面张力

一、实验目的

(1) 掌握用硅压阻力敏传感器测量的原理和方法;

(2) 了解液体表面的性质;

(3) 掌握用拉脱法测定室温下液体表面张力系数的方法。

二、实验原理

1. 测量原理

本实验是通过测量一个已知周长的金属片从待测液体表面脱离时需要的力，从而求得液体表面张力系数的实验。

如图 3-5-3 所示，将一金属吊环固定在传感器上，其内径为 D_1，外径为 D_2，然后把它浸没于液体中，当缓慢地向上提拉金属环时，金属环将带起一层液膜，液膜受到表面张力为 f，拉起液膜破裂时的拉力为 F。设 $\phi = 0$，则有

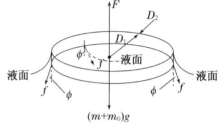

图 3-5-3　圆形吊环从液面缓慢拉起受力示意图

$$F = (m + m_0)g + f \qquad (3\text{-}5\text{-}5)$$

式中：m 为黏附在吊环上的液体的质量；m_0 为吊环质量。由于 $m_0 \gg m$，故式(3-5-5)可写为

$$F = m_0 g + f \qquad (3\text{-}5\text{-}6)$$

因为表面张力的大小与环状液膜周边界长度成正比，则有

$$f = \alpha \pi (D_1 + D_2) \qquad (3\text{-}5\text{-}7)$$

把式(3-5-6)代入式(3-5-7)，整理得

$$\alpha = \frac{F - m_0 g}{\pi (D_1 + D_2)} = \frac{f}{\pi (D_1 + D_2)} \qquad (3\text{-}5\text{-}8)$$

2. 硅压阻力敏传感器测量的原理

用硅压阻力敏传感器(又称半导体应变计)测量液体与金属相接触的表面张力系数具有灵敏度高、线性和稳定性好的特点，并以数字电压表输出显示(图 3-5-4)，其测量原理如下。

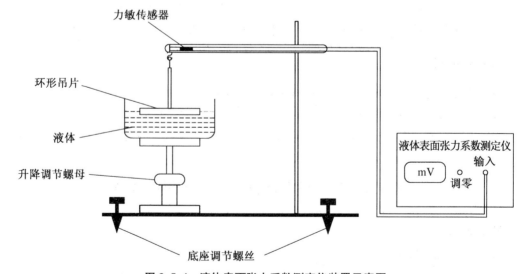

图 3-5-4　液体表面张力系数测定仪装置示意图

若力敏传感器拉力为 F 时,数字式电压表的示数为 U,则有

$$B = \frac{U}{F} \tag{3-5-9}$$

式中 B 表示力敏传感器的灵敏度,单位为 V/N。

吊环拉断液柱前一瞬间,吊环受到的拉力为 $f + m_0 g$;拉断时瞬间,吊环受到的拉力为 $m_0 g$。

若吊环拉断液柱的前一瞬间数字电压表的读数值为 U_1,拉断时瞬间数字电压表的读数值为 U_2,则有

$$f = \frac{U_1 - U_2}{B} \tag{3-5-10}$$

故表面张力系数为

$$\alpha = \frac{U_1 - U_2}{\pi B (D_1 + D_2)} \tag{3-5-11}$$

三、实验仪器

FD‑NST‑I 型液体表面张力系数测定仪、片码、铝合金吊环、吊盘、玻璃器皿、镊子。

图 3-5-5 为液体表面张力系数测定仪实验装置图。

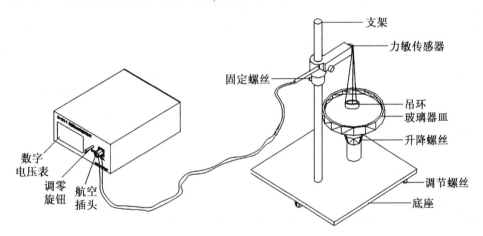

图 3-5-5 液体表面张力系数测定仪实物装置图

四、实验步骤

(1)开机预热 15 分钟。

(2)清洗玻璃器皿和吊环。

(3)调节支架的底脚螺丝,使玻璃器皿保持水平。

(4)测定力敏传感器的灵敏度(对力敏传感器定标)。

① 预热 15 分钟以后,在力敏传感器上吊上吊盘,对电压表清零并记录;

② 在吊盘中依次增加质量均为 0.500 g 的片码,分别记下电压表的读数;

③ 再逐个从吊盘中取走片码,分别记下电压表的读数,将数据填入表 3-5-3 中;

④ 根据公式 $B=\dfrac{U}{F}$ 计算传感器的灵敏度。（如何计算？）

（5）测定水的表面张力系数。

① 测定金属吊环的内直径 D_1、外直径 D_2，共 3 次，将数据填入表 3-5-4 中。

② 将盛水的玻璃器皿放在平台上，并将洁净的吊环挂在力敏传感器的小钩上，并对电压表清零。

③ 逆时针旋转升降台大螺帽使玻璃器皿中液面上升，当环下沿部分均浸入液体中时，改为顺时针转动该螺帽，这时液面缓慢往下降（或者说吊环相对往上升）。观察环浸入液体中及从液体中拉起时的物理现象。由于表面张力作用，在环的下面将带起一液柱，记录吊环拉断液柱的前一瞬间数字电压表的读数值 U_1，拉断时瞬间数字电压表的读数值 U_2。（思考拉断前一瞬间与拉断瞬间读数的特点）

④ 重复测量 5 次，将数据填入表 3-5-5 中。

五、实验数据记录与处理

1. 传感器灵敏度的测量

表 3-5-3 传感器灵敏度测量数据记录表

砝码/g	数字电压表的读数/mV		
	加砝码	减砝码	平均
0.000			$U_1=$
0.500			$U_2=$
1.000			$U_3=$
1.500			$U_4=$
2.000			$U_5=$
2.500			$U_6=$
3.000			$U_7=$
3.500			$U_8=$

$\bar{U}=$ _____ ；

$B=\dfrac{\bar{U}}{F}=$ _____ 。

2. 水的表面张力系数的测量

水的温度：$t=$ _____ ℃。

表 3-5-4 金属吊环内、外直径数据记录表

次数	内直径 D_1/mm	外直径 D_2/mm
1		
2		
3		
平均		

表 3-5-5　水的表面张力系数的测量数据记录表

编号	U_1/mV	U_2/mV	ΔU/mV	α/(N·m^{-1})
1				
2				
3				
4				
5				

根据公式 $\alpha = \dfrac{U_1 - U_2}{\pi B(\bar{D}_1 + \bar{D}_2)}$ 计算 α，填入表 3-5-5 中。

平均值：$\bar{\alpha} =$ _____。

六、问题讨论

（1）实验前，清洁吊环有什么作用？

（2）分析吊环即将拉断液面前的一瞬间数字电压表读数值由大变小的原因。

（3）对实验的系统误差和随机误差进行分析，提出减小误差改进实验的方法措施。

七、注意事项

（1）吊环应严格处理干净。洗净油污或杂质后，用清洁水冲洗干净，并用热吹风烘干。

（2）必须使吊环保持竖直，以免测量结果引入较大误差。

（3）实验之前，仪器须开机预热 15 分钟。

（4）在旋转升降台时，尽量不要使液体产生波动。

（5）实验室不宜风力较大，以免吊环摆动致使零点波动，所测系数不准确。

（6）若液体为纯净水，在使用过程中防止灰尘和油污以及其他杂质污染。特别注意手指不要接触被测液体。

（7）玻璃器皿放在平台上，调节平台时应小心、轻缓，防止打破玻璃器皿。

（8）调节升降台拉起液柱时动作必须轻缓，应注意液膜必须充分地被拉伸开，不能使其过早地破裂，实验过程中不要使平台摇动而导致测量失败或测量不准。

（9）使用力敏传感器时用力不大于 0.098 N。过大的拉力传感器容易损坏。

（10）实验结束后须将吊环用清洁纸擦干并包好，放入干燥缸内。

附：水的表面张力系数的标准值。

水温 t/℃	10	15	20	25	30
α/(N·m^{-1})	0.074 22	0.073 22	0.072 75	0.071 97	0.071 18

实验 3.6　落球法测量液体的黏滞系数

在稳定流动的液体中，平行于流动方向的各层液体的流速都不相同，即存在着相对滑动,于是在各层液体之间就有摩擦力的产生,这一摩擦力称为黏滞力。实验证明,黏滞力 f 的方向平行于接触面,大小与所取液层的面积 S 及液层间速度变化率(速度梯度)$\frac{\mathrm{d}v}{\mathrm{d}x}$ 的乘积成正比,即 $f = \eta S \frac{\mathrm{d}v}{\mathrm{d}x}$。式中 η 称为液体的黏滞系数(黏度),它由液体的性质和温度决定,温度升高,黏滞系数迅速地减小。

液体黏滞系数的测量在生命科学和工程技术应用领域有重要的应用价值。如:血液黏度的变化与心血管疾病密切相关;石油管道的设计必须考虑石油的黏度。测定液体黏滞系数的常用方法有落球法、扭摆法、转筒法、毛细管法等,其中落球法是实验室中最常用的一种测量方法。

一、实验目的

(1) 观察液体的内摩擦现象,了解用落球法测量液体的黏滞系数的原理;
(2) 测量蓖麻油的黏滞系数;
(3) 熟练运用测量长度、时间和质量的基本仪器。

二、实验原理

如图 3-6-1 所示,当金属小球在黏性液体中下落时,它受到 3 个竖直方向的力:小球的重力 mg、液体作用于小球的浮力 $\rho g V$(V 为小球体积,ρ 为液体密度)和黏滞阻力 F(其方向与小球运动方向相反)。如果液体无限深广,在小球下落速度 v 较小的情况下,有

$$F = 6\pi\eta rv \qquad (3\text{-}6\text{-}1)$$

式(3-6-1)称为斯托克斯公式,式中 η 为液体的黏滞系数,单位是 $\mathrm{Pa \cdot s}$,r 为小球的半径。

斯托克斯定律成立有 5 个条件:

(1) 媒质的不均一性与球体的大小相比是很小的;

(2) 球体仿佛是在无限大的媒质中下降;

(3) 球体是光滑且刚性的;

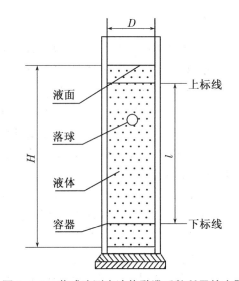

图 3-6-1 落球法测定液体黏滞系数所用的容器

(4) 媒质不会在球面上滑过;

(5) 球体运动很慢,故运动时所遇的阻力是由媒质的黏滞性所致,而不是由球体运动推向前行的媒质惯性所致。

小球开始下落时,由于速度尚小,所以阻力不大,但是随着下落速度的增大,阻力也随之增大。经过一段时间,三个力达到平衡,即

$$mg = \rho g V + 6\pi\eta rv$$

于是小球开始做匀速直线运动,此速度称为收尾速度。由上式可得

$$\eta = \frac{(m - V\rho)g}{6\pi v r}$$

令小球的直径为 d，则 $V = \frac{4}{3}\pi r^3 = \frac{1}{6}\pi d^3$，并用 $m = \rho' V = \frac{1}{6}\pi d^3 \rho'$、$v = \frac{l}{t}$、$r = \frac{d}{2}$ 代入上式，得

$$\eta = \frac{(\rho' - \rho)g d^2 t}{18l} \qquad (3\text{-}6\text{-}2)$$

式中：ρ' 为小球材料的密度；l 为小球匀速下落的距离；t 为小球下落 l 距离所用的时间。

实验时，待测液体盛于容器中，故不能满足无限深广的条件，实验证明式（3-6-2）应该进行修正。测量表达式为

$$\eta = \frac{(\rho' - \rho)g d^2 t}{18l} \cdot \frac{1}{\left(1 + 2.4\dfrac{d}{D}\right)\left(1 + 1.6\dfrac{d}{H}\right)} \qquad (3\text{-}6\text{-}3)$$

式中：D 为容器的内径；H 为液柱高度。

三、实验仪器

落球法黏滞系数测定仪、小钢球、蓖麻油、千分尺、激光光电计时仪等。

图 3-6-2 为落球法测黏滞系数的测定仪和计时仪，待测液体的长直玻璃管竖直地安置在可调水平的底座上，支架上装有上下两对激光发射盒和接收盒，其高度对应上下计时标线，上下计时标线之间的垂直距离为 l。调节待测液体的高度，使小球在上下计时标线之间做匀速直线运动，用计时仪测出小球通过上下计时标线的时间 t。小钢球落入玻璃管底部后可用磁铁将之取出。

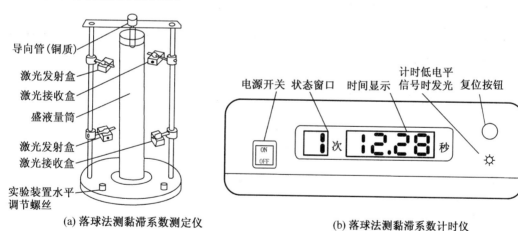

(a) 落球法测黏滞系数测定仪　　　　　　　(b) 落球法测黏滞系数计时仪

图 3-6-2　落球法测黏滞系数的测定仪和计时仪

四、实验步骤

（1）调整黏滞系数测定仪及实验仪器。

① 调整底盘水平，在仪器横梁中间部位放重锤部件，调节底盘旋钮，使重锤对准底盘的中心圆点。

② 将实验架上的两组激光发射、接收装置接通电源,并进行调节器的出光方向,使激光束平行对准锤线。

③ 收回重锤部件,将盛有待测液体的量筒放置到实验架底盘中央,并在实验中保持位置不变。

④ 在实验架上放上钢球导管。小球用酒精清洗干净,并用滤纸吸干。

⑤ 将小球放入钢球导管,看其能否阻挡光线,如不能,则适当调整激光器位置。

(2) 用温度计测量油温,在全部小球下落完后再测一次油温,取其平均值。

(3) 测量上下两激光束之间的距离 l、容器的内径 D 和液柱高度 H,将数据记录在表 3-6-1 中。

(4) 用螺旋测微器测量小球的直径 d,将小球放入钢球导管,当小球落下,阻挡上面的红色激光束,秒表开始计时,到小球下落到阻挡下面的红色激光束时,停止计时,读出下落时间,将数据记录在表 3-6-2 中,重复 6 次。

(5) 计算蓖麻油的黏滞系数,将测量结果与公认值进行比较。

五、实验数据记录和处理

表 3-6-1　仪器基本参数

d/mm	l/mm	D/mm	H/mm	$\rho'/(\mathrm{kg \cdot m^{-3}})$	$\rho/(\mathrm{kg \cdot m^{-3}})$
				7.90×10^3	0.958×10^3

表 3-6-2　小球下落时间　　　　　　　　　$t=$　　℃

次数	1	2	3	4	5	6
t/s						

数据处理要求:

(1) 计算蓖麻油的黏滞系数。

(2) 将测量结果与公认值进行比较,求出相对误差。

① $\bar{t} = \dfrac{\sum t_i}{6}$

$$\eta = \frac{(\rho' - \rho)gd^2 t}{18l} \cdot \frac{1}{\left(1 + 2.4\dfrac{d}{D}\right)\left(1 + 1.6\dfrac{d}{H}\right)}$$

② $\Delta\eta = |\eta - \eta_0|$

$E_\eta = \dfrac{\Delta\eta}{\eta_0} \times 100\%$

η_0 为测量室温下的公认值。

六、预习思考题

(1) 为什么要对测量公式(3-6-2)进行修正?

(2) 本实验中,如果钢球表面粗糙,对实验会有影响吗?

（3）激光束为什么一定要通过玻璃圆筒的中心轴？

（4）如何判断小球是否在做匀速运动？

实验 3.7　示波器的使用

示波器是一种用途广泛的电子测量仪器,它可以直接观察电压信号波形,测量电压信号的幅度、周期(频率)等参数。用双踪示波器还可测量两个电压信号之间的时间差或相位差。配合各种传感器,它可用来观测非电学量(如压力、温度、磁感应强度、光强等)随时间的变化过程。

一、实验目的

（1）了解示波器的基本结构及其工作原理,掌握示波器、信号发生器的使用方法；

（2）学习用示波器观察电信号的波形,测量电信号的电压、周期和频率的方法；

（3）通过观察李萨如图形,学会一种测量频率的方法,加深对振动合成的理解。

二、实验原理

1. 示波器结构

示波器的规格和型号很多,就其显示方式来说主要有液晶显示器和阴极射线示波器两种。阴极射线示波器一般都包括图 3-7-1 所示的几个基本部分,即示波管(又称阴极射线管 CRT)、竖直放大器(Y 轴放大器)、水平放大器(X 轴放大器)、扫描发生器、触发同步和直流电源等。

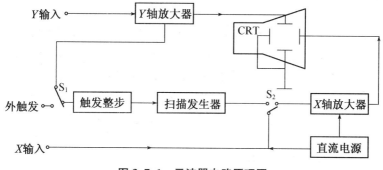

图 3-7-1　示波器电路原理图

2. 示波管

示波管是示波器的心脏,其基本结构如图 3-7-2 所示,主要由安装在高真空玻璃管中的电子枪、偏转系统和荧光屏三部分组成。

（1）电子枪:电子枪可发射一束强度可调且能聚焦的高速电子流,它由钨丝(灯丝)、阴极、控制栅极、A_1 阳极及 A_2 阳极组成。灯丝通电后加热阴极,阴极是一个表面涂有氧化物的金属圆筒,加热后发射电子。控制栅极是一个顶端有小孔的圆筒,套在阴极外面。它的电位比阴极低,对阴极发射出的电子起控制作用,只有初速度较大的电子才能穿过

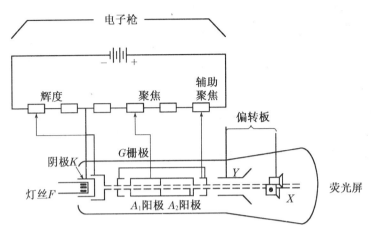

图 3-7-2 示波管的基本结构

栅极顶端的小孔然后在阳极加速下奔向荧光屏。示波器面板上的"亮度"调整就是通过调节栅极电位以控制射向荧光屏的电子密度,从而改变了荧光屏上的光斑亮度。阳极电位比阴极电位高很多,电子被它们之间的电场加速形成射线。当控制栅极、A_1阳极、A_2阳极三者的电位调节合适时,电子枪内的电场对电子射线有聚焦作用。所以,A_1阳极也称聚焦阳极,A_2阳极电位较高称加速阳极。面板上的"聚焦"调节,就是调节A_1阳极电位,使荧光屏上的光斑成为明亮、清晰的小圆点。

(2) 偏转系统:它是由垂直(Y)偏转板和水平(X)偏转板组成。偏转板用来控制电子束的偏转,电子束通过时运动方向会发生偏转,在荧光屏上产生的光点位置随之改变。荧光屏上涂有荧光粉,受电子轰击后发光而形成光点,光点的亮度和大小分别由"亮度"和"聚焦"旋钮来调节。

为了观测电压幅度不同的电信号波形,示波器内设有放大器和衰减器,可对观测的信号进行放大和衰减,因此能在荧光屏上显示适中的波形,其电路原理如图 3-7-3 所示。此外,还有水平和垂直两个方向位移调节旋钮,用来改变和选择波形的位置。

(3) 荧光屏:屏上涂有荧光粉,电子打上去它就发光,形成光斑。不同材料的荧光粉发光的颜色不同,发光过程的余辉时间也不同。在性能好的示波管中,荧光屏玻璃内表面上直接刻有坐标刻度,供测定光点位置。

3. 示波器扫描与波形显示原理

当偏转板加上一定的信号电压后,电子束将受到电场的作用而偏转,光点在荧光屏上移动的距离与偏转板上所加的电压成正比。若只在 Y 偏转板上加正弦信号 $U_Y = U_m \sin\omega t$,此时 X 偏转板不加电压,于是荧光屏上光点只是做上下方向的正弦振动。振动频率较快时,看起来是一条垂直线,如图 3-7-3(a)中 AB 直线。

同样,若在 X 偏转板上加线性电压,Y 偏转板不加电压,荧光屏上光点只是做左右方向的线性振动,振动频率较快时,看起来是一条水平线,如图 3-7-3(b)中 CD 直线。

如果 Y 偏转板上加正弦电压 $U_Y = U_m \sin\omega t$,并在 X 偏转板上加锯齿波电压,即将 Y 方向的正弦振动与 X 轴正方向的匀速运动叠加,当两方向振动周期 $T_X = T_Y$ 时,我们就

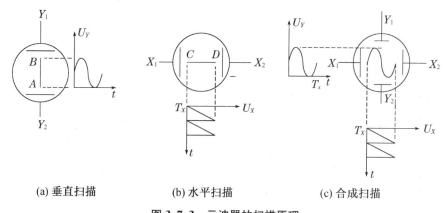

(a) 垂直扫描   (b) 水平扫描   (c) 合成扫描

图 3-7-3　示波器的扫描原理

能看到 Y 方向的正弦振动沿着 X 方向展开。光点沿 X 轴正向匀速地移动了一个周期之后,迅速反跳到原来开始的位置上,再重复 X 轴正向匀速运动,则光点的正弦运动轨迹就和前一次的运动轨迹重合起来了。每一个周期都重复同样的运动,光点轨迹就能保持固定位置。Y 偏转板上的正弦电压 $U_Y = U_m \sin \omega t$ 的波形就很好地展开了。重复频率较大时,光点连续刷新,就可在屏上得到连续不动的一个周期函数曲线(波形),即如图 3-7-3(c) 所示的正弦曲线。这个 Y 方向波形展开的过程,就称为扫描,此时 X 轴偏转板上的电压,称扫描电压或锯齿波电压。

4. 同步原理

如果正弦波和锯齿波电压的周期不同,即 $T_X \neq T_Y$,屏上就会出现不断移动的不稳定图形。这种情况的出现可用图 3-7-4 说明。设锯齿波电压的周期 T_X 比正弦波电压的周期 T_Y 稍小,例如 $T_X/T_Y = 7/8$。在第一扫描周期内,屏上显示正弦信号 0～4 点之间的曲线段;在第二周期内 4～8 点之间的曲线段,起点在 4′ 处;第三周期内,显示 8～11 点之间曲线段,起点在 8′ 处。这样屏上显示的波形每次都不重叠,类似波形在向右移动。同理,若锯齿波电压的周期 T_X 比正弦波电压的周期 T_Y 稍大,则波形就会出现向左移动的现象。

以上描述的情况在示波器使用过程中经常出现,其原因是扫描电压的周期与被测信号的周期不相等或不成整数倍,以致每次扫描开始时波形曲线上的起点均不一样。为了获得一定数量的完整周期波形,就必须使用"TIME/DIV(水平扫描)"调节旋钮调整锯齿波的周期 T_X,使之与被测信号的周期 T_Y 成整数倍的关系,从而在示波器屏上得到完整波形。

输入 Y 轴的被测信号与示波器内部的锯齿波电压是互相独立的。由于环境或其他因素的影响,它们的周期可能发生微小的改变。这种情况下可通过调节扫描时间旋钮将周期调到整数倍关系,即 $T_X = nT_Y$ 或 $f_Y = nf_X$,屏上会显示出 n 个周期的信号波形。但是一段时间后,波形又会开始移动,影响波形的观测。在观察高频信号时,这种情况尤为突出。为了解决该问题,示波器内装有扫描同步装置。在适当调节后,让锯齿波电压的扫描起点自动跟着被测信号改变,这就是同步。调节示波器面板上的"TRIG LEVER(触发电平)"起到的就是这样的作用。

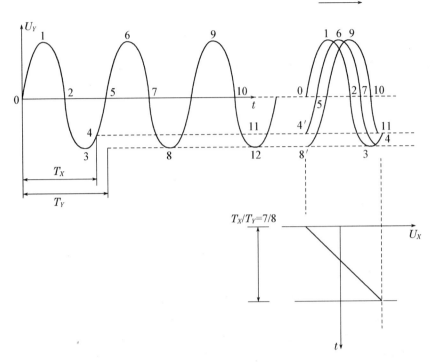

图 3-7-4 $T_X = \dfrac{7}{8} T_Y$ 时显示的波形

5. 李萨如图形的形成原理

如果水平扫描调节旋钮旋到 $X-Y$ 耦合状态,此时锯齿波不再起作用。如果当 X 和 Y 轴均输入正弦电压信号,就将形成李萨如图形,其形成原理如图 3-7-5 所示。荧光屏上光迹的运动是两个相互垂直方向的简谐振动的合成。当两个正弦电压的频率成整数比时,合成轨迹稳定的图形,这就是李萨如图形。

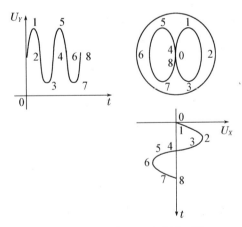

图 3-7-5 李萨如图形成原理图

利用李萨如图形可以比较两个信号的频率。当李萨如图形稳定后,对图形作水平和竖直割线(两条割线位置应与图形有最多的相交点)。若设水平割线与图形的最多交点数

为 N_X、竖直割线与图形的最多交点数为 N_Y，则 X、Y 轴上信号频率 f_X、f_Y 有如下关系

$$\frac{f_X}{f_Y}=\frac{N_Y}{N_X} \tag{3-7-1}$$

因此，只要知道 f_X 或 f_Y 的其中一个，就可以求出另一个。

三、实验仪器

双踪示波器，函数信号发生器等。

（1）双踪示波器前面板如图 3-7-6 所示，各部分名称、功能和操作说明如表 3-7-1 所示。

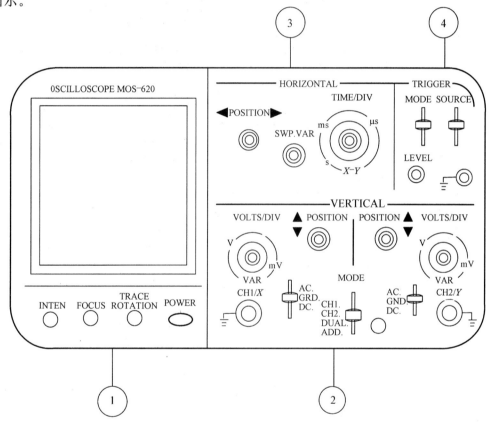

图 3-7-6　示波器前面板

表 3-7-1　双踪示波器面板各部分名称、功能和操作说明

部位序号	英文名	中文名	操作方法	功能
电源及屏幕	POWER	电源开关	按下	按下后仪器接通 220 V 交流电
	INTEN	亮度	旋转	顺时针旋转，扫迹亮度增加
	FOCUS	聚焦	旋转	调整扫迹以及文字的清晰程度
	TRACE ROTATION	扫迹旋转	旋转	当扫迹不水平时，可用它调整

（续表）

部位序号	英文名	中文名	操作方法	功能
垂直部分（VERTICAL）	CH1/CH2	输入接口	连接电缆	信号输入通道
	POSITION	位置	旋转	竖直位置调节
	MODE	模式	拨	拨至 CH1：显示通道 1 信号；拨至 CH2：显示通道 2 信号；拨至 DUAL：同时显示通道 1 和 2 信号；拨至 ADD：显示通道 1 和 2 合成信号
	VOLTS/DIV VARIABLE	Y 轴灵敏度调节及微调	旋转	旋转大旋钮：调节竖直，电压/分度值；旋转小旋钮：微调
	AC/GND/DC	交流/接地/直流	拨	交流时，信号直接输入，屏上电压/分度因子值后的电压单位为 V；接地时，相应输入端接地，输入信号与 Y 轴放大器断开；直流时，信号直接输入，屏上电压/分度因子值后的电压单位为 V
水平部分（HORIZONTAL）	POSITION	位置	旋转	水平位置调节
	SWP. VAR	水平微调扫描时间	旋转	测量信号频率时，须要将其顺时针旋到底
	TIME/DIV	时间/分度调节（或称"水平旋钮"）	旋转	旋转时，调节选择扫描速度；当逆时针旋到底时，CH1 通道相当于 X 通道，CH2 通道相当于 Y 通道
触发部分（TRIGGER）	MODE	模式	拨	AUTO（自动模式）和 NORM（正常模式）均为连续扫描状态，AUTO 适用于 50 Hz 以上信号，NORM 适用于低频信号
	SOURCE	触发源选择	拨	选择触发信号来源（CH1、CH2、LINE、EXT）

2. EE1652 型函数信号发生器

函数信号发生器是各类实验，科研部门，电工电子、仪器仪表等行业常用的仪器。这种仪器既可输出一般的正弦、三角、脉冲周期信号，也可用不同的扫描信号对输出信号的频率进行调制，从而产生各种复杂的函数信号。函数信号发生器面板如图 3-7-7 所示，各部分名称、功能和操作说明如表 3-7-2 所示。

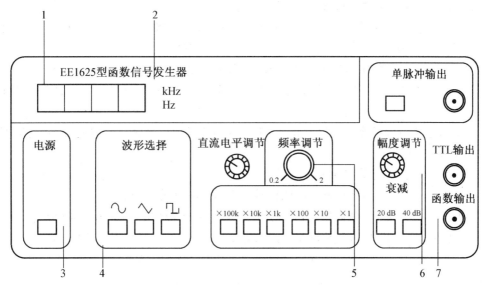

图 3-7-7 信号发生器面板图

表 3-7-2 信号发生器面板布局及各部分名称、功能和操作说明

序号	名称	功能与操作说明
1	频率显示窗口	显示输出信号的频率
2	显示单位指示灯	显示输出信号频率的单位
3	电源开关	此键按下，机内电源接通，整机工作；此键弹起，机内电源切断
4	波形选择按键	用于选择输出函数波形
5	频率调节旋钮	用于输出信号频率的调节
6	幅度调节旋钮	用于调节函数信号输出幅度的大小
7	函数输出口	函数信号从此端口输出

四、实验步骤

实验前应仔细阅读仪器说明书等有关内容，了解示波器和信号发生器的面板结构、各旋钮的作用及调节方法。

1. 双踪示波器基本操作步骤

（1）接通电源，仪器预热5分钟，屏幕出现光迹。

（2）分别调节辉度，聚焦旋钮，使光迹亮度适中、清晰。

（3）调节"Y位移""X位移"等旋钮，使在荧光屏中间显示一条亮度适中、清晰的扫描线。

2. 观察电信号波形

将函数信号发生器的信号接入示波器的"Y轴输入"端，观察正弦波、方波、三角波等波形，并将波形图记录在表3-7-3中。调节示波器的有关旋钮，使荧光屏上出现稳定的波形。

3. 用示波器测量信号电压的峰-峰值($V_{P\text{-}P}$)

（1）选择信号发生器"波形选择"按钮输出正弦信号，将示波器上的"电压幅度"旋钮调到适当位置，在屏幕上出现如图 3-7-8 所示的正弦波形；

（2）调节示波器"TIME/DIV（扫描旋钮）"，使屏幕至少显示一个周期波形；

（3）调节"VOLTS/DIV（垂直衰减）"开关至适当位置，并把"衰减微调"顺时针旋到底；

（4）调节正弦波的水平与竖直位置，准确读出波形顶部与底部所占格数，并将数据记录在表 3-7-4 中；

（5）按下面公式计算电压峰-峰电压值。

$$V_{P\text{-}P}=垂直方向的格数×垂直衰减开关所指数值$$

如图 3-7-8 所示，正弦波形顶部 A 点与波形底部 B 点垂直格数为 6.40 分度（DIV），假设"垂直衰减"开关（VOLTS/DIV），指示为 2 V/DIV（每一分度代表 2 V），则

$$V_{P\text{-}P}=6.40\ \text{DIV}×2\ \text{V/DIV}=12.80\ \text{V}$$

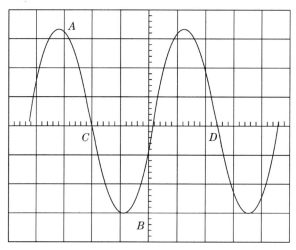

图 3-7-8　测量 $V_{P\text{-}P}$、频率

4. 用示波器测量信号频率

（1）连接函数信号发生器与示波器；

（2）选择信号发生器"波形选择"按钮输出正弦信号；

（3）水平微调扫描时间（SWP. VAR）旋钮顺时针旋到底；

（4）调节示波器"扫描旋钮"（TIME/DIV），使屏幕显示 1 至 2 个周期波形；

（5）调节"垂直衰减开关"（VOLTS/DIV），使波形的顶部与底部在屏幕内；

（6）调节波形水平与竖直位置，使波形中相邻的两个同相位点 C、D 位于屏幕中央水平刻度线上；

（7）测量两点之间水平格数，按下列公式计算出周期 T：

$$T=两点之间水平距离（分度）×扫描时间（时间/分度）$$

如图 3-7-8 所示，测得 C、D 两点间水平距离为 4.40 分度（DIV），设"扫描旋钮"

(TIME/DIV)扫描时间为 2 ms/DIV,则

$$T = 4.40 \, \text{DIV} \times 2 \, \text{ms/DIV} = 8.80 \, \text{ms}$$

(8) 按照公式 $f = \dfrac{1}{T}$ 计算频率,将函数发生器输出信号频率 f_0 记录在表3-7-5中,并将 f 与 f_0 比较,计算频率 f 的百分偏差。

5. 观察李萨如图形

在表3-7-6中记录 f_X 的测量值、水平割线与图形的最多交点数 N_X 以及竖直割线与图形的最多交点数 N_Y,并以式(3-7-1)计算 f_X'。

五、数据记录与处理

表 3-7-3　信号波形观测数据记录表

信号	波形图
正弦波	
方波	
三角波	

表 3-7-4　测定信号电压数据记录表

波形	屏上波形高度/DIV	每格电压值/(V/DIV)	实测电压峰值 U/V
正弦波(不衰减)			
正弦波(衰减 10 倍探头)			

表 3-7-5　测定信号频率数据记录表

波形	函数发生器输出信号频率 f_0/Hz	屏上波形宽度/DIV	扫描时间/(TIME/DIV)	实测周期 T/s	实测频率 f/Hz	百分偏差 $\dfrac{\|f-f_0\|}{f_0} \times 100\%$
正弦波						
方波						

表 3-7-6　李萨如图形测定频率数据记录表

$N_Y : N_X$	f_X/Hz	f_Y/Hz 理论值	f_Y/Hz 读数值	李萨如图形
2 : 1	1 000			
1 : 1	1 000			
1 : 2	1 000			
1 : 3	1 000			

六、注意事项

（1）荧光屏上的光点亮度不能太强,而且不能让光点长时间停留在荧光屏的某一点,尽量将亮度调暗些,以看得清为准,以免损坏荧光屏。

（2）在实验过程中如果暂不使用示波器,可将亮度旋钮逆时针方向旋至尽头,截至电子束的发射,使光点消失。不要经常通断示波器的电源,以免缩短示波管的使用寿命。

（3）示波器的所有开关及旋钮均有一定的转动范围,决不可用力过大,以免损坏仪器。

七、预习思考题

1. 如果示波器是良好的,但由于各旋钮位置没有调好,示波器上看不到亮线,问:哪几个旋钮位置不合适可能造成这种情况?

2. Y 轴输入端有信号,但屏上只有一条垂直亮线是什么原因? 如何调节才能使波形沿 X 轴展开?

八、复习思考题

1. 示波器荧光屏上要得到以下图形:(1) 一个点;(2) 一条水平线;(3) 一条垂直线,应调哪些旋钮?

2. 在用李萨如图形测频率时,如果 X 与 Y 轴正弦信号频率相等,但荧光屏上的图形还在不停转动,为什么?

3. 用示波器观察周期为 0.2 ms 的正弦电压,若要在荧光屏上呈现 3 个完整而稳定的正弦波形,扫描电压的周期要置于何值?

实验 3.8　电桥法测电阻（单臂电桥、双臂电桥）

电桥电路在电磁测量技术中有着广泛的应用,它是根据平衡法和比较法测量电阻,即在平衡条件下,将待测电阻与标准电阻进行比较以确定待测电阻值。这种方法具有测试灵敏、准确和方便等特点。

电桥分为直流电桥和交流电桥两大类。直流电桥又分为单臂电桥和双臂电桥,前者又称为惠斯通电桥,主要用于测量中值电阻($10 \sim 10^6$ Ω),后者又称为开尔文电桥,主要用于测量低值电阻($10^{-6} \sim 10$ Ω)。交流电桥还可以测量电容、电感等物理量。

本实验主要学习使用直流单臂电桥和直流双臂电桥。实验中将用它们分别测量中值电阻和低值电阻。

§3.8.1　用惠斯通（直流单臂）电桥测量电阻

一、实验目的

（1）了解惠斯通电桥的结构,掌握惠斯通电桥的工作原理;

（2）学习用自搭惠斯通电桥测量电阻的方法；

（3）学会使用箱式直流电阻电桥测量电阻。

二、实验原理

用伏安法测量电阻，虽然原理简单，但存在一定的系统误差。若要较为精确地测量电阻，可以用惠斯通电桥，惠斯通电桥适宜于测量阻值在 $10\sim10^6$ Ω 范围内的中值电阻。

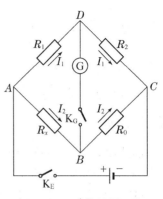

图 3-8-1　惠斯通原理图

惠斯通电桥的原理如图 3-8-1 所示。电阻值已知的标准电阻 R_0、R_1、R_2 和待测电阻 R_x 组成一个四边形，每条边称为电桥的一个"臂"。在对角 A 和 C 之间接电源，在对角 B 和 D 之间接检流计 G。当开关 K_E 和 K_G 接通后，各条支路中均有电流通过，适当调节 R_0、R_1、R_2 的大小，可以使通过检流计的电流 $I_G=0$，这时，B、D 两点的电势相等，电桥的这种状态称为电桥平衡状态。这时 A、B 之间的电势差等于 A、D 之间的电势差，B、C 之间的电势差等于 D、C 之间的电势差。设 ABC 支路和 ADC 支路中的电流分别为 I_1 和 I_2。由欧姆定律，得

$$I_2R_x=I_1R_1 \qquad\qquad I_2R_0=I_1R_2$$

两式相除，得

$$\frac{R_x}{R_0}=\frac{R_1}{R_2} \tag{3-8-1}$$

式（3-8-1）称为电桥的平衡条件。由式（3-8-1），得

$$R_x=\frac{R_1}{R_2}R_0 \tag{3-8-2}$$

即待测电阻 R_x 等于 $\frac{R_1}{R_2}$ 与 R_0 的乘积。R_1 和 R_2 称为比率臂，通常将 $\frac{R_1}{R_2}$ 称为倍率，将 R_0 称为比较臂。

实现电桥平衡的方法只有两种：一种是选定倍率 $\frac{R_1}{R_2}$ 为一定值，调节比较臂 R_0 上的阻值使电桥达到平衡；另一种方法是选定比较臂 R_0 为一定值，调节倍率 $\frac{R_1}{R_2}$ 的值，从而使电桥达到平衡。其中第一种方法的精度比较高，是实际测量中常用的方法。

惠斯通电桥测量电阻的主要优点：

（1）平衡电桥采用了零示法——根据示零器的"零"或"非零"的指标，即可判断电桥是否平衡而不涉及数值的大小。因此，只需示零器足够灵敏，就可以使电桥达到很高的灵敏度，从而为提高它的测量精度提供条件。

（2）用平衡电桥测量电阻的实质是：拿已知的电阻和未知的电阻进行比较，这种比较测量法简单而精确。如果采用精确电阻作为桥臂，则可以使测量结果达到很高的精确度。

（3）由于平衡条件与电源电压无关，故可以避免因电压不稳定而造成的误差。

　　在式(3-8-2)中,若 R_1 和 R_2 的值不易测准,测量结果就会有系统误差,采用交换测量法可消除它。交换 R_0 和 R_x 的位置,不改变 R_1 和 R_2 的值,再次调节电桥平衡,记下此时的电阻值 R_0',则有

$$R_x = \frac{R_2}{R_1} R_0' \tag{3-8-3}$$

由式(3-8-2,3-8-3),可得

$$R_x = \sqrt{R_0 R_0'} \tag{3-8-4}$$

式(3-8-4)说明,采用交换测量法,R_x 的测量式中不出现 R_1 和 R_2,因此若自组电桥,只要有一个标准电阻和两个数值稳定而不要求准确测定的电阻,即可得出 R_x 的准确值。

三、实验仪器

　　简式电阻箱两只,多盘十进电阻器一只,待测电阻两个,检流计,QJ23 型箱式直流电阻电桥,直流稳压电源等。

　　QJ23 型箱式直流电阻电桥简介:

　　将图 3-8-1 中的三只电阻(R_0、R_1、R_2)、电源、检流计和开关等元件组装在一个箱子里,就成为便于携带、使用方便的箱式直流电阻电桥,QJ23 型箱式直流电阻电桥的面板如图 3-8-2 所示。为了测量方便,比率臂 R_1 和 R_2 的比值 $\left(\dfrac{R_1}{R_2}\right)$ 用一个旋钮表示,称为"倍率"旋钮,一般箱式直流电阻电桥倍率有七挡:$0.001,0.01,0.1,1,10,100,1\,000$;比较臂 R_0(测量盘)是一只有四个旋钮的电阻箱,最大阻值为 $9\,999\ \Omega$;测量前,检流计 G 需用正下方的旋钮调零;待测电阻 R_x 接在"R_x"接线柱之间。按下"B"表明接通电源,按下"G"表明接通检流计。

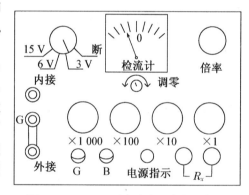

图 3-8-2　QJ23 型直流电阻电桥面板图

四、实验内容

　　1. 用自搭惠斯通电桥测电阻

　　(1) 按图 3-8-1 接好线路。R_1 和 R_2 用简式电阻箱,R_0 用多盘十进制电阻器实现。测量前,先将检流计调零。

　　(2) 稳压电源调节到适当的电压值。

　　(3) 根据被测电阻的阻值范围,选取适当 $\dfrac{R_1}{R_2}$ 的倍率值与 R_0 的数值。

　　(4) 适当调节标准电阻 R_0 的数值直到检流计的指针指"0",记下 R_0 的数值,按公式 $R_x = \dfrac{R_1}{R_2} R_0$ 算出 R_x 的值。

　　(5) 采用交换测量法,由式 $R_x = \sqrt{R_0 R_0'}$ 算出 R_x 的值。

2. 用 QJ23 型箱式直流电阻电桥测电阻

（1）若使用本机内置检流计，则"外"接线端钮用短路片短接。

（2）待测电阻 R_x 接在"R_x"接线柱之间。

（3）开启电源开关。调节"调零"旋钮，使检流计表头指针指零。

（4）根据自搭电桥对 R_x 的粗测值，R_0 应取 4 位有效数字，参照表 3-8-1 确定倍率旋钮的指示值。将"倍率"旋钮打在合适的挡位。

表 3-8-1　倍率旋钮指示值

R_x 的粗测值/Ω	$0\sim10$	$10\sim10^2$	$10^2\sim10^3$	$10^3\sim10^4$	$10^4\sim10^5$	$10^5\sim10^6$	$10^6\sim10^7$
电桥倍率	0.001	0.01	0.1	1	10	100	1 000

（5）按下"B"按钮，然后轻按"G"按钮，调节测量盘，使电桥平衡（检流计指零）。如果电桥无法平衡，检流计偏向"0"左方，说明 R_x 值大于该量程倍率限值，应将量程倍率增大一挡，再次调节四个测量盘，使电桥平衡。反之，当第一测量盘打至"0"位，检流计指针偏向"0"右方，应将量程倍率减小一挡。再调节测量盘使电桥平衡。记下量程倍率和四个测量盘 R_0 的指示值。

（6）$R_{x标}$＝倍率×（四个测量盘示值之和）。

五、数据记录与处理

表 3-8-2　用自搭惠斯通电桥测电阻（R_{x_1} 几十 Ω，R_{x_2} 约 1 kΩ）

待测电阻	R_1/Ω	R_2/Ω	R_0/Ω	R_x/Ω	$\overline{R}_x/\Omega$
R_{x_1}	100	100			
	100	200			
	100	300			
R_{x_2}	1 000	1 000			
	1 000	2 000			
	1 000	3 000			

表 3-8-3　用 QJ23 型箱式直流电阻电桥测电阻

待测电阻	$\dfrac{R_1}{R_2}$	R_0/Ω	$R_{x标}/\Omega$	R_x 的自搭电桥测量值/Ω	相对误差
R_{x_1}					
R_{x_2}					

六、注意事项

（1）当内附检流计的测量灵敏度不够高、需要外接高灵敏度检流计时，将"内"接线端钮用短路片短接,在"外"接线端钮上外接检流计。否则,将"外"接线端钮用短路片短接,利用内附检流计工作。

(2) 在测量含有电感等被测电阻(如电机、变压器等)时,必须先按"B"按钮,然后再按"G"按钮,如果先按"G"再按"B"按钮,就会在按"B"的瞬间,因自感而引起逆电势对检流计产生冲击,导致损坏检流计的结果。断开时,应先放开"B"再放开"G"按钮。

七、预习思考题

1. 电桥由哪几部分组成? 电桥平衡的条件是什么?
2. 若待测电阻 R_x 的一个接头接触不良,电桥能否调至平衡?
3. 用 QJ23 型直流电阻电桥测电阻时,确定倍率旋钮指示值的原则是什么? 如果一个待测电阻的大概数值为 35 kΩ,倍率旋钮的指示值应为多少?

八、复习思考题

假设连接惠斯通电桥时混入了一根断线,如果这根断线在桥臂上,通电后检流计有什么现象? 若断线在电源回路,又会怎么样? 如果分析出电路中有一根断线,但无万用表,用什么方法检查出这根断线的位置?(提示:用一根一定是好的导线替换)

§3.8.2 用开尔文(直流双臂)电桥测低值电阻

一、实验目的

(1) 了解双臂电桥测量低值电阻的原理和方法;
(2) 用双臂电桥测量导体的电阻和电阻率;
(3) 了解测低值电阻时接线电阻和接触电阻的影响及其避免方法。

二、实验原理

用惠斯通电桥测量电阻时,其所测电阻值一般可以达到四位有效数字,最高阻值可测到 10^6 Ω,最低阻值为 10 Ω。当被测电阻的阻值低于 10 Ω 时(称为低值电阻),惠斯通电桥所测量的电阻的有效数字将减小,另外其测量误差也显著增大。究其原因:

(1) 接线电阻:被测电阻接入测量电路中,连接用的导线本身具有电阻。

如图 3-8-1 所示,惠斯通电桥电路中有 12 根导线和 A、B、C、D 四个接点。其中 A、C 点到电源和 B、D 点到检流计的导线电阻及相应的接触电阻可以并入电源和检流计"内阻"中去,对测量结果没有影响。但桥臂八根导线的接线电阻会影响测量结果。

(2) 接触电阻:被测电阻与导线的接头处亦有附加电阻。如图 3-8-1 所示,惠斯通电桥电路中 A、B、C、D 四个接点的接触电阻会影响测量结果。

接线电阻和接触电阻的阻值约为 $10^{-5} \sim 10^{-2}$ Ω。接触电阻虽然可以用清洁接触点等措施使之减小,但终究不可能完全消除。当被测电阻仅为 $10^{-6} \sim 10^{-3}$ Ω 时,其接线电阻及接触电阻值都已超过或大大超过被测电阻的阻值,这样就会造成很大误差,甚至完全无法得出测量结果。所以,用单臂电桥来测量低值电阻是不可能精确的,必须在测量电路上采取措施,避免接线电阻和接触电阻对低值电阻测量结果的影响。

而双臂电桥通过对单臂电桥的改进,消除了对接线电阻和接触电阻的影响,其电路原理如图 3-8-3 所示,它与单臂电桥电路相比较,主要有两个方面进行了改进:

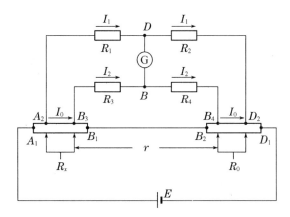

图 3-8-3　双臂电桥电路原理图

① 将双臂电桥中待测低值电阻 R_x(或标准低值电阻 R_0)由两端接线改为四端接线,这类接线方式的电阻称为四端电阻。由于 $A_1 R_x B_1$ 的电流比较大,通常称外侧的两个端钮(接点)A_1、B_1 为"电流端钮",在双臂电桥上用符号 C_1、C_2 表示;内侧的两个端钮 A_2、B_3 称"电压端钮",在双臂电桥上用符号 P_1、P_2 表示。四个比率臂电阻 R_1、R_2、R_3、R_4(具有双比率臂,这便是"双臂电桥"名称的由来)一般都有意做成几十欧姆以上的阻值,因此它们所在桥臂中接线电阻和接触电阻的影响便可忽略。两个低阻 R_0 和 R_x 相邻接头间的电阻,即点 B_3 与 B_4 间接线电阻与接触电阻总和为 r,常被称作"跨桥电阻"。当检流计 G 指零时,电桥达到平衡,于是由基尔霍夫定律可写出下面三个回路方程:

$$\begin{cases} I_1 R_1 = I_0 R_x + I_2 R_3 \\ I_1 R_2 = I_0 R_0 + I_2 R_4 \\ I_2 (R_3 + R_4) = (I_0 - I_2) r \end{cases} \tag{3-8-5}$$

式中 I_1、I_0、I_2 分别为电桥平衡时通过电阻 R_1、R_0、R_3 的电流。将式(3-8-5)整理,有

$$R_x = \frac{R_1}{R_2} R_0 + \frac{r R_4}{R_3 + R_4 + r} \left(\frac{R_1}{R_2} - \frac{R_3}{R_4} \right) \tag{3-8-6}$$

② 为了使被测电阻 R_x 的值便于计算及消除 r 对测量结果的影响,可以设法使式(3-8-6)第二项为零。如果电桥的平衡是在保证 $\dfrac{R_1}{R_2} = \dfrac{R_3}{R_4}$ 的条件下得到的,那么式(3-8-6)可简化为

$$R_x = \frac{R_1}{R_2} R_0 \tag{3-8-7}$$

由式(3-8-7)可以看出,用双臂电桥测电阻与使用惠斯通电桥一样方便,同时,由上面的讨论可以看出,在改变比率 $\dfrac{R_1}{R_2}$ 时,同时要改变 $\dfrac{R_3}{R_4}$,且保持 $\dfrac{R_1}{R_2} = \dfrac{R_3}{R_4}$。为此,在双臂电桥中采用双轴同步变阻器组,两电阻器中各对应电阻的阻值之比相同,调节时两组同步变化。

三、实验仪器

QJ44 型箱式直流双臂电桥,待测电阻两个。

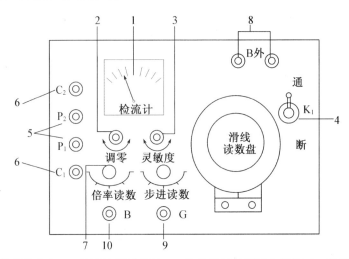

1—检流计表头;2—检流计调零旋钮;3—检流计灵敏度调节旋钮;4—检流计工作电源开关"K_1";5—被测电阻电位端接线柱"P_1""P_2";6—被测电阻电流端接线柱"C_1""C_2";7—倍率旋钮(量程因素读数开关);8—外接电源接线柱"B 外";9—检流计按钮开关"G";10—电源按钮开关"B"

图 3-8-4　QJ44 型箱式直流双臂电桥面板图

四、实验步骤

1. 测量电阻

(1) 将"电源选择"开关拨向相应位置。

(2) 被测电阻 R_x,即一段圆形导体(如铝、黄铜、铁棒等)作为"四端电阻",如图 3-8-5 所示。将其四端接到双臂电桥的相应四个接线柱上。中间两个接线柱 P_1、P_2 之间的部分是被测电阻 R_x。

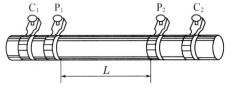

图 3-8-5　测量低电阻四端接法的接线柱

(3) "K_1"开关拨到"通"位置,预热五分钟后,将检流计指针调零。受检流计灵敏度或环境等因素影响,表针零位可能会改变,在测量前随时可以调节零位。

(4) 根据被测电阻值大小,选择适当"倍率读数"旋钮位置,先按下"B"按钮,再按下"G"按钮,调节"步进读数"旋钮和"滑线读数盘",使检流计指针指在零位上,电桥平衡后,被测量的电阻值按下式计算:

$$被测电阻阻值(R_x) = (倍率读数) \times (步进盘读数 + 滑线读数盘读数)$$

(5) 在测量未知电阻时,为避免损坏检流计,检流计的灵敏度调节旋钮应放在最低位置,电桥初步平衡后再增加检流计灵敏度。

2. 测量导体的电阻率

（1）用游标卡尺测出导体 P_1、P_2 之间的有效长度 L。

（2）用螺旋测微计测导体直径 d。

（3）计算导体的电阻率 ρ。

五、数据记录与处理

（1）$R_x =$ _____ ；

（2）$L =$ _____ ，$d =$ _____ ；

（3）$\rho = \dfrac{R_x \pi d^2}{4L} =$ _____ 。

六、注意事项

测量 $0.1\,\Omega$ 以下电阻时，"B"按钮应间歇使用。完毕后，"B""G"按钮应松开；"K_1"开关应放在"断"位置，以免消耗检流计工作电源。若电桥长期不用，应取出内附电池。

七、预习思考题

1. 为什么不能用惠斯通电桥测低值电阻？开尔文电桥较之惠斯通电桥做了何改进？

2. 待测低值电阻的电压端钮和电流端钮在实验中又是如何确定和连接的？

3. 简述双臂电桥测低值电阻的平衡条件。

4. 若不选 $\dfrac{R_1}{R_2} = \dfrac{R_3}{R_4}$，能否使双臂电桥平衡？

实验方法指导之三——电路故障的排除

在电学实验中，能够按照原理图正确接线是完成实验的第一步，学生在完成接线后，经检查无误，便可以通电测量有关数据。在测量过程中，可能出现的情况是，仪表读数值与期望值相差甚大，有时甚至出现仪表不发生任何偏转的情况，这些就是典型的电路故障。对于一般的电路故障，同学应学会自己检查并排除，这是提高动手能力的好机会，也能为以后在工作中解决实际问题打下坚实的基础。

排除电路故障的基本方法有以下几种：

（1）电阻测量法。它是利用欧姆表测量实验电路的电阻值，进而找出故障点。

在测量电路的总电阻时，需要断开电源，再进行测量，若不正常，再将电路分解为几条支路，通过测量各支路的分电阻阻值，来逐级缩小故障范围，最后找到故障点。与测量总电阻一样，在测量分电阻时，要将被测支路与总电路断开，再测量其支路的阻值是否正常。用这种方法测量时电路不带电，所以较为安全，但检查方法较为麻烦，费时费力。

（2）元件替换法。这种方法是用相同规格的部件来替换有疑问的部位，若故障消失，则可以确认疑问的部位有问题。如电桥实验中，导线内部断路是一种比较常见的故障，这时可用一根无故障的导线来替换，从而迅速把故障找出。

（3）电压测量法。即用电压表测量电路中各关键点的电压，进而找到故障点。

　　这种方法不需要断电,也不需要改变电路中的接线,只要测出各关键点的对应电压,然后与正常值比较。若是初次实验,可先计算出电路中各测量点的电压,并且将电压值标在图上,如果有测量点的电压值偏离正常值的情况,就需要逐级测量出各关键点及其周围各相关点的电压,然后与理论值比较,经过测量和分析,找到电路中的故障点。

　　现在以惠斯通电桥电路(图 3-8-1)实验为例,说明如何来检查电路故障。

　　通电后如果出现故障,则会在检流计偏转时,出现以下几种情况:

　　第一种情况:确定 R_1 和 R_2 的比值后,无论 R_0 调到多大,检流计指针都不动,这种情况一般是总电路出现了断路的故障,可按下列顺序检查,先查电源有无正常电压输出,如果电源输出正常,再测量 AC 之间有无正常电压,然后再检查 AD 和 AB 之间有无正常电压。如果电压正常,检流计还是不偏转,则一定是检流计支路即从 D 点到 B 点之间出现了断路故障,只要 D 点到 B 点逐点检查就一定能找到断路故障点。

　　第二种情况:确定 R_1 和 R_2 的比值后,无论 R_0 调到多大,检流计指针总是往左偏,这说明该支路中,电流总是由 B 流向 D,即 B 点电位总比 D 点电位高,这说明 R_0 支路从 B 点到 C 点之间出现了断路故障,或者是 R_1 支路从 A 点到 D 点之间出现了断路故障,逐级检查可疑点,就能找到故障部位。

　　实际操作时,还要注意以下问题:

　　(1) 做出故障认定前必须确保电源和仪器调试操作正确。如有的同学在电桥实验时,不经意将电阻箱的电阻值定得过大或过小(甚至为零),检流计始终会"一边偏"。

　　(2) 故障发生时,要对电路进行保护,例如检流计剧烈偏转,应立即切断电源。为了确认故障发生的原因,有时需要让仪器带故障运行,这时更要强调安全。本实验中,可采取降低电源电压的条件下操作,或在干路中串接大电阻来保护。

　　除了上述方法以外,常见的还有电流测量、信号注入和软件测试等方法。同学们可以在深入学习和经验积累的基础上逐步熟悉掌握。

实验 3.9　电表的改装与校正

　　常用的直流电流表和电压表都是由微安表改装而成的,因此直流电表中的微安表是电表的核心,电表的准确度主要取决于微安表。微安表一般只能测量很小的电流和电压。在实际使用的时候,如遇到测量较大的电流或电压时,就必须对它进行改装,以扩大量程,并用标准表进行校正。若配以整流电路将交流电变为直流电,则改装表还可以测量交流电压等有关量,所以掌握电表改装技术对灵活使用直流电表十分重要。

一、实验目的

　　(1) 掌握将微安表改装成较大量程的电流表、电压表的原理和方法;

　　(2) 掌握对电表进行校正的方法;

　　(3) 了解电表准确度等级的含义。

二、实验原理

　　要将微安表(用于改装的微安表习惯上称为表头)改装成较大量程的电表,必须知道表头的两个参数:使表头偏转到满刻度的电流 I_g 和表头内阻 R_g。这两个参数在表头出厂时都会给出。

1. 将微安表改装成为较大量程的电流表

由于微安表可以通过的最大电流 I_g 较小,若要将它改装成较大量程的电流表,需把超过量程的那部分电流用分流电阻 R_S 分流,使表头的电流仍在原来许可的范围 I_g 之内。

如图 3-9-1 所示,设电表改装后的量程为 I,表头指针满偏时的电流 I_g。由欧姆定律,得

$$(I-I_g)R_S=I_gR_g$$

$$R_S=\frac{I_gR_g}{I-I_g}=\frac{R_g}{\dfrac{I}{I_g}-1}\qquad(3\text{-}9\text{-}1)$$

式中 I/I_g 表示改装后电流表扩大量程的倍数,可用 n 表示,则有

$$R_S=\frac{R_g}{n-1}\qquad(3\text{-}9\text{-}2)$$

可见,将表头的量程扩大 n 倍,只要在该表头上并联一个阻值为 $R_g/(n-1)$ 的分流电阻 R_S 即可。

若将 R_S 的值分成适当数值的多个电阻串联,如图 3-9-2 所示,在相应点引出接头,则可得到多量程电流表。

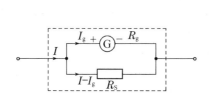

图 3-9-1　并联分流电阻改成电流表

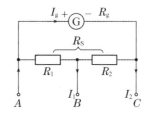

图 3-9-2　两个量程的电流表测量原理

当 A、B 端接入电路,改装成量程是 I_1 的电流表,有

$$(I_1-I_g)R_1=I_g(R_g+R_2)\qquad(3\text{-}9\text{-}3)$$

当 A、C 端接入电路,改装成量程是 I_2 的电流表,有

$$(I_2-I_g)\cdot(R_1+R_2)=I_gR_g\qquad(3\text{-}9\text{-}4)$$

由式(3-9-3,3-9-4),得

$$R_1=\frac{I_2I_g}{I_1(I_2-I_g)}R_g\qquad(3\text{-}9\text{-}5)$$

$$R_2=\frac{I_g(I_1-I_2)}{I_1(I_2-I_g)}R_g\qquad(3\text{-}9\text{-}6)$$

2. 将微安表改装为伏特表

微安表本身能测量的最大电压 $U_g=I_gR_g$ 很小。为了能测量较高的电压,可在微安表上串联一个分压电阻 R_H,如图 3-9-3 所示,这时超出微安表量程 U_g 的那部分电压分担在分压电阻 R_H 上,而微安表上的电压仍在原来量程 U_g 之内。

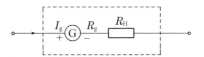

图 3-9-3　串联分压电阻改成电压表

设微安表的量程为 I_g,内阻为 R_g,改装成伏特表后量程变为 U。由欧姆定律,得

$$I_g(R_g + R_H) = U \qquad (3\text{-}9\text{-}7)$$

$$R_H = \frac{U}{I_g} - R_g \qquad (3\text{-}9\text{-}8)$$

在微安表上串联不同阻值的分压电阻,便可制成多量程的电压表,如图 3-9-4 所示。

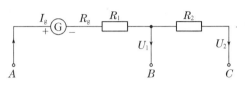

图 3-9-4　多量程电压表改装原理

同理,可得

(1) 当 A、B 端接入电路,改装成量程是 U_1 的电压表,有

$$I_g(R_g + R_1) = U_1 \qquad (3\text{-}9\text{-}9)$$

(2) 当 A、C 端接入电路,改装成量程是 U_2 的电压表,有

$$I_g(R_g + R_1 + R_2) = U_2 \qquad (3\text{-}9\text{-}10)$$

由式(3-9-9,3-9-10),得

$$R_1 = \frac{U_1}{I_g} - R_g \qquad (3\text{-}9\text{-}11)$$

$$R_2 = \frac{U_2 - U_1}{I_g} \qquad (3\text{-}9\text{-}12)$$

3. 电表的校正

电表扩大量程后要经过校正方可使用。校正的目的是:(1) 绘制校正曲线,以便于对扩大量程或改装后的电表能准确读数。(2) 评定该表在扩大量程后或改装后是否依然符合原电表准确度的等级。

常用的简便的校正方法是比较法,将改装表与一个标准表进行比较,分别校正改装表量程和刻度。当两表通过相同的电流(或电压)时,若改装表的读数为 I_x(或 U_x),标准表的读数为 I_s(或 U_s),则该刻度的修正值为 $\Delta I_x = I_s - I_x$(或 $\Delta U_x = U_s - U_x$)。将该量程中的各个刻度都校正一遍,可得到一组 I_x、ΔI_x(或 U_x、ΔU_x)值,将相邻两点用直线连接,整个图形呈折线状(图 3-9-5),即得到 $I_x \sim \Delta I_x$(或 $U_x \sim \Delta U_x$)曲线,称为校正曲线。

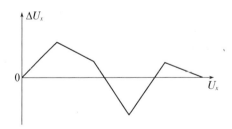

图 3-9-5　改装电压表的校正曲线

根据电表改装的量程和测量值的最大绝对误差,可以计算改装表的最大相对误差,即

$$最大相对误差 = \frac{最大绝对误差}{量程} \times 100\% \leqslant \alpha\%$$

其中 $\alpha = \pm 0.1$、± 0.2、± 0.5、± 1.0、± 1.5、± 2.5、± 5.0 是电表的等级,所以根据最大相对误差的大小就可以定出电表的等级 α。

以后使用这个电表时,就可以根据校正曲线对各读数值进行校正,从而获得较高的准确度。

例如:校正某电压表,其量程为 0~30 V,若该表在 12 V 处的误差最大,其值为 0.12 V,试确定该表属于哪一级?

$$最大相对误差 = \frac{最大绝对误差}{量程} \times 100\% = \frac{0.12}{30} \times 100\% = 0.4\% < 0.5\%$$

因为 0.2<0.4<0.5,故该表的等级属于 0.5 级。

三、实验仪器

微安表(0~50 μA)、滑线变阻器、直流稳压电源、电压表(0~2 V)和电流表(0~50 mA)。

四、实验步骤

(1) 将量程为 I_g＝50 μA 的微安表改装成为量程为 I＝5 mA 的电流表,并校正。

① 根据微安表量程 I_g 表头电阻 R_g 以及改装后的量程 I,算出分流电阻 R_S 的理论值。将旋转式电阻箱调到理论值 $R_{S理}$,并与表头并联构成改装电表。

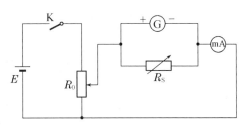

② 以实验室给出的毫安表为标准表,按图 3-9-6 连接好校正电路,然后校正改装表的机械零点,再校正改装表量程。

图 3-9-6　微安表改装成电流表

③ 校正量程:将滑动变阻器调至输出电压为 0 处,经检查无误后合上 K。再将输出电压缓慢增加,使改装表指向满刻度,观察标准表是否在满刻度 5 mA 处。若不是,则调节电阻箱阻值 R_S,并调节滑动变阻器 R_0,使改装表和标准表同时满刻度,这即是校正改装表的过程。校正后的电阻箱的读数即为分流电阻的实际值 $R_{S实}$。

④ 校正刻度:校正量程后,调节滑动变阻器 R_0,使电流逐渐从大到小,然后再从小到大地调节至满刻度,改装表读数每改变 1 mA,记下对应的标准表的读数 I_s,填入表 3-9-1 中。

⑤ 作校正曲线:根据标准表和改装表的对应值,算出它们的修正值 $\Delta I_x = \bar{I}_s - I_x$。在坐标纸上画出以 ΔI_x 为纵坐标、I_x 为横坐标的校正曲线。

(2) 将量程为 I_g＝50 μA 的微安表改装成为量程为 U＝1 V 的电压表,并校正。

① 根据微安表量程 I_g,表头电阻 R_g 以及改装后的量程 U,算出分压电阻 R_H 的理论值。将电阻箱调到理论值 $R_{H理}$,并与表头串联构成改装电压表。

② 以实验室给出的直流电压表为标准表,按图 3-9-7 连接好校正电路,然后校正改装表的机械零点,再校正改装表量程。

③ 校正量程:将滑动变阻器调至输出电压为 0 处,经检查无误后合上 K。再将输出电压缓慢增加,同时调节电阻箱的阻值,并调节滑动变阻器,使改装表和标准表同时满刻

度。校正后的电阻箱的读数即为分压电阻的实际值 $R_{H实}$。

④ 校正刻度：校正量程后，调节滑动变阻器 R_0，使电压逐渐从满偏减小至 0，然后再从小到大调节至满刻度，改装表读数每改变 0.2 V，记下对应的标准表的读数 U_s，填入表 3-9-2 中。

⑤ 作校正曲线：根据标准表和改装表的对应值，算出它们的修正值 $\Delta U_x = \bar{U}_s - U_x$。在坐标纸上画出以 ΔU_x 为纵坐标、U_x 为横坐标的标准曲线。

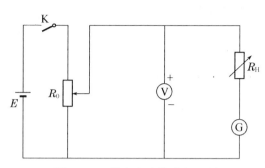

图 3-9-7　微安表改装成电压表

五、实验数据记录与处理

$R_g =$ _____ Ω。

1. 将微安表改装成电流表

$R_{S理} =$ _____ Ω，$R_{S实} =$ _____ Ω。

表 3-9-1　微安表改装成电流表

表头刻度/μA		0	10	20	30	40	50
改装电表读数 I_x/mA		0.00	1.00	2.00	3.00	4.00	5.00
标准表示数 I_s/mA	由大到小						
	由小到大						
	平均值						
$\Delta I_x = (\bar{I}_s - I_x)$/mA							

2. 将微安表改装成电压表

$R_{H理} =$ _____ Ω，$R_{H实} =$ _____ Ω。

表 3-9-2　微安表改装成电压表

表头刻度/μA		0	10	20	30	40	50
改装电表读数 U_x/V		0.000	0.200	0.400	0.600	0.800	1.000
标准表示数 U_s/V	由大到小						
	由小到大						
	平均值						
$\Delta U_x = (\bar{U}_s - U_x)$/V							

六、预习思考题

1. 电表扩大量程的方法和条件是什么？

2. 将微安表改装成电流表后，如果发现改装的电流表的读数比标准表读数偏高，原因何在？要使改装表的读数达到标准表读数值，应该怎样调节分流电阻？

3. 描绘校准曲线有何实际意义？

七、复习思考题

1. 在 20 ℃时校正的电表移至 30 ℃的环境中使用，校正是否仍然有效？这说明校正和测量之间有什么需要注意的问题？

2. 设想测量电表内阻的各种方法。

实验 3.10　静电场的模拟与描绘

在工程技术中，常常需要知道电极系统的电场分布情况，以便研究带电粒子在该电场中的运动规律（如电子束在示波管中的聚焦和偏转）。电场的分布只有在少数简单的情况下才能用解析法求得，绝大多数电极系统的电场分布只能用实验的方法来测定。

由于电表的内阻远小于空气电阻，探测器的引入会引起静电感应，这就导致直接用电压表测量静电场中空间各点的电位很难实现。实验中只能用模拟法来实现对复杂电极系统电场分布的研究。

模拟法是用一种易于实现、便于测量的物理状态（或过程）模拟另一种不易实现、不便测量的物理状态（或过程），在实验或测量难以直接进行、理论难以计算时常常采用此法。模拟法在工程设计中有着广泛的运用，如常用电流场来模拟静电场、温度场、流体场等。

一、实验目的

（1）了解模拟法描绘静电场的理论依据和模拟法的实验思想；

（2）学会用模拟法研究静电场，在导电纸（或导电玻璃）上描绘静电场分布的方法；

（3）描绘几种静电场的等势线，根据等势线画出电场线；

（4）加深对电场强度和电势概念的理解。

二、实验原理

带电体在其周围空间所产生的电场，可用电场强度 E 和电势 V 的空间分布来描绘。为了形象地表示电场的分布情况，常采用等势面和电场线来描述电场。电场线和等势面相互正交，有了等势面就可以画出电场线，反之亦然。

但是，在静电场中直接测量电场分布是很困难的。首先很难保持源电荷电量持久不变，因为电荷总是要通过大气或支持物不断地泄漏。其次，在测量时将探针引入静电场，必将在静电场的作用下出现感应电荷。所以，直接测量是不可行的，只有采用间接测量的方法，使用与原静电场相似的场模拟它。

用模拟法描绘静电场的方法之一是用电流场代替静电场。本实验中采用稳恒电流场模拟描绘静电场。现以长同轴带电圆柱面为例，对模拟法作进一步说明。设同轴圆柱面"无限长"，内外半径分别为 R_1 和 R_2，电荷线密度为 $+\lambda$ 和 $-\lambda$，柱面间介质的介电系数为

ε,如图 3-10-1 所示。若取外柱面的电势为零,则内柱面的电势 V_0 为

$$V_0 = \int_{R_1}^{R_2} E\,\mathrm{d}r = \int_{R_1}^{R_2} \frac{\lambda}{2\pi\varepsilon} \frac{\mathrm{d}r}{r} = \frac{\lambda}{2\pi\varepsilon}\ln\frac{R_2}{R_1}$$

在两柱面间任一点 $r(R_1 \leqslant r \leqslant R_2)$ 的电势 $V(r)$ 是

$$V(r) = \frac{\lambda}{2\pi\varepsilon}\ln\frac{R_2}{r}$$

比较上两式,可得

$$V(r) = V_0 \frac{\ln\dfrac{R_2}{r}}{\ln\dfrac{R_2}{R_1}} \tag{3-10-1}$$

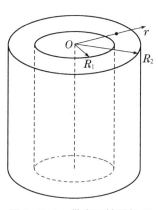

图 3-10-1　带电同轴圆柱面

现考察一个电流场。若在导体两端维持恒定电势差,在导体内就形成稳恒电流。从场的角度看,在导体内部存在一个电场,正是这个电场的作用才使导体中载流子产生定向移动。这个电场与静电场不同,叫作电流场。在上例中,若两圆柱面为导体,其间填充的是电阻率为 ρ 的不良导体(电阻率比电极大得多,导电介质是各向同性),并在两导体柱面间维持恒定电势差,则在 A、B 之间(即 R_1 至 R_2 之间)将形成稳恒电流场。如图 3-10-2 所示,取长度为 t 的一段圆柱体,场中距中心线 r 点处的电势为 $V(r)$,则任意半径 r 到 $r+\mathrm{d}r$ 处圆柱面间电阻为

$$\mathrm{d}R = \rho\frac{\mathrm{d}r}{s} = \rho\frac{\mathrm{d}r}{2\pi rt} \tag{3-10-2}$$

从 r 到 R_2 的导电介质的电阻为

$$R_r = \int_r^{R_2} \mathrm{d}R = \frac{\rho}{2\pi t}\ln\frac{R_2}{r} \tag{3-10-3}$$

电极 A、B 间导电介质的总电阻为

$$R = \int \mathrm{d}R = \int_{R_1}^{R_2} \rho\frac{\mathrm{d}r}{2\pi rt} = \frac{\rho}{2\pi t}\ln\frac{R_2}{R_1} \tag{3-10-4}$$

由于 A、B 间为稳恒电流场,即电流 I 相同,则 $\dfrac{V(r)}{V_0} = \dfrac{R_r}{R}$,即

$$V(r) = V_0 \frac{\ln\dfrac{R_2}{r}}{\ln\dfrac{R_2}{R_1}} \tag{3-10-5}$$

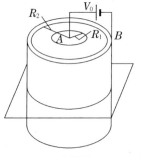

(a) 整体图

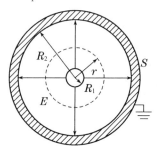

(b) 横截面图

图 3-10-2　稳恒电流场模拟静电场

比较式(3-10-1,3-10-5),可知电流场中的电势分布与静电场的电势分布有完全相同的数学表达形式。因此,可以用稳恒电流场来模拟静电场。

当采用稳恒电流场模拟静电场时,必须注意如下条件:

(1) 电流场中导电介质分布必须相应于静电场中介质的分布,如果要模拟真空(空气)中的电场,则电流场中的介质应是均匀分布的。

(2) 要模拟的静电场中的带电导体如果表面是等势面,则电流场中的导体上也是等势面,这就要采用良导体制作电极,导电介质的电导率不宜太大。

三、实验仪器

EQC - 4 型静电场描绘仪。

四、实验内容

1. 无限长同轴带电圆柱面电极间电场(同轴电缆中电流场)分布的测量

(1) 按图 3-10-2(a)接好电路,打开电源开关,将测量校正开关拨向"校正"位置,调节"电压调节"旋钮将电源电压调至 10 V。

(2) 将测量校正开关拨向"测量"位置,然后纵、横移动探测架,注意观察电压表的示数随着探点位置的变化而变化。

(3) 在对应记录板上铺上白纸,用磁条压住。在电极 A 周围找到电势为 1 V 并且间隔均匀的 8～10 个等势点,并通过打孔记录在白纸上。

(4) 同理,找出电势分别为 2、3、4、5 和 6 V 的等势点。

(5) 将电势相等的点连成光滑的曲线即成为等势线(应是圆),确定圆心 O 的位置。测量各等势线的半径 r,填入表 3-10-1 中。

(6) 用游标卡尺分别测量出电极 A 和电极 B 的半径 R_1 和 R_2。

(7) 按式(3-10-1)计算相应半径 r 处电势的理论值 $V_{理}$,并与实验值 $V_{实}$ 比较,计算出相对误差。

(8) 根据等势线与电场线相互正交的特点,在等势线图上画出电场线。

(9) 以 $\ln r$ 为横坐标、$V_{实}$ 和 $V_{理}$ 为纵坐标,作 $V_{实} - \ln r$ 和 $V_{理} - \ln r$ 曲线,并作比较。

2. 描绘两个点电荷电场(垂直于两条无限长直导线的平面上的电流场)分布

(1) 按图 3-10-3(a)接好电路,将电压调到 10 V。

(2) 按照步骤 1 中的(1)(2)(3)(4)的内容找出 1、3、5、7 和 9 V 相应的等电势点。

(3) 将电势相等的点连成光滑的曲线即成为等势线,共描绘出 5 条等势线(图 3-10-3(b))。

(4) 根据电场线和等势线正交的关系描绘出电场线。

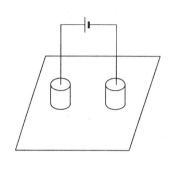

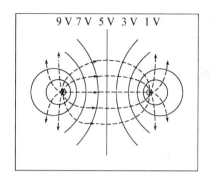

(a) 平行输电线模拟点电荷电极　　　　(b) 电场线及等势线分布

图 3-10-3　无限长平行直导线

五、数据记录与处理

$R_1 = $ _____ cm; $R_2 = $ _____ cm。

表 3-10-1　静电场的模拟与描绘数据记录表

$V_实/\text{V}$	1.00	2.00	3.00	4.00	5.00	6.00
r/cm						
$\ln r/\text{cm}$						
$V_理/\text{V}$						
$E_r = \left\| \dfrac{V_实 - V_理}{V_理} \right\| \times 100\%$						

六、预习思考题

1. 本实验中采用模拟法的实验条件是什么?
2. 如果本实验中电源电压不稳定,是否会影响测定各等势线的位置?
3. 电场线与等势线有何关系?
4. 等势线的疏密说明什么?

七、复习思考题

在实验中,电源电压取不同值,等势线的形状是否发生变化? 电场强度和电势是否发生变化?

实验 3.11　交变磁场的测量——亥姆霍兹线圈的使用

交变磁场就是磁场的磁感应强度会随着时间发生周期性变化的一种磁场。交变磁场的测量有多种方法,常用的有电磁感应法、半导体(霍尔效应)探测法和核磁共振法等。本实验使用电磁感应法测量磁场,它是以小探测线圈作为测量元件,放入交变磁场中,探测线圈中就会产生感应电动势,用交流电压表就能测得探测线圈中的感应电压,由此可以测出交变磁场的强弱。

一、实验目的

(1)掌握用电磁感应法测交变磁场的原理和一般方法,加深对电磁感应的理解;

(2)测量载流圆形线圈和亥姆霍兹线圈的轴向与径向磁场分布;

(3)研究探测线圈平面的法线与载流线圈的中心轴线成不同夹角时,探测线圈中感应电动势的变化规律。

二、实验原理

1. 用电磁感应法测磁场的原理

假定有一个均匀的交变磁场,其磁感应强度 B_i 随时间 t 按正弦规律变化,其大小 $B_i = B_m \sin(\omega t)$,B_m 为磁感强度的峰值,其有效值记为 $B = B_m/\sqrt{2}$,如图 3-11-1 所示。在磁场中,探测线圈的磁通量为

$$\Phi_i = NS \cdot B_i = NSB_m \sin(\omega t) \cos\theta$$

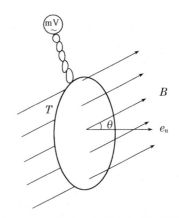

式中:N 为探测线圈 T 的匝数;S 为探测线圈的截面积;θ 为 B 与线圈法线 e_n 的夹角。通过线圈 T 产生的感应电动势为

$$\varepsilon = -\frac{\mathrm{d}\Phi_i}{\mathrm{d}t} = -NS\omega B_m \cos(\omega t)\cos\theta \quad (3\text{-}11\text{-}1)$$

图 3-11-1 线圈产生感应电动势原理图

如果把 T 的两条引线与一个交流电压表连接,交流电压表的读数 U 表示被测量值的有效值(rms),当其内阻远大于探测线圈的内阻时,有

$$U = \varepsilon_{rms} = \frac{1}{\sqrt{2}} NS\omega B_m \cos\theta = NS\omega B \cos\theta \quad (3\text{-}11\text{-}2)$$

从式(3-11-2)中可知,当 N、S、ω、B 一定时,θ 越小,交流电压表读数越大。当 $\theta = 0°$ 时,交流电压表的示值达到最大值 U_{max},式(3-11-2)成为

$$B = \frac{U_{max}}{NS\omega} \quad (3\text{-}11\text{-}3)$$

测量时,把探测线圈放在待测点,用手不断转动它的方位,直到交流电压表的示值达到最大为止。这时,线圈的法线方向即为磁场方向。磁场的大小可由式(3-11-3)算出。

2. 探测线圈

考虑磁场的不均匀性,同时为保证测量的可操作性,设计的探测线圈大小要合适。形状如图 3-11-2 所示,探测线圈的底座设有刻度盘,刻度盘上的零刻度与待测点的连线平行于探测线圈的轴线。两根引线与交流电压表的两输入端相连,当

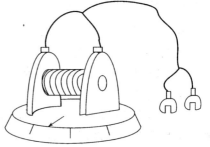

图 3-11-2 探测线圈的形状

电压表的读数为最大时该连线就表示磁场的方向。用它测得的磁场可看成是线圈中心点的磁感应强度。

3. 励磁电流

本实验的励磁电流由专用的交变磁场测试仪提供，其交变电流的频率 f 可以从 $20\sim$ 200 Hz 之间连续调节。例如，取 $f=50$ Hz，则角频率 $\omega=2\pi f=100\pi\ \text{s}^{-1}$。

4. 载流圆形线圈的磁场

如图 3-11-3 所示，一半径为 R、通以电流 I 的圆形线圈，中心轴线上的磁场理论值为

$$B=\frac{\mu_0 N_0 I R^2}{2(R^2+x^2)^{\frac{3}{2}}}$$

式中：N_0 为线圈匝数；x 为圆形线圈中心轴线上某一点到圆心 O' 的距离（式中 $\mu_0=4\pi\times 10^{-7}$ H·m^{-1} 为真空磁导率），磁场的分布如图 3-11-3 所示。

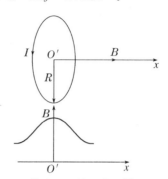

图 3-11-3　载流圆形线圈中心轴线上磁场分布

例如，$N_0=400$ 匝，$I=0.400$ A（表达式中的 I 应以有效值代入），$R=0.106$ m，令 $x=0$，可算得圆心处磁感应强度为 $B=9.484\times 10^{-4}$ T（这里的 B 也是有效值，即测量值）。

假定有一个均匀的交变磁场，其感应强度随 B 时间 t 按正弦规律变化，则有 $B_m=\sqrt{2}B=1.341\times 10^{-3}$ T。

5. 亥姆霍兹线圈的磁场

两个相同的圆线圈彼此平行且共轴，通以相同方向电流 I，理论计算证明：两线圈间距 a 等于半径 R 时，两线圈的磁场在中心附近较大范围内是均匀的。这组线圈称为亥姆霍兹线圈，如图 3-11-4 所示。这种均匀磁场在科学实验中应用十分广泛。

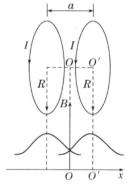

图 3-11-4　亥姆霍兹线圈的磁场分布

三、实验仪器

FB201－Ⅰ型交变磁场实验仪，FB201－Ⅱ型交变磁场测试仪，连接导线。

四、实验步骤

1. 测量单个载流圆形线圈中心轴线上的磁场分布

按图 3-11-5 把交变磁场测试仪上的电压输出端与励磁线圈（2）相连，调节交变磁场测试仪的输出功率，使励磁电流的有效值为 $I=0.400$ A，将探测线圈放在励磁线圈（2）的轴线上，改变探测线圈的法线方向，观察感应电压的变化。探测线圈的法线方向停留在感应电压最大处。以励磁线圈（2）的中心位置为原点，在距离原点左右 50 mm 范围内，每隔 10 mm 测一个 U_{max} 的值（数据填入表 3-11-1 中），并计算出各点磁感应强度的大小，作磁场分布曲线图。

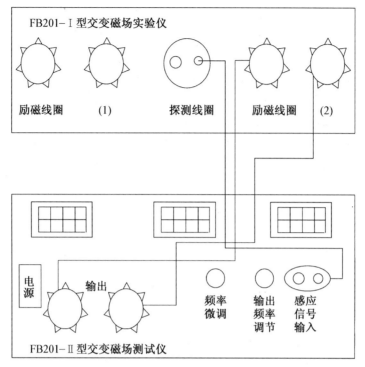

图 3-11-5　交变磁场测量——单联接法

　　测量过程中应注意:励磁电流保持不变,并使探测线圈的法线与励磁线圈(2)轴线的夹角 $\theta=0°$,得到第一个 $U_{\max}$ 值。旋转探测线圈,使 $\theta=180°$,得到第二个 $U_{\max}$ 值。理论上两值应该相等,但实际测量时,这两个值往往不等。若误差大于 2%,则取两值的平均值作为测量结果;若误差小于 2%,则取一个方向的数据即可。

　　2. 测量亥姆霍兹线圈轴线上的磁场分布

　　按图 3-11-6 把交变磁场实验仪的励磁线圈(1)和(2)串联接线,并通以相同方向电流 I(注意极性不要接反),调节交变磁场测试仪的输出功率,使励磁电流的有效值为 $I=0.400\ \text{A}$。将探测线圈放在亥姆霍兹线圈的轴线上,以两个线圈轴线的中心点为坐标原点,在距离原点左右 50 mm 范围内,每隔 10 mm 测一个 $U_{\max}$ 的值(数据填入表 3-11-2 中),并计算出各点的磁感应强度的大小,作磁场分布曲线图。

　　3. 测量亥姆霍兹线圈沿径向的磁场分布

　　按实验步骤 2 的要求,将探测线圈放在亥姆霍兹线圈的中心位置,转动探测线圈径向移动手轮,使探测线圈能够沿亥姆霍兹线圈的径向移动,从中心开始,每隔 10 mm 测一次感应电压的大小 $U_{\max}$(数据填入表 3-11-3 中),按径向方向测到边缘为止,计算出各点的磁感应强度的大小。

　　4. 验证公式 $U=\varepsilon_{\text{rms}}=NS\omega B\cos\theta$

　　当 $U_{\max}=NS\omega B$ 不变时,U 与 $\cos\theta$ 成正比,按实验步骤 2 的要求,把探测线圈沿轴线固定在某一位置(如两线圈轴线上的中心点),使 θ 从 0° 开始,沿顺时针方向旋转 90°,每改变 10° 测一组数据,验证 U 与 $\cos\theta$ 成正比(数据填入表 3-11-4 中)。

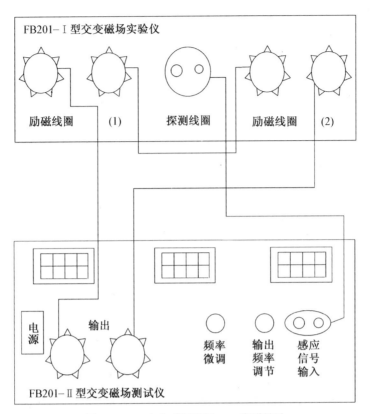

图 3-11-6 交变磁场测量——串联接法

五、数据记录与处理

$S=$ _____（由实验室给出），$N=$ _____（由实验室给出）。

1. 测量载流圆形线圈轴线上的磁场分布

表 3-11-1 载流圆形线圈轴线上的磁场分布的测量数据记录表

轴向距离 $x/10^{-3}$ m	−50.0	−40.0	−30.0	−20.0	−10.0	0.0	10.0	20.0	30.0	40.0	50.0
U/mV											
$B=\dfrac{U}{NS\omega}/\text{T}$											
$B_{理}=\dfrac{\mu_0 N_0 IR^2}{2(R^2+x^2)^{\frac{3}{2}}}/\text{T}$											

在同一坐标纸上画出实验曲线与理论曲线（$B\text{-}x$ 曲线）。

2. 亥姆霍兹线圈轴线上的磁场分布

表 3-11-2 亥姆霍兹线圈轴线上的磁场分布的测量数据记录表

轴向距离 $x/10^{-3}$ m	−50.0	−40.0	−30.0	−20.0	−10.0	0.0	10.0	20.0	30.0	40.0	50.0
U/mV											
$B=\dfrac{U}{NS\omega}/\text{T}$											

在坐标纸上画出实验曲线(B-x 曲线)(坐标原点设在两个线圈圆心连线的中点 O 处)。

3. 测量亥姆霍兹线圈沿径向的磁场分布

表 3-11-3 测量亥姆霍兹线圈沿径向的磁场分布数据记录表

径向距离 $y/10^{-3}$ m	−40.0	−30.0	−20.0	−10.0	0.0	10.0	20.0	30.0	40.0
U/mV									
$B=\dfrac{U}{NS\omega}/\text{T}$									

4. 验证公式 $U=NS\omega B\cos\theta$

表 3-11-4 验证公式 $U=NS\omega B\cos\theta$

探测线圈转角 $\theta/(°)$	0.0	10.0	20.0	30.0	40.0	50.0	60.0	70.0	80.0	90.0
$\cos\theta$										
U/mV										

以 $\cos\theta$ 为横坐标、U 为纵坐标,作 U-$\cos\theta$ 关系曲线。

六、预习思考题

1. 请描述单线圈轴线上的磁场分布规律。

2. 亥姆霍兹线圈是怎样组成的,其磁场分布有何特点?

3. 测量感应电动势的电压表有什么特点? 为什么不用一般的电压表?

4. 探测线圈放入磁场后,不同方向电压表的读数不同,哪个方向最大? 如何测准 $U_{\max}$ 的值? 读数最小表示什么?

实验 3.12 电位差计测电动势

补偿法在电磁测量技术中有广泛的应用,一些自动测量和控制系统中经常用到电压补偿电路。电位差计是一种根据补偿原理制成的高精度和高灵敏度的比较式电学测量仪器,它主要用来测量直流电动势和电压,也可间接地测量电阻、电流和一些非电学量(如压力、温度、位移和速度)以及校正仪表(精密电表和直流电桥等直读式仪表)等。

电位差计的测量准确度高,且避免了测量的接入误差,但它操作比较复杂,也不易实现测量的自动化。在数字仪表迅速发展的今天,电压测量已逐步被数字电压表所代替,后者因为内阻高,自动化测量容易,而被广泛应用。但是,电位差计作为补偿法的典型应用其实验思想和方法仍有重要价值。电位差计有板式和箱式两种,前者原理清楚,后者结构紧凑。本实验将分别介绍。

§3.12.1　用板式电位差计测量电动势

一、实验目的

(1) 了解板式电位差计的结构和工作原理;
(2) 掌握用板式电位差计测电源的电动势。

二、实验原理

伏特表可以测量电路各部分的电压,但无法直接精确测量电源的电动势。因为在图3-12-1中,根据闭合电路的欧姆定律

$$E=U+Ir \tag{3-12-1}$$

式中:E 为电源电动势;U 为电源的端电压;I 为闭合电路的电流;r 为电源的内电阻。

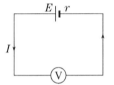

图 3-12-1　用电压表测电池两端的电压

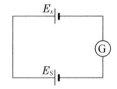

图 3-12-2　补偿法测电动势

显然,伏特表一旦与电源连接,组成闭合电路,就有电流产生,该电流流经电源内阻时,会产生电压降,伏特表的读数是电源的端电压 U,它总是小于电源电动势 E。由式(3-12-1)还可看出:只有 $I=0$ 时,$E=U$ 才成立,故在测量电源电动势时,首先要保证没有电流通过待测电源。因此可以设想如图 3-12-2 所示的电路,其中 E_S 为已知电动势,E_x 是待测电动势,将它们极性相同的端点连接起来,检流计 G 用来检查电路中有无电流。若 G 指示电路中没有电流,就表示

$$E_x=E_S \tag{3-12-2}$$

这种测量方法相当于用已知电动势 E_S 去补偿待测电动势 E_x,故称为"补偿法"。

如果直接用图 3-12-2 所示电路进行实验或测量,对每一个待测电动势,都必须有一个与之大小相等的已知电动势去补偿,这显然是无法实现的。于是,人们设计了一种非常巧妙的电路:先用标准电池去校正一段精密电阻上的工作电流,再用这个经过校正的工作电流在阻值连续可调的精密电阻上产生大小合适的电位差以代替图 3-12-2 中的 E_S,这就是电位差计的基本工作原理。

实际的板式电位差计原理如图 3-12-3 所示,图中 E_S 为标准电池电动势,E_x 为待测电源电动势,G 为检流计,MN 是一段均匀电阻丝(镍铬丝,也称伊文电阻丝),其中 AD 段电阻用 R_{AD} 表示,$A'D'$ 段电阻用 $R_{A'D'}$ 表示,R 为限流电阻(滑线变阻器),调节 R 的大小可

改变 I 的大小。E 为工作电源,其电压要大于 E_S 和 E_x。测量时,先将双刀双掷开关 K_G 扳向 1,把标准电池 E_S 接入。调节 R,改变 I,当检流计 G 指针指向零时,表明 E_S 恰好补偿了工作电流 I 在电阻 R_{AD} 上的电压降,即

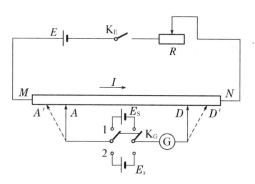

$$E_S = IR_{AD} \qquad (3\text{-}12\text{-}3)$$

这一步骤称为校正工作电流,此后保持 R 不变,从而保证工作电流 I 不变。然后,将 K_G 扳向 2,接入待测电动势 E_x,一般由于 $E_x \neq$

图 3-12-3 电位差计原理图

IR_{AD},故检流计中有电流流过,这时调节 A 和 D 在 MN 上的位置,设调至 A'、D' 时,G 中无电流流过,则 E_x 补偿了 I 在 $A'D'$ 段电阻丝上的电压降,即

$$E_x = IR_{A'D'} \qquad (3\text{-}12\text{-}4)$$

由于工作电流 I 是校正过的,在式(3-12-3,3-12-4)中保持不变,故由式(3-12-3,3-12-4),得

$$\frac{E_S}{E_x} = \frac{R_{AD}}{R_{A'D'}}$$

由于电阻丝是均匀的,AD 段和 $A'D'$ 的电阻之比即是它们的长度之比,所以

$$\frac{R_{AD}}{R_{A'D'}} = \frac{L_{AD}}{L_{A'D'}} \qquad (3\text{-}12\text{-}5)$$

式中 L_{AD} 和 $L_{A'D'}$ 分别是电阻丝 AD 和 $A'D'$ 的长度。由式(3-12-4,3-12-5),得

$$E_x = \frac{L_{A'D'}}{L_{AD}} E_S \qquad (3\text{-}12\text{-}6)$$

因此,只要测出 L_{AD} 和 $L_{A'D'}$,根据式(3-12-6)即可求出待测电源的电动势 E_x。

同理,利用电位差计还可以精确测量某一电路两端的电压。

三、实验仪器(及装置介绍)

UJ-11 型板式电位差计,检流计,直流稳压电源,BC3 型标准电池,待测电源(干电池),滑线变阻器(0~300 Ω),旋转式电阻箱,双刀双掷开关,温度计。

UJ-11 型十一线板式电位差计

十一线板式电位差计的构造如图 3-12-4 所示。电阻丝 MN 全长为 11 m,10 个插孔把其 10 m 折成 10 段,每段 1 m。剩下的 1 m 下附有米尺。滑键 D 可以在米尺上左右滑动,D 上面装有弹性铜片,按下按钮,铜片就与电阻丝接触。将插头 A 插入不同的插孔,即可改变电阻丝 AD 的长度。滑线变阻器 R 用来校正工作电流。保护电阻 R_0 是一只旋转式电阻箱,用来保护检流计和标准电池。在开始校准工作电流或测量时,检流计两端的电位差较大,R_0 应调到较大值(例如 11 000 Ω),以防止过大的电流通过检流计和标准电池;当检流计指针接近零时,R_0 应调到较小值(例如 1 000 Ω),甚至最小调到零,以提高检流计的灵敏度。E_x 是一节干电池,电动势约为 1.5 V。E_S 是标准电池,在 20 ℃时,它的电动势

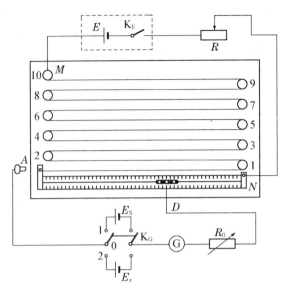

图 3-12-4 十一线板式电位差计

$$E_{S20} = 1.018\ 6\ \mathrm{V}$$

在温度为 $t\ ℃$ 时,它的电动势

$$E_S = E_{E20} - 0.000\ 04(t-20) - 0.000\ 001(t-20)^2\ (\mathrm{V})$$

实验时,应测定室温,并根据上式计算出标准电池的电动势。

由式(3-12-6)可知

$$\frac{L_{A'D'}}{L_{AD}} = \frac{E_x}{E_S} \approx \frac{1.5}{1.018\ 6} \approx 1.500\ 0$$

即 $A'D'$ 段电阻丝的长度大约是 AD 段电阻丝长度的 1.5 倍。知道了这个关系,在插头 A 插入 3、4、5、6、7 号插孔校准工作电流后,测量时插头 A 应插入几号插孔就心中有数了。

四、实验步骤

(1) 按图 3-12-4 接好电路。将稳压电源 E 的输出电压调到 $4\ \mathrm{V}$ 挡,滑线变阻器 R 调到最大值,保护电阻 R_0 调到 $11\ 000\ \Omega$。检查电路后,打开稳压电源开关 K_E。

(2) 记录标准电池的温度 t。

(3) 将滑键 D 滑到米尺最左端,将插头 A 插入 3 号插孔。由于米尺最左端的厚铜片到 3 号插孔的电阻丝 AD 的长度为 $L_{AD} = 3\ 000.0\ \mathrm{mm}$。再将 K_G 扳向"1",标准电池 E_S 接入回路。按下铜片 D 的按钮,使之与米尺最左端的厚铜片接触,调节 R,使检流计 G 指针指零。再将 R_0 由 $11\ 000\ \Omega$ 降到约 $1\ 000\ \Omega$,以提高检流计的灵敏度,仔细调节 R,使检流计指针指零。进而将 R_0 由 $1\ 000\ \Omega$ 降到零,再仔细调节 R,使检流计指针精确指零,这一步骤称为校正工作电流。工作电流校正以后,R 不可再动,K_G 断开。

(4) 将 R_0 重新调到 $11\ 000\ \Omega$(以便接入待测电源 E_x 时,保护检流计),将插头 A 插入 4 号插孔,再将 K_G 扳向"2",将待测电源 E_x 接入回路,这时检流计指针一般会发生偏转。移动滑键 D,使检流计指针指零。然后将 R_0 降到约 $1\ 000\ \Omega$,以增大检流计的灵敏度,再

移动滑键 D,使检流计指针指零。再次将 R_0 由 1 000 Ω 降到零,并仔细调节滑键 D 的位置,使检流计指针精确指零。记下电阻丝 $A'D'$ 的长度 $L_{A'D'}$,根据式(3-12-6)计算出 E_x。

（5）将插头 A 依次插入 4、5、6、7 号插孔,同时调节电阻 R,改变工作电流。重复步骤(3)(4),并将其数据填入表 3-12-1 中。

五、数据记录与处理

$t=$ _____ ℃,$E_{S20}=1.018\ 6$ V,$E_S=E_{S20}-0.000\ 04(t-20)-0.000\ 001(t-20)^2$ = _____ V。

表 3-12-1　电位差计测电动势数据记录表

实验次数	插孔序号	L_{AD}/mm	$L_{A'D'}/\text{mm}$	$E_x=\dfrac{L_{A'D'}}{L_{AD}}E_S/\text{V}$
1	3	3 000.0		
2	4	4 000.0		
3	5	5 000.0		
4	6	6 000.0		
5	7	7 000.0		

$\bar{E}_x=$ _____ ;

$\overline{\Delta E_x}=$ _____ ;

$E_x=\bar{E}_x\pm\overline{\Delta E_x}=$ _____ ;

$E=\dfrac{\overline{\Delta E_x}}{E_x}\times100\%=$ _____ 。

六、预习思考题

1. 电位差计测量电动势应用了什么原理和方法？

2. 在校准工作电流和测量过程中,R_0 为什么要先调至 11 000 Ω,后降至 1 000 Ω,再降至零？何时降低？

§3.12.2　用 UJ31 型箱式电位差计测量热电偶的温差电动势

一、实验目的

（1）掌握箱式电位差计的工作原理及使用方法；

（2）了解热电偶的原理及使用方法；

（3）测量热电偶的温差电动势,确定热电偶一端的温度。

二、实验原理

1. 热电偶测温原理

把两种不同的金属,例如铜和康铜焊接组成闭合回路,如图 3-12-5 所示,若 1、2 两端的温度不同,回路中就产生温差电动势,就会有电流流过。这种由热能转为电能的现象称为热电效应。这一对导体的组合叫热电偶。热电偶的温差电动势为 $E_x = \alpha(T - T_0)$,式中 α 称为热电偶的温差热电系数,其

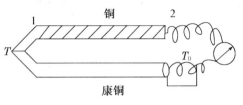

图 3-12-5　热电效应

大小取决于组成热电偶的材料。此式表明温差电动势的大小除了和组成的热电偶材料的温差热电系数 α 有关外,还决定于两接点的温度差。将一端的温度 T_0 固定(称为冷端,实验中利用冰水混合物),另一端的温度 T 改变(称为热端),温差电动势亦随之改变。

本实验利用一只已知 α 值的热电偶,一端温度固定不变,另一端与待测物体接触,再用电位差计测出热电偶回路的电动势,就可以求出待测温度。由于温差电动势较低,因此在实验中利用低电势电位差计来测量。

2. 低电势直流电位差计的原理

如图 3-12-6 所示,UJ31 型低电势直流电位差计的测量原理和板式电位差计相当。

E 为工作电源,E_N 为标准电池,E_x 为待测电动势,本实验中可接入温差热电偶,K_2 为转换开关,G 为检流计,R_x 为被测电动势补偿电阻,R_N 为标准电池补偿电阻,R_P 为调节工作电流的变阻器。

电路可分为三个基本回路:

(1) 工作电流调节回路(辅助回路):由工作电源 E、可变电阻 R_P、标准电阻 R_N 及测量电阻 R_x 组成,调节 R_P 可改变该回路的电流。

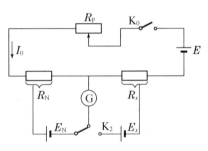

图 3-12-6　箱式电位差计工作原理图

(2) 标准工作电流回路:由标准电池 E_N、标准电阻 R_N、检流计 G 及开关 K_1 组成的回路。调节 R_P 使检流计的指针指零,此时标准电池 E_N 与标准电阻 R_N 两端的电压降大小相等,互相补偿,即 $E_N = I_0 R_N$,得

$$I_0 = \frac{E_N}{R_N} \tag{3-12-7}$$

(3) 测量回路(补偿回路):由待测电源 E_x、测量电阻 R_x、检流计 G 及开关 K_2 组成的回路。调节 R_x 使检流计的指针指零,此时有

$$E_x = I_0 R_x \tag{3-12-8}$$

由式(3-12-7,3-12-8),有

$$E_x = \frac{E_N}{R_N} R_x \tag{3-12-9}$$

三、实验仪器

UJ31 型低电势直流电位差计,BC9a 型标准电池与待测热电偶,AC15 型直流检流计。

UJ31 型低电势直流电位差计简介

UJ31 型低电势直流电位差计面板如图 3-12-7 所示,面板的功能如下所述:

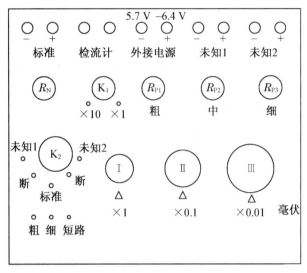

图 3-12-7　UJ31 型电位差计面板图

(1)"标准"端钮:接标准电池,直接并联使用。

(2)"检流计"端钮:外接检流计。

(3)"外接电源"端钮:外接 6 V 直流电压。如果机箱侧面的电源开关 B 打向"市电",则机内自动提供一个 6 V 左右的电压,不用外接电源。

(4)"未知 1、未知 2"端钮:接待测电动势或电位差,注意要并联。

(5)"R_N"旋钮:温度补偿旋钮,其补偿范围为 1.017 8~1.019 0 V。在校准工作电流以前,应先调节它,使其指示值与当时的标准电源的电动势值一致。

(6)"粗""中""细"旋钮(R_{P1}、R_{P2}、R_{P3}):用于调节工作电流,调节它们即改变了图 3-12-6 中 R_P 的值。

(7)"K_2"测量转换开关:当它指向"标准"位置时,即将标准回路接通;指向"未知 1"或"未知 2"时即接通了测量回路;指向"断"时,则两种回路均不接通。

(8)测量读数盘"Ⅰ""Ⅱ""Ⅲ":电位差计的测量盘,通过调节读数盘的旋钮,用于测量接入未知端的电势差,相当于改变图 3-12-6 中 R_x 的功能,所测电位差数值 x 可直接从读数盘上读出。

(9)倍率变换开关"K_1":测量结果等于此开关的指示值与测量读数盘 x 示数之积。

(10)"粗""细""短路"按键:按下"粗"按键,这时检流计回路串联有电阻;"细"检流计回路没有串联电阻,按下"短路"键,这时将检流计短接,用于校正检流计的零点。调节电位差计过程中,在接通检流计时应先按"粗"键(实际操作时应该点动检查电路,因为在没有使检流计平衡前,往往检流计流过的电流较大,长时间接通容易损坏检流计),调节粗、中旋钮直到通过检流计的电流很小时,再按"细"键,调节中、细旋钮使检流计的指针指零。

四、实验步骤

(1)熟悉 UJ31 型低电势直流电位差计各旋钮、开关和接线端钮的作用,开关均放在"断"位置。

(2)按图 3-12-6 原理接线,暂时只将一根导线连接到标准电池上,待检查无误后再接上另一根导线,以防损坏标准电池。(注意区分热电偶两个接触端的正负极性,将其接入"未知 1"或"未知 2")

(3)记下热电偶一端的温度 T_0。

(4)测量前检流计指针调零。根据标准电池电动势的大小调定 R_N 的值。

(5)测量转换开关"K_2":当它指向"标准"位置时,即将标准回路接通,从而校准工作电流 I_0 的值。在室温为 20 ℃时,标准电动势取为 1.018 6 V。选 R_N 为 101.86 Ω,I_0 = 0.010 000 A。

(6)选取适当的倍率,按下倍率变换开关"K_1",并调节可变电阻 R_P 的"粗""中""细",依次按下"粗""细"按键,使 G 的指针指零。如果 G 的指针晃动很大,立即按下"短路"按键,以保护检流计不受损坏。

(7)测量未知电动势:保持 R_P 的值不变,将"K_2"指向"未知 1"或"未知 2",依次调节测量转盘"Ⅰ""Ⅱ""Ⅲ",读出转盘读数 x,算出 R_x(数据填入表 3-12-2 中),使电位差计处于补偿状态(注意"粗""中""细"按钮的使用次序)。根据 $E_x = I_0 \times R_x$,算出温差电动势 E_x(数据填入表 3-12-2 中)。

(8)根据 $E_x = \alpha(t - t_0)$,可算出热电偶未知端的温度 t(数据填入表 3-12-2 中)。

五、数据记录与处理

测量热电偶未知端的温度。

$\alpha = \underline{\hspace{2cm}} \dfrac{\text{V}}{\text{℃}}$, $t_0 = \underline{\hspace{2cm}}$ ℃。

表 3-12-2　测量热电偶的未知端温度数据记录表

次　数	1	2	3	4	5	6
x/Ω						
$R_x = (K_1 \times x)/\Omega$						
$E_x = (I_0 \times R_x)/V$						
$t = \left(\dfrac{E_x}{\alpha} + t_0\right)/℃$						
$\bar{t}/℃$						

实验 3.13　　透镜焦距的测定

　　透镜是光学仪器中最基本的元件,是研究光学仪器结构和功能的基础,焦距是反映透镜特性的一个重要参量。由于用途不同,需要选择不同焦距的透镜,因而测量焦距、了解透镜成像的规律是最基本的光学实验。通过对透镜焦距的测定,掌握一些简单光路分析和调整的方法以及透镜的成像规律,将有助于了解各种光学仪器的功能和原理,能对今后正确使用光学仪器打下良好基础。

一、实验目的

　　(1) 了解薄透镜成像规律,掌握光路调整的基本方法;
　　(2) 学习光学装置的共轴调节技术;
　　(3) 根据物像位置关系,掌握测定薄透镜焦距的几种方法。

二、实验原理

　　1. 透镜成像公式

　　透镜分为凸透镜与凹透镜。凸透镜对光束起会聚作用,即当一束平行于透镜主光轴的光线通过透镜后,将会聚于光轴上。会聚点 F 称为该透镜的焦点。透镜光心 O 到 F 焦点的距离称为焦距 f,如图 3-13-1(a)所示。凹透镜对光束起发散作用,即一束平行于透镜主光轴的光线通过透镜后将散开。我们把发散光的延长线与主光轴的交点 F 称为该透镜的焦点。透镜光心 O 到焦点 F 的距离称为它的焦距 f,如图 3-13-1(b)所示。

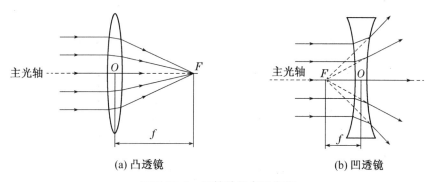

(a) 凸透镜　　　　　　　　　　　(b) 凹透镜

图 3-13-1　透镜的焦点和焦距

　　在薄透镜(透镜厚度与焦距相比甚小)及近轴光线(指通过透镜中心并与主光轴成很小夹角的光束)的条件下,凸透镜或凹透镜的物距为 u,像距为 v,焦距为 f,物距、像距和焦距三者之间的关系为

$$\frac{1}{u}+\frac{1}{v}=\frac{1}{f}$$

该公式称为高斯公式。应用高斯公式时,其正负号采用下述的规则:凸透镜的 f 取正值,凹透镜的 f 取负值;物距 u 恒取正值;像距 v 的正负根据像的虚实确定,实像为正值,虚像

为负值。

2. 测量透镜焦距的方法

（1）自准法测量凸透镜焦距

物体在焦平面时，其同一点上发出的光线通过凸透镜后变成平行光线。自准法就是根据这一特性测量焦距的。

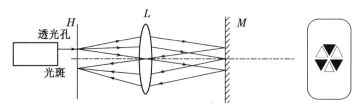

图 3-13-2　自准法光路原理

实验中使用成像物屏 H，在光源与透镜 L 之间形成发光物体。当 H 的位置处于透镜焦平面时，穿过透镜 L 的光线变成平行光，在平面镜 M 处反射，按原光路返回，在成像物屏上形成如 3-13-2 中的右图所示的图案，黑色是发光孔，白色为光路返回时，在 H 上所成的像。此时，H 与 L 之间的距离，就是透镜 L 的焦距。

（2）共轭法测量凸透镜焦距

凸透镜成像，如果物屏与像屏的相对位置 D 保持不变，而且 $D>4f$，则在物屏与像屏间移动的透镜，可得两次成像。当光路调节到如图 3-13-3 所示的状态时，物距与像距之和 D 不发生改变，移动透镜 L 可在白屏 P 上得到放大和缩小两个不同的物像，此时透镜 L 移动的距离为 d。

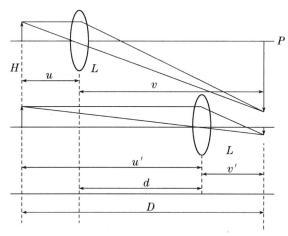

图 3-13-3　共轭法光路原理图

放大时，物距为 u，像距为 v；缩小时，物距为 u'，像距为 v'；共轭成像时，$u'=v$，$v'=u$。因此有

$$u+v=D$$
$$u'-u=d \text{ 或 } v-v'=d$$

$$v=(D+d)/2$$
$$u=(D-d)/2$$

代入成像的高斯公式 $\frac{1}{u}+\frac{1}{v}=\frac{1}{f}$，可以得到

$$\frac{2}{D-d}+\frac{2}{D+d}=\frac{1}{f}$$

透镜焦距与两者的关系如下

$$f=\frac{D^2-d^2}{4D} \tag{3-13-1}$$

由式(3-13-1)，就可以确定凸透镜的焦距。

（3）自准法测凹透镜焦距

凹透镜的功能是发散光线。利用凸透镜将光线会聚，如果光线会聚在凹透镜的虚焦平面上，那么穿过凹透镜的光线就会转变为平行光。利用这一特点测得凹透镜焦距的方法，即自准法测凹透镜焦距，原理如图 3-13-4 所示。

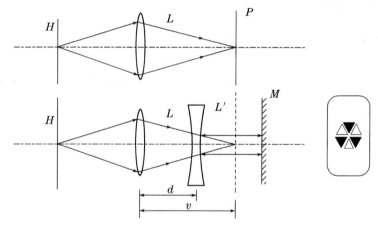

图 3-13-4 自准法测凹透镜焦距光路原理图

首先利用凸透镜 L 测定缩小实像的像距 v 值，然后将白屏 P 取下，安装平面镜，在平面镜 M 与凸透镜 L 之间加入凹透镜 L'，调节光路，使成像物屏 H 上出现如右图图案。此时，说明凹透镜到平面镜的光路是平行光，光路可逆。所以，透镜焦距 f 就是 v 与 d 的差值，即

$$f=v-d \tag{3-13-2}$$

三、实验仪器

光具座、待测薄透镜（凹凸透镜各一块）、光源、成像物屏、白屏。光学导轨由钢制直导轨做成，固定光学器件的光具座可以在光学导轨上移动。导轨的一侧有标尺，可以确定各光学元件的相对位置。

四、实验步骤

（1）按照光路图选取合适的配件，组装元器件。

（2）将光具座上元器件靠拢在一端，调节元器件高度一致。此时可以认为光学元器件的光轴处在同一高度，即装置调至共轴。具体步骤如下：

① 粗调：光源、物屏、透镜和像屏等光学元件依次靠拢，用目视法将各光学元件中心调至同一直线，并平行于光具座。

② 细调：在粗调的基础上，按照成像规律或借助其他仪器做细致调节。如二次成像法（共轭法）测凸透镜焦距的方法，常用于光具座的共轴调节。当透镜移动到两个适当位置，使物在像屏上分别成两个大小清晰的倒立实像时，若此两像的中心不重合，调节物或透镜的高度，使两像的中心重合在屏坐标的同一位置，这时表示各光学元件已共轴。

（3）按照原理图要求，自行调节各元器件位置，直到出现清晰、无视差的像。

（4）记录数据到表 3-13-1～3-13-3 中，并按照表格要求，多次重复测量。

五、数据记录与处理

凸透镜焦距 $f_0 =$ _____ cm（由实验室给出）。

表 3-13-1　自准法测凸透镜焦距数据记录表

测量次数	成像物屏 H 位置 x_1/cm	透镜 L 位置 x_2/cm	焦距 $f = \lvert x_1 - x_2 \rvert$/cm	焦距平均值 $\bar{f}$/cm
1				
2				
3				

相对百分误差：_____。

表 3-13-2　共轭法测凸透镜焦距

测量次数	成像物屏 H 位置 x_1/cm	左透镜 L 位置 x_2/cm	右透镜 L 位置 x_3/cm	屏 P 位置 x_4/cm	$d = \lvert x_2 - x_3 \rvert$/cm	$D = \lvert x_1 - x_4 \rvert$/cm	$f = \dfrac{D^2 - d^2}{4D}$/cm	焦距平均值 $\bar{f}$/cm
1								
2								
3								

相对百分误差：_____。

凹透镜焦距 $f_0 =$ _____ cm（由实验室给出）。

表 3-13-3　自准法测凹透镜焦距

测量次数	凸透镜 L 位置 x_1/cm	凹透镜 L' 位置 x_2/cm	屏 P 位置 x_3/cm	$d=|x_1-x_2|/$ cm	$v=|x_1-x_3|/$ cm	$f=(v-d)/$ cm	焦距平均值 $\bar{f}/\text{cm}$
1							
2							
3							

相对百分误差：_____。

六、注意事项

（1）导轨已调好水平，切勿随意拧动调水平螺丝。

（2）在实验中，要反复确定清晰的像的位置，即对像距要进行多次测量，以减小由于像的清晰位置判断不准而造成的误差。这是本实验的主要误差来源。

七、预习思考题

在用辅助透镜法测量薄凹透镜的焦距时，薄凸透镜起什么作用？

八、复习思考题

1. 做光学实验为什么要调节共轴？在调节时，若发现放大像中心在上、缩小像中心在下，则说明物的位置是偏上还是偏下？

2. 若物在凸透镜焦距以内，能否在像屏上得到实像？怎样观察物的像？试画出光路图并加以说明。

实验 3.14　光的干涉——牛顿环、劈尖

"牛顿环"是一种用分振幅方法实现的等厚干涉现象，最早为牛顿所发现。这种现象是光的波动性的一种表现，但由于牛顿主张光的微粒说，因而未能对它做出正确的解释。直到 19 世纪初，托马斯·杨才用光的干涉原理解释了牛顿环现象，并参考牛顿的测量结果计算了不同颜色的光波对应的波长和频率。

光的干涉现象在科学研究和工业技术上有着广泛的应用，如测量光波的波长，精确地测量长度、厚度和角度，检验试件表面的光洁度，研究机械零件内应力的分布以及在半导体技术中测量硅片上氧化层的厚度等。本实验介绍利用等厚干涉测量平凸透镜曲率半径和薄纸厚度。

一、实验目的

（1）学习使用读数显微镜，观察光波的两种等厚干涉现象——牛顿环、劈尖产生的干

涉条纹；

（2）利用等厚干涉测量平凸透镜曲率半径和薄纸厚度；

（3）通过实验加深对等厚干涉现象的理解；

（4）学习用逐差法处理实验数据。

二、实验原理

1. 牛顿环

牛顿环装置是由一个曲率半径较大的平凸透镜与一块光学玻璃平板构成，如图 3-14-1 所示。平凸透镜的凸面与玻璃平板之间的空气层厚度从中心到边缘逐渐增加，若以平行单色光垂直照射到牛顿环上，经空气层上、下表面反射的二光束就将存在光程差。它们在平凸透镜的凸面相遇后，将发生干涉。从透镜上看到的干涉条纹是以玻璃接触点为中心的一系列明暗相间的圆环(图 3-14-2)，就称为牛顿环。由于同一干涉环上各处的空气层厚度是相同的，因此它属于等厚干涉。

由图 3-14-1 可见，如设透镜的曲率半径为 R，与接触点 O 相距为 r 处空气层的厚度为 d，其几何关系式为

$$R^2 = (R-d)^2 + r^2 = R^2 - 2Rd + d^2 + r^2$$

由于 $R \gg d$，可以略去 d^2，得

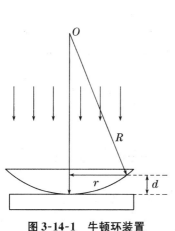

图 3-14-1　牛顿环装置

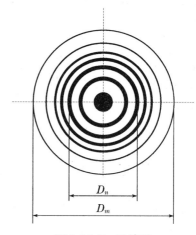

图 3-14-2　干涉环

$$d = \frac{r^2}{2R} \tag{3-14-1}$$

光线应是垂直入射的，空气折射率 $n=1$，计算光程差时考虑光波在平板玻璃上反射会有半波损失，从而带来 $\lambda/2$ 的附加光程差，所以总光程差为

$$\Delta = 2d + \frac{\lambda}{2} \tag{3-14-2}$$

产生暗环的条件是

$$\Delta = (2k+1)\frac{\lambda}{2} \tag{3-14-3}$$

式中 $k=0,1,2,3,\cdots$ 为干涉暗条纹的级数。综合式(3-14-1～3-14-3),可得第 k 级暗环的半径为

$$r_k^2 = kR\lambda \qquad (3\text{-}14\text{-}4)$$

由式(3-14-4)可知,如果单色光源的波长 λ 已知,测出第 m 级的暗环半径 r_m,即可得出平凸透镜的曲率半径 R;反之,如果 R 已知,测出 r_m 后,就可计算出入射单色光波的波长 λ。但是此测量关系式得出的结果往往误差很大,原因在于凸面和平面不可能是在理想的点接触;接触压力会引起局部形变,使接触处成为一个圆形平面,干涉环中心为一暗斑。或者空气间隙层中有了尘埃,附加了光程差,干涉环中心为一亮(或暗)斑,均无法确定环的几何中心,每一暗环对应的级数也无法确定。实际测量时,可以通过设第 m 级和第 n 级半径分别为 r_m 与 r_n,则有

$$r_m^2 = mR\lambda \qquad r_n^2 = nR\lambda$$

两式相减,可得

$$r_m^2 - r_n^2 = R(m-n)\lambda$$

所以

$$R = \frac{r_m^2 - r_n^2}{(m-n)\lambda} \text{ 或 } R = \frac{D_m^2 - D_n^2}{4(m-n)\lambda} \qquad (3\text{-}14\text{-}5)$$

由式(3-14-5)可知,只要测出 D_m 与 D_n(分别为第 m 与第 n 条暗环的直径)的值,就能算出 R 或 λ,这样就可避免实验中条纹级数难以确定的困难。利用后一计算式还可克服确定条纹中心位置的困难。

2. 劈尖干涉

劈尖干涉的产生机制如图 3-14-3 所示:两块平面玻璃一端接触,另一端被厚度为 d_x 的薄纸垫起(也可以是直径为 d_x 的金属丝等),于是两平面玻璃之间就形成一个空气劈尖。当平行单色光垂直入射到玻璃板上时,空气劈尖的上界面产生的反射光与下界面产生的反射光之间存在着光程差,两光在劈尖的上界面相遇时,就会产生干涉,劈尖厚度相等之处,形成同级的干涉条纹。从接触端起始,劈尖的厚度沿着长度方向线性增大。因此,呈现出了一种等间隔的明暗相间的平行直条纹,如图 3-14-4 所示。

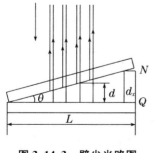

图 3-14-3　劈尖光路图

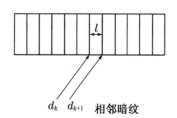

图 3-14-4　干涉条纹

劈尖厚度为 d 处的上下表面反射的相干光的总光程为 Δ;对于空气劈尖,折射率 $n=1$,则有

$$\Delta = 2nd + \frac{\lambda}{2} = 2d + \frac{\lambda}{2}$$

劈尖反射光干涉极大(明纹中心)的条纹为

$$2d+\frac{\lambda}{2}=k\lambda,k=1,2,3,\cdots$$

产生的干涉极小(暗纹中心)的条件为

$$2d+\frac{\lambda}{2}=(2k+1)\frac{\lambda}{2},k=0,1,2,\cdots$$

所以,相邻级暗纹之间的相对的空气厚度为

$$d_{k+1}-d_k=\frac{\lambda}{2},k=0,1,2,3,\cdots \tag{3-14-6}$$

实际中,为了测量薄纸厚度 d_x,根据式(3-14-6),只要数出薄纸所在处的干涉级 k,就可求得 $d_x=\frac{\lambda}{2}k$,但在几厘米长的劈尖上,干涉条纹的数量很大,不易全部数出,所以,可以先测量少量干涉条纹 N_0(10 条或 20 条)的总宽度 L_0,求得单位长度上的条纹数 $n_0=N_0/L_0$,再测出劈尖总长度 L,则可推算劈尖总干涉条纹数为

$$k=\frac{N_0}{L_0}L=n_0L \tag{3-14-7}$$

再由式(3-14-6),即可得出薄纸的厚度为

$$d_x=\frac{\lambda}{2}k=\frac{\lambda}{2}n_0L=\frac{\lambda N_0}{2L_0}L \tag{3-14-8}$$

三、实验仪器

本实验两种等厚干涉的仪器如图 3-14-5 所示。牛顿环的直径 D、劈尖总长 L、N_0 条干涉条纹的长度 L_0,都是用读数显微镜测量的。

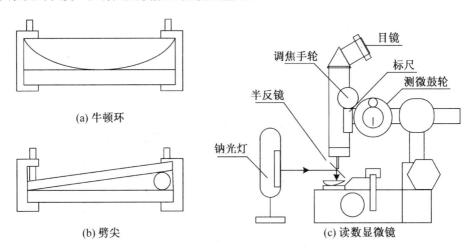

(a) 牛顿环

(b) 劈尖

(c) 读数显微镜

图 3-14-5　牛顿环、劈尖与读数显微镜

读数显微镜是一种测量微小距离变化的仪器。它的主要部分是显微镜和螺旋测微计。调焦手轮用于调节显微镜的高低,使图像清晰;测微鼓轮可以使显微镜左右平移,其位置可由标尺和测微鼓轮上的刻度读出(原理和螺旋测微器相同,测微鼓轮的螺距有 100

个等分刻度,精度是 0.01 mm)。光源为钠光灯,透明反射镜是一块普通的平板玻璃。借助它的反射把单色光垂直地入射到平凸透镜上(或入射到劈尖上),形成的干涉条纹可用读数显微镜透过半反射镜观测。

四、实验步骤

1. 牛顿环测平凸透镜的曲率半径

(1) 如图 3-14-5 所示,调整钠光灯位置,使显微镜的视野明亮。先调目镜使叉丝清晰,并转动目镜,使纵叉丝垂直于标尺。

(2) 将牛顿环放在物镜正下方。调节调焦手轮,直到看清牛顿环。

(3) 调整牛顿环位置,使显微镜的十字叉丝与牛顿环中心大致重合。

(4) 转动测微鼓轮,使叉丝的交点移近某暗环,当纵叉丝与条纹相切时(观察时要注意视差),从测微鼓轮及主尺上记录其位置。

(5) 在测量各干涉环的直径时,只可沿同一个方向旋转鼓轮,以避免测微螺距间隙引起的空程误差(以下简称空程差)。在测量某一条纹的直径时,如果在左侧测的是条纹的外侧位置,而在右侧测的是条纹的内侧位置,此条纹的直径为这两个位置之间的距离。因为实验时主要测量 m 级和 n 级条纹直径的平方差。为了减少测量误差,应将 $(m-n)$ 的值取得大一些。如取 $m-n=20$,则干涉条纹的相对误差就可减小近 20 倍。只要依次测出 $11\sim16$ 及 $21\sim26$ 条纹的直径,利用逐差法可求得曲率半径 R 的实验值。

2. 劈尖干涉测量薄纸的厚度 d_x

(1) 用劈尖装置取代牛顿环装置放入显微镜下。

(2) 调整劈尖装置的方向,使干涉条纹与目镜中的纵叉丝平行。左右移动显微镜,观察干涉条纹、纸条边沿、两玻璃片的接触端(此处应可看见破玻璃碴口)三者是否相互平行,若不平行,则重新调整并安装劈尖装置。

(3) 仿照牛顿环的测量方法,读出两玻璃片的接触端和纸条边沿的位置 x_1、x_2,则劈尖长度 $L=x_1-x_2$,重复测量 5 次。

(4) 任选起始条纹,测量 20 条暗条纹(N_0)首尾之间的距离 L_0(注意:起始条纹数为 0),重复测量 5 次。

(5) 由式(3-14-8)计算薄纸厚度 d_x。

五、数据记录与处理

1. 牛顿环测曲率半径

表 3-14-1　测量牛顿环直径数据记录表

条纹数	显微镜读数/mm		环直径 D/mm
	左方	右方	
26			
25			
24			

(续表)

条纹数	显微镜读数/mm		环直径 D/mm
	左方	右方	
23			
22			
21			
16			
15			
14			
13			
12			
11			

表 3-14-2　用逐差法计算透镜曲率半径数据记录表

组合	$(D_m^2 - D_n^2)$/mm²
26 与 16	
25 与 15	
24 与 14	
23 与 13	
22 与 12	
21 与 11	

$\overline{D_m^2 - D_n^2} = $ _____；

$R = \dfrac{\overline{D_m^2 - D_n^2}}{4(m-n)\lambda} = $ _____。

2. 劈尖干涉测量薄纸的厚度 d_x

表 3-14-3　用逐差法测量薄纸的厚度 d_x 数据记录表

测量次数	1	2	3	4	5
x_1/mm					
x_2/mm					
$L = (x_1 - x_2)$/mm					
$\bar{L}$/mm					
$x_左$/mm					
$x_右$/mm					
$L_0 = \lvert x_左 - x_右 \rvert$/mm					
$\bar{L}_0$/mm					

$N_0 = 20$。

$\lambda = $ _____ ；

$d_x = \dfrac{\lambda}{2} n_0 L = \dfrac{\lambda N_0}{2 L_0} \bar{L} = $ _____ 。

六、预习思考题

1. 调节读数显微镜的焦距应注意什么？
2. 读数显微镜的最小分度是多少？测量范围是多少？

七、复习思考题

1. 用读数显微镜测量长度时，怎样避免空程差？
2. 牛顿环实验中，若调节读数显微镜，目镜中的纵叉丝应处在什么状态？
3. 劈尖干涉有哪些应用？如何应用于检验一个平面的平整度？

实验 3.15　分光计的调整、棱镜折射率的测定

光线在传播过程中，若遇到不同介质的分界面，会发生反射和折射，通过对入射光、反射光和折射光角度的测量，就可以测定折射率、光栅常数、光波波长、色散率等许多物理量。因而精确测量这些角度，在光学实验中显得十分重要。

分光计是一种能精确测量光线偏转角度的光学仪器，故可用它来测量折射率、光波波长、色散率等。分光计也是摄谱仪、单色仪等光谱分析仪器的重要部件。

由于分光计比较精密，控制部件较多，使用时应严格按要求进行操作。分光计的调整原理、方法与技巧在光学实验中有一定的代表性，学会它的调整和使用方法，有助于掌握更为复杂的光学仪器的使用。

§3.15.1　分光计的调整

一、实验目的

（1）了解分光计的结构；
（2）学习分光计调节和使用方法。

二、实验原理

本实验使用 JJY - 1' 型的分光计，如图 3-15-1 所示。该分光计由"阿贝"式自准望远镜、平行光管、载物平台及光学度盘游标读数系统四大部分组成。

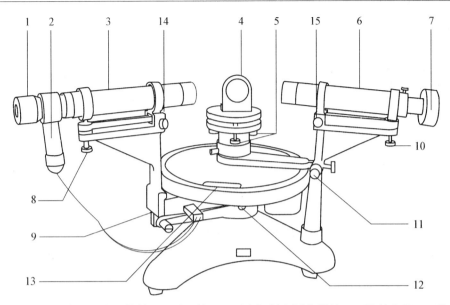

1—目镜;2—小灯;3—望远镜筒;4—平面镜;5—平台倾斜度调节螺丝;6—平行光管;7—狭缝装置;8—望远镜倾斜度调节螺丝;9—望远镜微调螺丝;10—平行光管倾斜度调节螺丝;11—度盘微调螺丝;12—望远镜锁紧螺丝;13—游标盘;14—望远镜微调螺丝;15—平行光管微调螺丝

图 3-15-1 分光计结构图

1. "阿贝"式自准望远镜

"阿贝"式自准望远镜用以观察平行光。它由目镜、全反射棱镜、叉丝分划板及物镜组成,如图 3-15-2 所示。目镜与分划板相对于物镜的距离均可调节。当目镜与分划板间距调至最合适的位置时,分划板成像最清晰。分划板上刻有双十字形叉丝,且边上粘有一块 45°全反射小棱镜,其上面涂上了不透明薄膜,薄膜上刻有空心十字窗口。小灯泡的光从管侧入射后,经全反射棱镜照亮小十字刻线,当小十字刻线平面处在物镜的焦平面上时,从刻线发出的光线经物镜后成平行光。如果有一平面镜将这一平行光反射回来,再经过物镜,必成像于焦平面上,于是从目镜中可以同时看到叉丝和小十字刻线的反射像。这时,望远镜调焦于无穷远,可使从无穷远处来的平行光成像最清晰。

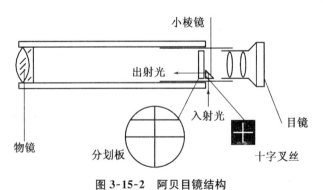

图 3-15-2 阿贝目镜结构

望远镜可绕分光计中心轴转动,倾斜度也可通过螺丝进行调节。在望远镜与中心轴相连处有望远镜锁紧螺丝,放松时可使望远镜绕中心轴转动,旋紧时可固定望远镜,如图3-15-1所示。

2.平行光管

平行光管是仪器中产生平行光的部件。管的一端装有会聚透镜,另一端插入一套筒,其末端为一宽度可调的狭缝。狭缝至透镜的距离可调。当光源照亮狭缝时,若狭缝刚好位于透镜焦平面处,则平行光管将发出平行光。平行光管与底座固定在一起,倾斜度可通过倾斜度调节螺丝调整。为了精密调节,望远镜和平行光管均装有微调机构。如图3-15-1所示,只要拧紧望远镜(或平行光管)的锁紧螺丝,再转动其微调螺丝,望远镜(或平行光管)就能转动微小角度。

3.载物平台

载物平台可放置光学元件,如三棱镜、光栅等。有3只调节螺钉a、b和c,调节螺钉可改变小平台倾斜度,如图3-15-3所示。

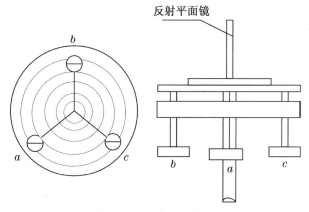

图 3-15-3　载物台结构

4.读数装置

望远镜和载物台分别与圆刻度盘和角游标相连,它们的相对转动角度可从角游标所在读数窗中读出,读数窗由相隔180°的A、B两窗组成,从两窗分别读得望远镜转过的角度,然后取平均值。这样可消除圆刻度盘与分光计中心轴可能存在的偏心差。

本分光计角游标的最小分度为$1'$(圆刻度盘上每小格为$30'$,角游标30格的弧长与圆刻度盘29格的弧长相等),如图3-15-4所示。

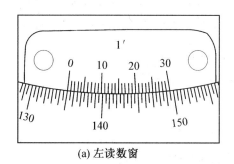

(a) 左读数窗

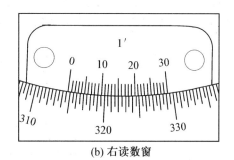

(b) 右读数窗

图 3-15-4　读数装置

例如图 3-15-4 中（b）图所示右读数窗，读数为圆刻度盘与角游标刻度之和，即 $314°30'+11'=314°41'$，（a）图所示为左读数窗为 $134°30'+29'=134°59'$。值得注意的是，左右读数窗的差值始终约为 $180°$。

三、实验仪器

分光计及附件一套、汞灯光源等。

四、实验步骤

1. 分光计的调整原理

分光计测角度时的光路如图 3-15-5 所示。

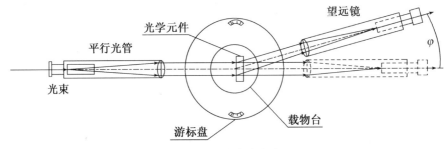

图 3-15-5 分光计光路图

转动望远镜，使之对准入射光线和偏转光线，由读数窗所得读数之差即偏转角度。但是为使得读数角度与实际光线偏转角度一致，必须保证：

（1）入射光线是平行光，即要求调整平行光管，使之发射平行光；

（2）检测工具能接收平行光，即要求望远镜调焦无穷远，使平行光成像最清晰；

（3）调整平行光管和望远镜的光轴与分光计中心轴垂直，同时调整载物台平面垂直于分光计中心轴。

2. 调节望远镜聚焦于无穷远

（1）自准法调整望远镜的要求

采用如下方法将望远镜调焦到无穷远，如图 3-15-6 所示，在望远镜之前载物台上放一垂直于望远镜光轴的平面反射镜。调节分划板面与物镜之间的距离，如果分划板恰好处于物镜的焦平面上，则十字叉丝发出的光经物镜后为平行光，经平面镜反射后亦为平行光，回到望远镜后在分划板平面上形成清晰的十字叉丝像。此时望远镜已调焦到无穷远了。

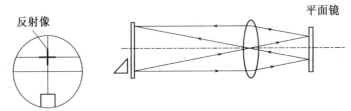

图 3-15-6 自准法调节望远镜

（2）调节方法：先粗调后细调

粗调就是先从望远镜筒外侧观察，粗略判断望远镜是否垂直于载物平台上的平面镜。然后进行细调，由于望远镜的视场角很小，所以从望远镜目镜中观察，不一定能看到反射光。此时可先转动载物平台，肉眼直接从望远镜外侧找到由平面镜反射回来的十字叉丝像，若这时眼睛高度比目镜中心高（或低），则调节望远镜倾斜度螺丝和载物台调整螺丝，直至眼睛与目镜中心等高后，再从望远镜目镜中观察反射回来的光斑。然后调节望远镜物镜和分划板间的距离。当分划板处于物镜的焦平面上时，这一光斑就会形成清晰明亮的十字叉丝像，如图 3-15-7 所示。

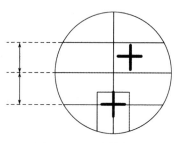

图 3-15-7　目镜视场

（3）调整望远镜光轴、载物平台与中心转轴垂直

这一步仍要借助平面镜来调整。平面镜前后两个反射面是互相平行且与其底座垂直。若望远镜及载物台均已调成与分光计中心转轴垂直，则平面镜放在载物台任意位置，都应看到如图 3-15-6 所示图像。将平台转过 180°观察（图 3-15-8），也应如此。

若没有达到上述调整要求会出现什么现象呢？我们讨论两种特殊情况：

若载物台水平，反射镜面与分光计中

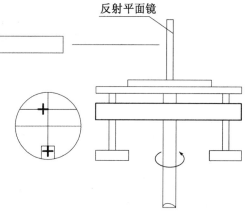

图 3-15-8　反射平面镜与望远镜相对位置

心转轴平行，而与望远镜轴不垂直，则当转动载物台时，无论哪个反射面对准望远镜，在望远镜中看到十字叉丝的反射像总是偏上或偏下（图 3-15-9）。

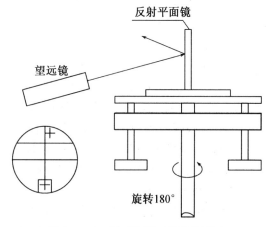

图 3-15-9　相对位置对于像的影响

若望远镜光轴与分光计中心转轴是垂直的,而载物台不水平,反射镜面与转轴不平行,则当转动载物台,使一个反射面正对望远镜时若十字叉丝偏下;转过180°,使另一面正对望远镜,十字叉丝必偏上(图3-15-10)。

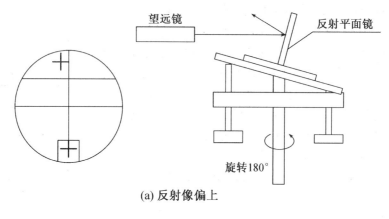

(a) 反射像偏上

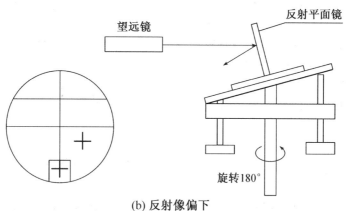

(b) 反射像偏下

图3-15-10 相对位置对于像位置上下的影响

一般情况下,图3-15-10(a,b)两种没有调好的因素均存在,所以调整时要根据观察到反射像的现象进行分析,针对原因进行调整。

3. 载物台与望远镜相对位置的调整

(1) 在载物台三只倾斜度调整螺丝 a、b、c 中任选两只。例如 a、c。将反射镜面垂直平分 ac 连线放置(图3-15-11(a)),并将望远镜正对反射镜的一个反射面,左右微微转载物台,从目镜中找到十字叉丝的反射像。然后将载物台转过180°(注意不要用手直接转动反射镜),另一反射面正对望远镜,同样找到十字叉丝反射像。仔细观察两个十字叉丝像相对位置,若一个偏上一个偏下,则反复调节载物平台倾斜螺丝 a 或 c,使两面十字叉丝像的水平位置逐步逼近直至重合;最后调节望远镜的倾斜度螺丝,使两面十字叉丝像一起上升或下降至分划板上十字丝的水平黑线重合。

(2) 以上调节并不能决定载物平台平面垂直于中心转轴,还需将平面镜改放在与 ac 平行的直径上,如图3-15-11(b)所示,调节螺丝 b,使十字叉丝像与分划板上横线重合。注意,此时不能再调螺丝 a、c 及望远镜倾斜螺丝了。(为什么?)

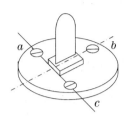 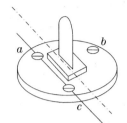

(a) 反射镜面放在垂
直平分ac连线上

(b) 反射镜面放在与
ac平行的直径上

图 3-15-11 平面镜的摆放

望远镜和载物台调好后,a、b、c 螺丝就都不能再动了。

4. 平行光管的调整

(1) 使平行光管发出平行光

将已调节好的望远镜对准平行光管,用汞灯照亮平行光管的狭缝,使缝宽适中,调节狭缝与透镜的距离,使在望远镜中能看到清晰的狭缝像,且与分划板间无视差(即目光移动,像不发生变化),这时平行光管已发射平行光。

(2) 调整平行光管的光轴与分光计转轴垂直

望远镜光轴已垂直主轴,若平行光管与其共轴,则平行光管光轴同样垂直主轴。

调节平行光管俯仰调节螺丝,调节其倾斜度,使狭缝像处于分划板上,且位于十字线的水平线上下部分(此时应将原先竖着的狭缝旋转 90°至水平,该步骤结束后将其恢复到原竖直位置)。此时平行光管光轴与望远镜光轴保持平行,平行光管光轴垂直于分光计中心转轴。

六、预习思考题

利用小平面镜调节望远镜和载物台时,为什么反射镜的放置要选择如图 3-15-11 所示 ac 的垂直平分线和平行于 ac 这两个位置? 随便放行不行? 为什么?

七、附录

圆刻度盘的偏心差

用圆刻度盘测量角度时,为了消除圆刻度盘的偏心差,必须由相差为 180°的两个游标分别读数。我们知道,圆刻度盘是绕仪器主轴转动的,由于仪器制造时不容易做到圆刻度盘中心准确无误地与主轴重合,这就不可避免地会产生偏心差。圆刻度盘上的刻度均匀地刻在圆周上,当圆刻度盘中心与主轴重合时,由相差 180°的两个游标读出的转角刻度数值相等。而当圆刻度盘偏心时,由两个游标读出的转角刻度数值就不相等了。因而,如果只用一个游标读数就会出现系统误差。如图 3-15-12 所示,用弧 AB 的刻

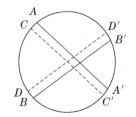

图 3-15-12 偏心差原理

度读数,则偏大,弧 $\widehat{A'B'}$ 的刻度读数又偏小。由平面几何很容易证明

$$\frac{1}{2}(\widehat{AB}+\widehat{A'B'})=\widehat{CD}=\widehat{C'D'}$$

§3.15.2　棱镜折射率的测定

用分光计不仅可以测量光波的波长,还可以测量折射率和色散率等。本实验就是用分光计来测量三棱镜的折射率。

一、实验目的

(1) 进一步学习分光计的调节与使用;
(2) 测定三棱镜的顶角;
(3) 学会用最小偏向角法测定三棱镜的折射率。

二、实验原理

1. 调节分光计

按照实验 3.15.1 将分光计调节完毕。

2. 测量三棱镜顶角

三棱镜、直角棱镜中相邻两个光学平面之间的夹角称为顶角,或称二面角,如图 3-15-13 所示的三棱镜两光学平面 AB、AC 之间的顶角 α。

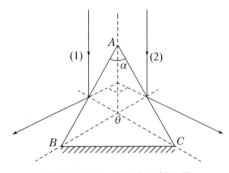

图 3-15-13　平行光入射位置

平行光管产生的平行光入射到三棱镜的顶角,光线(1)经 AB 面反射,光线(2)经 AC 面反射,设二反射光线的夹角为 θ。二反射光线的夹角 θ 与顶角 α 的关系很容易从几何光学中求得 $\theta=2\alpha$。

三棱镜安置如图 3-15-14(a)所示,顶角 α 对准平行光管的中心,使平行光分成两半,在 AB 和 AC 面上反射出去,并且顶角 α 应接近平台中心。若三棱镜安置不当,则望远镜将看不到反射光,如图 3-15-14(b)所示。测量左右两反射光线的角位置,就可算得顶角。测量时稍微改变顶角 α 接近平台中心的位置(左右、前后),反复测几次。

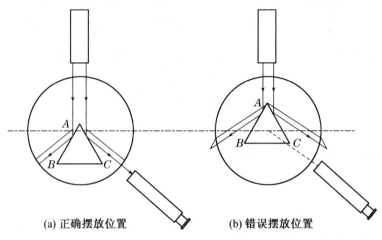

(a) 正确摆放位置　　　　　　　　(b) 错误摆放位置

图 3-15-14　三棱镜摆放位置

3. 利用最小偏向角测量三棱镜折射率

一束单色平行光 a 以入射角 i_1 投射到棱镜面 AC 上,如图 3-15-15 所示。经三棱镜两次折射后以 i_4 角从 AB 面射出,成为光线 b,则入射光 a 与出射光 b 的夹角 δ 称为偏向角。其大小为

$$\delta = (i_1 - i_2) + (i_4 - i_3)$$

即

$$\delta = i_1 + i_4 - \alpha \tag{3-15-1}$$

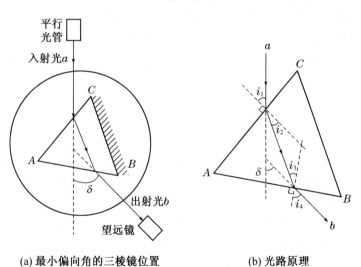

(a) 最小偏向角的三棱镜位置　　　　　　　(b) 光路原理

图 3-15-15　最小偏向角的三棱镜位置与光路原理

因为三棱镜已经给定,所以顶角 α 和折射率 n 已确定不变,所以偏向角 δ 是 i_1 的函数,随入射角 i_1 而变。转动三棱镜,改变入射光 a 对光学面 AC 的入射角 i_1,出射光线 b 的方向也随之改变,即偏向角 δ 发生变化。沿偏向角减小的方向继续缓慢转动三棱镜,使

偏向角逐渐减小；当转到某个位置时，若再继续沿此方向转动，偏向角将逐渐增大，在此位置达到最小值，称为最小偏向角，用 δ_{min} 表示，如图 3-15-15 所示。可以证明，当 $i_1=i_4$（或 $i_2=i_3$）时，偏向角有最小值，此时 $i_1=\dfrac{\alpha+\delta_{min}}{2}$，$i_2=\dfrac{\alpha}{2}$。根据折射定律，三棱镜的折射率为

$$n=\frac{\sin i_1}{\sin i_2}=\frac{\sin\dfrac{\alpha+\delta_{min}}{2}}{\sin\dfrac{\alpha}{2}} \tag{3-15-2}$$

实验中，利用分光计测出三棱镜的顶角 α 及最小偏向角 δ_{min}，即可由式（3-15-2）算出不同谱线在三棱镜中的折射率 n。

三、实验仪器

分光计，三棱镜，汞灯，平面反射镜。

四、实验步骤

1. 调节分光计

（1）调节望远镜聚焦于无穷远。

（2）调节望远镜光轴、载物台平面与分光计转轴垂直。

（3）调节平行光管产生平行光。

（4）调节平行光管光轴与分光计转轴垂直。

2. 调节三棱镜并测量三棱镜顶角 α

（1）三棱镜在载物台上的位置必须远离平行光管，如图 3-15-14 所示。

（2）测量棱镜的顶角 α。望远镜在光线（1）反射位置 1 的左、右游标盘的读数为 θ_1、θ_1'。移至光线（2）反射位置 2 的左、右游标盘读数为 θ_2、θ_2'。记录读数，由此就可以确定出顶角：

$$\alpha=\frac{1}{4}(|\theta_1-\theta_2|+|\theta_1'-\theta_2'|) \tag{3-15-3}$$

3. 测定最小偏向角 δ_{min}

（1）用低压汞灯照亮平行光管的狭缝，转动载物台，使待测三棱镜处在如图 3-15-15 所示的位置上。转动望远镜至出射光的方向，观察折射后的狭缝像，此时在望远镜中就能看到光谱线（狭缝单色像）。将望远镜对准谱线。

（2）慢慢转动载物台，改变入射角 i_1，使谱线往偏向角减小的方向移动，同时转动望远镜跟踪谱线。当载物台转到某一位置，谱线不再向前移动而开始向相反方向移动时，偏向角变大，这个位置就是谱线移动方向的转折点，即三棱镜对该谱线的最小偏向角的位置。

（3）将望远镜的竖直叉丝对准谱线，微调载物台，使棱镜做微小转动，准确找到谱线开始反向的位置，然后固定载物台，同时调节望远镜微调螺钉，使竖直叉丝对准谱线中心，记录此刻望远镜的左、右游标盘读数 θ、θ'。

（4）取下三棱镜，将望远镜（连同刻度盘）转到入射光线的方向，让竖直叉丝对准白色

狭缝像,记下相应的左、右游标的读数 θ_0、θ_0'。由此可以确定出最小偏向角,即

$$\delta_{\min} = \frac{1}{2}(|\theta - \theta_0| + |\theta' - \theta_0'|) \tag{3-15-4}$$

(5) 重复步骤(3)(4),测量三种不同谱线的最小偏向角。

(6) 利用式(3-15-2)计算三种谱线在三棱镜中的折射率。

五、数据记录与处理

表 3-15-1　顶角 α 的测量数据记录表

测量顶角读数			$\alpha = \frac{1}{4}(|\theta_1 - \theta_2| + |\theta_1' - \theta_2'|)$
游标读数	左反射光	右反射光	
1　左	$\theta_1 =$	$\theta_2 =$	
右	$\theta_1' =$	$\theta_2' =$	
2　左	$\theta_1 =$	$\theta_2 =$	
右	$\theta_1' =$	$\theta_2' =$	
3　左	$\theta_1 =$	$\theta_2 =$	
右	$\theta_1' =$	$\theta_2' =$	

$\alpha =$ _____。

表 3-15-2　棱镜最小偏向角的测量数据记录表

光谱线	分光计读数			$\delta_{\min} = \frac{1}{2}(|\theta - \theta_0| + |\theta' - \theta_0'|)$
	游标读数	出射光线位置	入射光线位置	
黄1	左	$\theta =$	$\theta_0 =$	
	右	$\theta' =$	$\theta_0' =$	
绿	左	$\theta =$	$\theta_0 =$	
	右	$\theta' =$	$\theta_0' =$	
紫	左	$\theta =$	$\theta_0 =$	
	右	$\theta' =$	$\theta_0' =$	

$n_{紫} =$ _____;

$n_{绿} =$ _____;

$n_{黄} =$ _____。

六、预习思考题

1. 测量三棱镜顶角时,应如何放置三棱镜?为什么?

2. 怎样正确读数并计算转角?

七、复习思考题

1. 何谓最小偏向角？在实验中如何确定最小偏向角的位置？
2. 如何判断哪个数据有可能是经过 360°的过零读数？（参见附录）

八、附录

过零读数处理

在棱镜顶角测量的实验中，我们由左、右游标盘在位置 1、2 的两对读数，来确定望远镜从位置 1 到位置 2 移过的角度。如图 3-15-16 所示，若是在刻度盘上读出这样的一组数据：

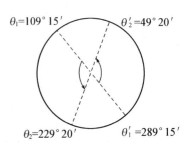

$$\theta_1 = 109°15', \theta_1' = 289°15'; \theta_2 = 229°20', \theta_2' = 49°20'$$

从图中可以看出：右游标从位置 1 转到位置 2 时，中间经过 0°0'（即 360°0'）刻度，θ_2' 的数值就可以看成 360°0' + 49°20' = 409°20'，那么顶角 α 的大小为

图 3-15-16　过零读数处得

$$\alpha = \frac{1}{4}(|\theta_1 - \theta_2| + |\theta_1' - \theta_2'|) = \frac{1}{4}(|109°20' - 229°15'| + |289°15' - 409°20'|) = 60°3'$$

因此，如果用分光计测角度时游标转过零刻度，那么求游标始末位置的差值"小数值数加 360°，再减去大数值"即为所求的角度。

第四章 综合性实验

实验 4.1 拉伸法测金属丝的杨氏弹性模量

杨氏模量(杨氏弹性模量)是描述固体材料抵抗弹性形变能力的一个重要物理量。它是生产、科研中选定构件材料的重要依据,是工程技术中常用的参数。

本实验采用静态拉伸法测定金属丝的杨氏模量。实验中涉及较多长度量的测量,应根据不同测量对象,选择不同的测量仪器。其中钢丝的长度改变很小,用一般的测量长度的工具不易精确测量,本实验采用的光杠杆法(又称镜尺法)是一种测量微小长度变化的简便方法,它可以实现非直接接触式的放大测量,是一种典型的微小长度测量方法。同时,光杠杆法还可以用来测量微小的角度变化,例如在冲击电流计、光电式检流计中都采用光杠杆法。

一、实验目的

(1) 学会用拉伸法测量金属丝的杨氏弹性模量;

(2) 掌握光杠杆法测量微小长度变化的原理;

(3) 学会用逐差法处理实验数据。

二、实验仪器

杨氏模量测定仪、光杠杆、尺读望远镜、螺旋测微计、米尺等。

三、实验原理

1. 杨氏弹性模量

一根粗细均匀的金属丝长度为 L,截面积为 S,上端固定,下端悬挂砝码,金属丝在外力 F 的作用下发生形变,伸长量为 ΔL,其相对的伸长量($\Delta L/L$)称为应变,单位面积上受力(F/S)称为应力。由胡克定律,在弹性限度内,其相对的伸长量($\Delta L/L$)与单位面积上受力(F/S)成正比,有

$$\frac{F}{S} = Y\frac{\Delta L}{L}$$

即

$$Y = \frac{FL}{S\Delta L} = \frac{4FL}{\pi d^2 \Delta L} \tag{4-1-1}$$

式中 Y 称为金属丝的杨氏弹性模量，单位为 N·m^{-2}，它的数值等于产生单位应变 $(\Delta L/L)$ 的应力 (F/S)，只与固体材料的性质有关。从微观结构来考虑，杨氏模量是一个表征原子间结合力大小的物理参量。

由式(4-1-1)可知，对 Y 的测量实际上就是对 F、S、ΔL、L 的测量，其中 F、S、L 较容易测得，而钢丝的伸长量 ΔL 很小，很难用一般测长度的仪器(米尺、游标卡尺等)测量，且 ΔL 随拉力 F 变化。因此，要实现非接触式测量，同时又要提高测量的准确度，就可以采用光杠杆法。

2. 光杠杆和尺读望远镜系统

如图 4-1-1 所示，光杠杆系统由光杠杆、望远镜和标尺组成。待测钢丝的上端被夹具夹住(或螺丝顶住)，悬挂于支架顶部 A 点，下端被圆柱体夹在 B 点。圆柱体能在平台 C 上的圆孔中上下自由移动。砝码盘 P 悬于圆柱体下端，用于放置砝码。

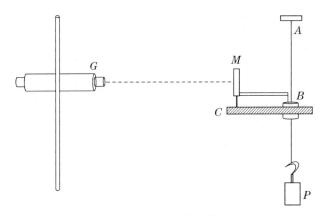

图 4-1-1　光杠杆系统

光杠杆如图 4-1-2 所示，它由一平面反射镜 M 和"T"字形支座构成。支座的两前尖脚 O_1O_2 放在平台 C 的凹槽内，后尖脚 O_3 放在圆柱体 B 的上端面上。当钢丝伸缩时，圆柱体 B 随之移动，光杠杆将绕 O_1O_2 的轴线转动。

望远镜 G 及标尺 n 与光杠杆彼此相对放置(相距 1 m 以上)，从望远镜中可以看到标尺经反射镜反射所成的标尺像，望远镜中水平叉丝对准标尺像的某一刻度线进行读数。

下面介绍如何利用光杠杆系统测量微小长度的变化，测量原理如图 4-1-3 所示。根据图中几何关系可知：

$$\tan\theta=\frac{\Delta L}{b} \qquad \tan 2\theta=\frac{n_1-n_0}{D}=\frac{\Delta n}{D}$$

由于 θ 很小，$\tan\theta\approx\theta$，$\tan 2\theta\approx 2\theta$，所以 $\theta=\frac{\Delta L}{b}$，$2\theta=\frac{\Delta n}{D}$。

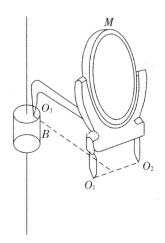

图 4-1-2　光杠杆

消去 θ，得

$$\Delta L=\frac{b}{2D}\Delta n \qquad\qquad (4\text{-}1\text{-}2)$$

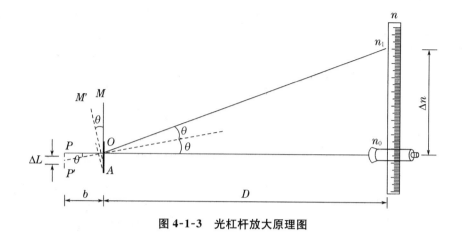

图 4-1-3　光杠杆放大原理图

将式(4-1-2)代入式(4-1-1),得

$$Y = \frac{8FLD}{\pi d^2 b \Delta n} \qquad (4\text{-}1\text{-}3)$$

四、实验步骤

1. 调整测量系统

(1) 目测粗调

① 如图 4-1-4 所示,调节杨氏模量测定仪的底脚螺丝,使水准仪气泡居中。

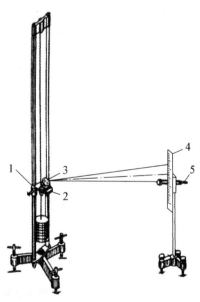

1—小圆柱体;2—平台;3—光杠杆;4—标尺;5—望远镜
图 4-1-4　杨氏模量测定仪

② 金属丝上端固定,下端加砝码(连钩总重 19.6 N),使金属丝拉直,并使平台与小圆

柱体处于同一高度。

③ 光杠杆的后尖脚 O_3 放在小圆柱体的上端面,两前尖脚 O_1O_2 放在平台前方的沟槽内,并使镜面与平台大致垂直。

(2)调焦找尺,并细调光路

① 调节望远镜目镜,使十字叉丝清晰。

② 调节望远镜高度,使之与反射镜等高,并使望远镜筒水平。

③ 调节望远镜调焦手轮和望远镜与平面镜的相对位置,使平面镜清晰、完整,再调望远镜,使标尺像清晰,并将十字叉丝水平线的位置调至标尺的零刻度附近,记下十字叉丝水平线对准的刻度值 n_1。

2. 测量数据

(1)依次增加砝码(每个砝码重 9.8 N),分别记下相应的读数 $n_2, n_3, \cdots, n_8$,数据填入表 4-1-1 中。

(2)再加一个砝码,但不必读数,待稳定后,逐个取下砝码,分别记下相应的读数 n_8', $n_6', n_5', \cdots, n_1'$,数据填入表 4-1-1 中。

(3)用螺旋测微计测金属丝直径 d,分别在上、中、下部不同方向各测两次;用钢卷尺测量金属丝长度三次;测量标尺到镜面的距离 D 三次;测量光杠杆长 b 三次(可用压脚印法)。所有数据填入表 4-1-2,4-1-3 中。

(4)求出各物理量的平均值,并代入式(4-1-3),计算金属丝的杨氏弹性模量。

五、数据记录与处理

表 4-1-1　测金属丝的杨氏弹性模量数据记录表

砝码重/N	标尺读数 n_i/cm		
	加砝码时	减砝码时	平均
1×9.8	$n_1 =$	$n_1' =$	$\overline{n_1} =$
2×9.8	$n_2 =$	$n_2' =$	$\overline{n_2} =$
3×9.8	$n_3 =$	$n_3' =$	$\overline{n_3} =$
4×9.8	$n_4 =$	$n_4' =$	$\overline{n_4} =$
5×9.8	$n_5 =$	$n_5' =$	$\overline{n_5} =$
6×9.8	$n_6 =$	$n_6' =$	$\overline{n_6} =$
7×9.8	$n_7 =$	$n_7' =$	$\overline{n_7} =$
8×9.8	$n_8 =$	$n_8' =$	$\overline{n_8} =$

表 4-1-2　测量金属丝直径数据记录表

次数	上		中		下		平均
	1	2	1	2	1	2	
金属丝直径 d/mm							

表 4-1-3　测量金属丝长度、光杠杆长度、平面镜与标尺距离数据记录表

次数	1	2	3	平均
金属丝长度 L/cm				
光杠杆长度 b/cm				
平面镜与标尺距离 D/cm				

请写出用逐差法计算的公式：

$$\overline{\Delta n} = \underline{\hspace{4cm}};$$

计算杨氏模量：

$$\bar{Y} = \frac{8F\bar{L}\bar{D}}{\pi \bar{d}^2 \bar{b}\overline{\Delta n}} = \underline{\hspace{4cm}}。$$

六、注意事项

(1) 调好实验装置记下初读数 n_1 后，在实验过程中不可再移动实验装置，否则整个测量系统就被破坏，所测数据无效，实验应从头做起。

(2) 增加砝码时，砝码的槽要交错放置。

(3) 加砝码时要轻拿轻放，并待稳定后再读数。

七、预习思考题

1. 杨氏模量的定义是什么？

2. 本实验是用什么方法来测量钢丝微小长度的变化的？

3. 光杠杆是如何实现角放大的？它的放大倍数与哪些物理量有关？

4. 杨氏模量的表达式中的字母的物理含义各是什么？它们各用哪种实验仪器测得？分别精确到哪一位？

5. 光杠杆系统镜尺组由哪些部分组成？如何调节望远镜才能看到清晰的十字叉丝？如何调节光杠杆和望远镜才能清楚地看到从镜面反射到望远镜中标尺的像？

八、复习思考题

1. 在相同的加载条件下，两根材料相同，粗细、长度不同的钢丝，它们的伸长量是否一样？杨氏模量是否相同？

2. 光杠杆有什么特点？怎样提高光杠杆的灵敏度？

3. 做本实验时，为什么要求在正式读数前先加砝码把金属丝拉直？不这样做会不会影响测量结果？

4. 分析本实验产生误差的主要原因。

实验 4.2　声速测定

声波是一种在弹性媒质中传播的机械波。振动频率介于 20 Hz～20 kHz 的声波是可闻声波,频率在 20 kHz～500 MHz 之间的声波是超声波。

声波在媒质中的传播速度与媒质的特性及状态等因素有关,因而通过测量某介质中传播的声速,就可以了解被测介质的特性和状态变化。声速的测量,在声波定位、探伤、无损检测、成像、测距中有广泛的应用。超声波具有波长短、易于定向传播等优点。测量超声波传播速度有着重要意义。

一、实验目的

(1) 用驻波干涉法、相位比较法测量声速;

(2) 加深对共振、波的干涉、振动合成等知识的理解;

(3) 进一步掌握示波器、低频信号发生器的使用。

二、实验原理

声波波速 v 与波长 λ 和频率 f 的关系为

$$v = f\lambda \tag{4-2-1}$$

在本实验中,由信号发生器输出信号通过压电换能器获得超声波,其频率可由信号发生器直接读出,实验的主要任务是测声波波长 λ,通常用下列两种方法来测量。

1. 驻波干涉法

由发射换能器 S_1 发射出平面超声波,经空气传播后到达接收换能器 S_2。如果接收面

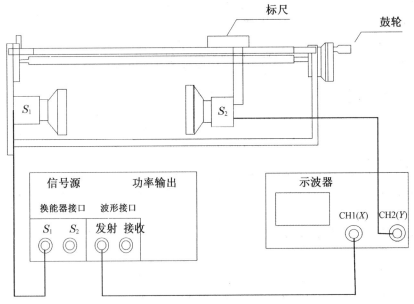

图 4-2-1　实验接线图

与发射面严格平行,入射波就会在接收面上垂直反射,入射波与反射波相干涉形成驻波。

设 S_1 发出的声波向右传播,其表达式为

$$y_1 = A\cos\left(\omega t - \frac{2\pi}{\lambda}x\right) \tag{4-2-2}$$

该声波传递到 S_2 端面发生反射,其反射波为

$$y_2 = A\cos\left(\omega t + \frac{2\pi}{\lambda}x\right) \tag{4-2-3}$$

在 S_1 与 S_2 之间,两列波产生共振干涉,形成驻波,其合成波方程为

$$y = y_1 + y_2 = A\cos\left(\omega t - \frac{2\pi}{\lambda}x\right) + A\cos\left(\omega t + \frac{2\pi}{\lambda}x\right) = \left[2A\cos\left(\frac{2\pi}{\lambda}x\right)\right]\cos(\omega t)$$
$$\tag{4-2-4}$$

由式(4-2-4)可知,驻波各点都在做同频率的周期性振动,各点的振幅是余弦函数的绝对值 $\left|2A\cos\left(\frac{2\pi}{\lambda}x\right)\right|$,振幅最大的位置即 $\cos\left(\frac{2\pi}{\lambda}x\right) = \pm 1$ 处,为驻波的波腹,其位置由式(4-2-5)决定:

$$2\pi\frac{x}{\lambda} = \pm k\pi, k = 0,1,2,\cdots$$
$$x = \pm k\frac{\lambda}{2}, k = 0,1,2,\cdots \tag{4-2-5}$$

同样,振幅最小的位置即 $\cos\left(\frac{2\pi}{\lambda}x\right) = 0$ 处,为驻波的波节,其位置由式(4-2-6)决定:

$$2\pi\frac{x}{\lambda} = \pm(2k+1)\frac{\pi}{2}, k = 0,1,2,\cdots$$
$$x = \pm(2k+1)\frac{\lambda}{4}, k = 0,1,2,\cdots \tag{4-2-6}$$

由式(4-2-5,4-2-6)可知,相邻波腹的间距为 $\frac{\lambda}{2}$,相邻波节的间距也是 $\frac{\lambda}{2}$。

实际上我们在示波器上观察到的是这两个相干波合成后在声波接收换能器 S_2 处的振动情况。移动 S_2 位置(即改变 S_1 和 S_2 之间的距离),从示波器上会观察到在某些位置时振幅出现最小值或最大值。

实际上,式(4-2-5,4-2-6)是理想化的推导。由于波阵面的发散及其他损耗,随着换能器 S_1 和 S_2 间距离的增大,各极大值的振幅会逐渐减小。当接收换能器 S_2 沿着声波发射传播的方向移动时,接收器端面声压的变化如图 4-2-2 所示。

当发送换能器所激发的强迫振动满足空气柱的共振条件 $l = n\frac{\lambda}{2}$ 时,接收换能器在一系列特定位置上将有最大电压输出(即波腹位置)。本实验中,通过测量驻

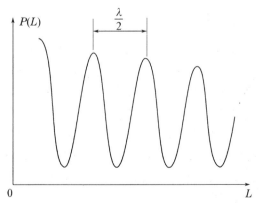

图 4-2-2　声压 $P(L)$ 与 S_2 位置 L 的关系

波相邻波腹的距离 $\frac{\lambda}{2}$,即可求出波长 λ。

2. 相位法测波长

由发射换能器 S_1(声源)发出的声波在空气中传播时,将引起空气媒质各点的振动,任意点的振动频率 f 与发射换能器 S_1 的振动频率相同,其相位与发射换能器 S_1 的相位差为

$$\Delta\varphi=2\pi\frac{L}{\lambda} \qquad (4\text{-}2\text{-}7)$$

以波上的两点为例,当 $\Delta\varphi=\pi$ 时,这两点的振动状态相反,称之为反相;当 $\Delta\varphi=0$ 或 $\Delta\varphi=2\pi$ 时,这两点的振动状态相同,称之为同相。

利用李萨如图形法可观察标准信号和通过换能器之后的信号相位变化,即把"信号发生器"产生的信号与接收器接收到的信号分别输入到示波器的 X、Y 输入端,通过示波器可观察到互相垂直的两个振动合成的李萨如图形,其原理见实验 3.7。由式(4-2-7)可知,换能器 S_1 和 S_2 间距改变时,两个换能器的振动相位差会发生改变,当间距 L 改变一个波长 λ 时,相位差改变 2π。各种相位差 $\Delta\varphi$ 相对应的典型李萨如图形如图 4-2-3 所示。

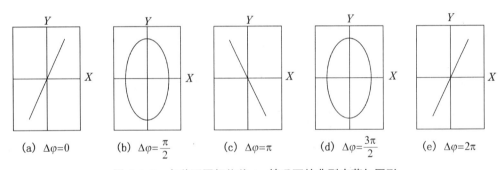

| (a) $\Delta\varphi=0$ | (b) $\Delta\varphi=\frac{\pi}{2}$ | (c) $\Delta\varphi=\pi$ | (d) $\Delta\varphi=\frac{3\pi}{2}$ | (e) $\Delta\varphi=2\pi$ |

图 4-2-3 各种不同相位差 $\Delta\varphi$ 情况下的典型李萨如图形

由图 4-2-3 可以看到,相位差 $\Delta\varphi=0,2\pi,4\pi,\cdots$ 时,李萨如图形将退化为如图所示同斜率的直线,当示波器屏上连续两次观察到同斜率的直线时,对应于相位改变了 2π,S_1 和 S_2 间距离改变即为接收器移动一个波长 λ 的距离。

三、实验仪器

声速测试仪、声速测试仪信号源、双踪示波器等。

声速测试仪的关键是发射换能器 S_1 和接收换能器 S_2,它们是由两只结构完全相同的超声压电陶瓷换能器组成的。压电陶瓷片是由一种多晶结构的压电材料(如石英、锆钛酸铅陶瓷等),在一定温度下经极化处理制成的,它具有压电效应,将外加电压加在压电材料上时,材料的伸缩形变与电压之间有简单的线性关系,就可以使正弦交流电信号变成压电材料纵向的机械振动(反向压电效应),并在空气中激发出超声波。当超声波传到接收端时,激发起接收换能器 S_2 端面的振动,在接收端再次利用压电陶瓷使声信号转化为电信号(正向压电效应)。

压电陶瓷换能器的结构如图 4-2-4 所示。

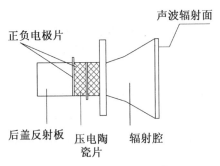

图 4-2-4　换能器结构简图

正负电极片

声波辐射面

后盖反射板　压电陶瓷片　辐射腔

本实验中,压电陶瓷换能器的谐振频率在 35～39 kHz 范围内,相应的超声波波长约为 1 cm。由于波长短,而发射端面直径比波长大得多,因而定向发射性好,离发射器端面稍远处的声波可近似认为是平面波。

四、实验步骤

(1) 熟悉双踪示波器和声速测试仪信号源的使用方法。

(2) 按图 4-2-1 接线,在 36～38 kHz 范围内粗调信号源输出频率 f,观察示波器上正弦波振幅的变化,调节频率 f 到振幅最大的点,即其在压电换能器谐振频率附近。缓慢转动手轮,移动换能器 S_2 的位置,可以看到示波器上正弦波的振幅再次变化,移到振幅极大处,停止不动。再仔细微调信号发生器的输出频率,使示波器上图形振幅再次达到最大,此时即产生了谐振,记下此时的频率,即压电换能器的谐振频率。

(3) 用驻波法测声速。

① 在谐振条件下,改变换能器 S_2 与 S_1 之间的距离,在示波器上看到振幅首次出现最大时,记录接收换能器的位置 x_1。

② 移动 S_2 位置,使接收波形振幅出现第 1、2、3、…、10 次极大值,记下相应位置 x_1、x_2、x_3、x_4、…、x_{10}(数据填入表 4-2-1 中)。用逐差法求出声波波长 $\bar{\lambda}$,并计算出声速。

(4) 用相位法测声速。

① 按图 4-2-1 接线,在谐振条件下,示波器显示的是两个频率相同,振动方向互相垂直的振动合成,即如图 4-2-3 所示的李萨如图形。

② 移动 S_2 位置,观察示波器上李萨如图形的变化情况,示波器显示相位差是 2π 的整数倍,即 $\Delta\varphi=0,2\pi,4\pi\cdots$ 的图形时(这时李萨如图形是斜率为正的直线),依次读出接收换能器 S_2 的位置 x_1、x_2、x_3、x_4、…、x_{10}(数据填入表 4-2-2 中),用逐差法求出声波波长 $\bar{\lambda}$,并计算出声速。

五、实验数据记录与处理

谐振频率 $f=$＿＿＿＿＿Hz。

1. 驻波法

表 4-2-1　驻波法测声速

振幅极大值编号	1	2	3	4	5
x 位置读数/mm					
振幅极大值编号	6	7	8	9	10
x 位置读数/mm					

用逐差法计算声波波长:

$\bar{\lambda}=$ _____;

声速: $\bar{v}=$ _____。

2. 相位法

表 4-2-2　相位法测声速

$\Delta\varphi$ 同相编号	1	2	3	4	5
x 位置读数/mm					
$\Delta\varphi$ 同相编号	6	7	8	9	10
x 位置读数/mm					

用逐差法计算声波波长:

$\bar{\lambda}=$ _____;

声速: $\bar{v}=$ _____。

六、预习思考题

1. 声速测定仪是如何产生驻波的? 换能器 S_2 接收到的信号有什么特点?

2. 相位法是利用什么原理进行测量的? 应在出现什么现象时读数? 这些位置之间有什么关系?

七、复习思考题

1. 如果两个换能器 S_1 和 S_2 不平行,对实验结果有什么影响?

2. 实验中如何确定换能器的谐振频率?

3. 声速测定实验中存在两个共振(谐振),它们分别是什么共振? 它们是相同的吗?

4. 驻波法测声速主要利用哪个共振? 各共振位置之间有什么关系?

实验 4.3　用霍尔元件测螺线管磁场

1879 年,美国物理学家霍尔在研究载流导体在磁场中受力的性质时发现,任何导体通以电流时,若存在垂直于电流方向的磁场,则导体内部产生与电流和磁场方向都垂直的电场,这一现象称为霍尔效应。对于一般金属导电材料,这一效应不太明显,自 20 世纪

60 年代以来,随着半导体工业的发展,先后制成多种有显著霍尔效应的材料,由此制成的霍尔元件,广泛应用于测量技术、自动化技术、计算机和信息技术等领域。在测量技术中,霍尔元件的典型应用就是测量磁场。

一、实验目的

(1) 了解用霍尔效应测量磁场的原理和方法;
(2) 学习用霍尔元件测量螺线管沿轴线的磁场分布。

二、实验原理

1. 霍尔效应的基本原理与应用

霍尔效应:在一块长方形的金属薄片两边的对称点 S、P 之间接一个毫安表,如图 4-3-1 所示。沿 x 轴正方向通以电流 I_S,若在 z 轴方向不加磁场,毫伏表不显示任何偏转,这说明 S、P 两点是等电位的。若在 z 方向加上磁场 B,毫伏表立即偏转,这说明 S、P 两点间建立了电势差。霍尔发现这个电势差与电流强度 I_S 及磁感应强度 B 均成正比、与板的厚度 d 成反比,即

$$U_H = R_H \frac{I_S B}{d}$$

式中:U_H 叫霍尔电压;R_H 叫霍尔系数。该式最初是个经验式,现在可以用洛伦兹力来加以说明。

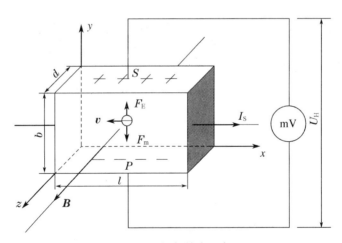

图 4-3-1　霍尔效应示意图

根据带电粒子在空间电场和磁场中运动时受力的规律,如图 4-3-1 所示,把一块长为 l,高宽为 b,厚为 d 的半导体薄片(设此薄片选用均匀的 N 型半导体材料制成,导电的载流子是电子)放在均匀磁场中,并使薄片的平面垂直于磁感应强度 B 的方向,且沿 x 轴方向给薄片通以恒定工作电流 I_S。

那么薄片内以速率 v 运动的电子将受到磁场对它的作用力 F_m。

$$\boldsymbol{F}_m = -e\boldsymbol{v} \times \boldsymbol{B} = -evB\boldsymbol{j} \tag{4-3-1}$$

此力使薄片内部电子的运动产生偏转并积聚在下底面上,其上底面将出现等量的正电荷,其结果形成一个上正、下负的静电场 E_H,称为霍尔电场。相应的,在上、下两端面间会形成电势差 U_H,称为霍尔电压,这一现象称为霍尔效应。

霍尔电场 E_H 对电子的作用力为 F_E

$$\boldsymbol{F_E} = q\boldsymbol{E_H} = eE_H\boldsymbol{j} = e\frac{U_H}{b}\boldsymbol{j} \tag{4-3-2}$$

电场力 F_E 和磁场力 F_m 很快达到平衡

$$evB = e\frac{U_H}{b},\text{即 } U_H = vBb \tag{4-3-3}$$

再根据金属导电的经典电子理论,电流大小为

$$I_S = envbd \tag{4-3-4}$$

式中:e 为电子电量;n 为单位体积内的自由电子数(也称"自由电子数密度"或"自由电子浓度");v 为导电电子定向运动的速度。

由式(4-3-3,4-3-4),可得霍尔电压 U_H 为

$$U_H = \frac{I_S B}{end} = K_H I_S B \tag{4-3-5}$$

式中 $K_H = \dfrac{1}{end}$ 称为霍尔元件的灵敏度,其单位为毫伏/(毫安·特斯拉),记为 mV/(mA·T),对特定的霍尔元件,其灵敏度 K_H 是常数,与霍尔元件的材料性质(导电类别、导电电荷浓度等)及几何尺寸有关。

在金属导体中,由于自由电子的数密度很大,因而金属导体的霍尔系数很小,相应的霍尔电压也就很弱。在半导体中,载流子数密度要低得多,因而半导体的霍尔系数比金属导体大得多,所以半导体能产生很强的霍尔效应。

利用霍尔效应制成的霍尔元件作为一种特殊的半导体器件,在生产和科研中得到了广泛的应用。本实验中霍尔元件的工作电流 I_S 和霍尔电压可以通过精密的仪表测得,那么未知磁场 B 就可以由式(4-3-5)求得,即

$$B = \frac{U_H}{K_H I_S} \tag{4-3-6}$$

式中:U_H 的单位为 mV;I_S 的单位是 mA。

2. 霍尔效应中副效应产生、减小与修正方法

在用霍尔元件测磁场 B 的过程中,伴随霍尔效应出现几个副效应,在研究固体导电过程中,继霍尔效应之后,又相继发现了爱廷好森(Etinghausen)效应、能斯脱(Nernst)效应、里纪-勒杜克(Righi-Leduc)效应,这些都属于热磁副效应。现分别介绍如下:

(1) 爱廷好森(Etinghausen)效应

1887 年,爱廷好森发现,由于载流子速度不同,在磁场的作用下所受洛伦兹力不相等,快速载流子受力大且能量高,慢速载流子受力小且能量低。因此,导致霍尔元件的一端较另一端温度高而形成一个温度梯度场,从而出现一个温差电动势 U_E。U_H 的正负与工作电流 I_S、磁感强度 B 的方向有关。U_E 带来的误差比较小。

(2) 能斯脱(Nernst)效应

由于工作电流 I_S 输入输出两引线与霍尔元件的接触电阻不可能完全相等,因此,通电后输入输出端之间会产生温度梯度,出现热扩散电流,在磁场的作用下建立一个纵向附加电场,因而产生附加电压 U_N。附加电压 U_N 的正负仅取决于磁场 B 的方向。

（3）里纪-勒杜克(Righi-Leduc)效应

由于热扩散电流的载流子迁移率不同,类似于爱廷好森(Etinghausen)效应中载流子速度不同,也将形成一个纵向的温度梯度而产生相应的温差电动势 U_{RL},U_{RL} 的正负只与 B 的方向有关。

（4）不等位效应

由于制造工艺技术的限制,霍尔元件的电位 S、P 极不可能接在同一等位面上,因此,当电流 I_S 流过霍尔元件时,即使不加磁场,两极板间也会产生一不等位电位差 U_0。显然,U_0 只与与工作电流 I_S 的方向有关。

这些副效应将引起测量误差。根据副效应的产生机理,采取改变工作电流 I_S 的方向和外加磁场 B 的方向,可以消除部分附加电势的影响,这种消除系统误差的方法称为对称测量法。

本实验中,对于加在霍尔元件上的工作电流 I_S 和外加磁场 B,我们自定义一个正方向,利用双刀换向开关来改变工作电流 I_S 的方向和外加磁场 B 的方向,实测的电压包含霍尔电压 U_H,并测出四组数据：

加 $+B$、$+I_S$ 时,测量到的霍尔电压为 $U_{H1} = U_H + U_E + U_N + U_{RL} + U_0$；

加 $+B$、$-I_S$ 时,测量到的霍尔电压为 $U_{H2} = -U_H - U_E + U_N + U_{RL} - U_0$；

加 $-B$、$-I_S$ 时,测量到的霍尔电压为 $U_{H3} = U_H + U_E - U_N - U_{RL} - U_0$；

加 $-B$、$+I_S$ 时,测量到的霍尔电压为 $U_{H4} = -U_H - U_E - U_N - U_{RL} + U_0$。

由以上第一式减去第二式加上第三式减去第四式,得

$$U_H + U_E = \frac{1}{4}(U_{H1} - U_{H2} + U_{H3} - U_{H4})$$

因此,这样处理后,除爱廷好森(Etinghausen)效应引起的附加电压外,其他几个主要的附加电压全部被消除了。但因 U_E 电压很小,可以忽略不计,故上式可写为

$$U_H = \frac{|U_{H1}| + |U_{H2}| + |U_{H3}| + |U_{H4}|}{4}$$

三、实验仪器

螺线管磁场测试仪、螺线管磁场实验仪、毫安表、单刀开关以及双刀换向开关等。

四、实验步骤

（1）根据图 4-3-2 和图 4-3-3 连接实验线路。

（2）调节螺线管磁场测试仪面板上的旋钮，给螺线管线圈通以一定数值的励磁电流，如 $I_m=0.500$ A 或由实验室给出；使霍尔元件的工作电流为 $I_S=3.00$ mA（具体数据应视所选用的霍尔元件而确定，此电流应小于霍尔元件的最大工作电流）。

（3）霍尔元件在螺线管中的位置改变时，有一标尺可显示其位置改变的数量，开始时，调整标尺零点对齐，这时为霍尔元件测量磁场的起始位置。用数字毫伏表测出霍尔元件在螺线管端点时的霍尔电压 U_H。

（4）利用双刀换向开关来改变工作电流 I_S 的方向和外加磁场 B 的方向（外加磁场 B 的方向改变，可以通过改变螺线管线圈中流过的励磁电流 I_m 的方向来实现），共有四种不同的组合，分别测出四组对应数据，并记录到数据表 4-3-1 中。

（5）保持螺线管的励磁电流 I_m、霍尔元件的工作电流 I_S 的值不变，通过传动装置沿螺线管中心轴线改变霍尔元件探头位置，重复步骤（4）逐点进行测量。靠近螺线管端点处应多测几个点。

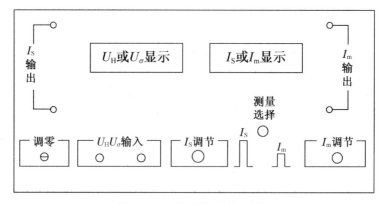

图 4-3-2　螺线管磁场测试仪

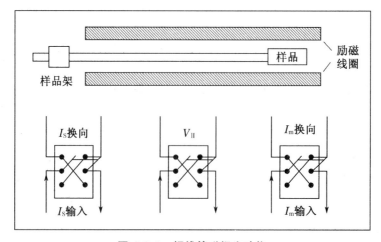

图 4-3-3　螺线管磁场实验仪

（6）把 U_H 值代入式（4-3-6），算出磁感应强度 B 并填入表 4-3-1 中。

（7）将所得结果以 x 轴为横坐标、磁感应强度 B 为纵坐标,作沿螺线管中心轴线上磁感应强度随位置变化的 B-x 曲线。

五、实验数据记录及处理

霍尔元件的灵敏度 K_H =＿＿＿＿＿＿ mV·mA^{-1}·T^{-1};

螺线管的励磁电流 I_m =＿＿＿＿＿＿ A;

霍尔元件的工作电流 I_S =＿＿＿＿＿＿ mA。

表 4-3-1　测量螺线管磁场沿轴线的分布数据记录表

x/cm	U_H/mV					
	$+B$、$+I_S$	$+B$、$-I_S$	$-B$、$-I_S$	$-B$、$+I_S$	$\bar{U}_H$	B/T

其中

$$U_H = \frac{|U_{H1}| + |U_{H2}| + |U_{H3}| + |U_{H4}|}{4}$$

$$B = \frac{U_H}{K_H I_S}$$

六、注意事项

（1）霍尔元件工作电流不能太大,否则会因过热而烧坏;通电螺线管不宜长时间通电,接通电源后应尽快完成实验。

（2）螺线管端点处磁场衰减显著,应多测几个点便于作图。

七、预习思考题

1. 霍尔效应是怎么产生的? 利用霍尔效应测磁场时,要测哪些物理量?

2. 测量霍尔电压时,如何消除副效应的影响?

八、复习思考题

1. 霍尔元件的灵敏度 K_H 的物理意义是什么? 通过本实验能否测定出它的大小?

2. 利用霍尔元件可测出交变电流的磁场,请大致给出实验设计方案。

实验 4.4　电子束的电偏转研究

带电粒子在电场和磁场中的运动是近代科学应用领域中经常遇到的物理现象,许多电子检测仪器都是根据带电粒子在电磁场中的运动规律设计而成的,如示波管、电视显像管、摄像管、雷达指示管、电子显微镜等。它们的外形和功能虽然各不相同,但它们都利用了电子束的聚焦和偏转,因此统称为电子束管。电子束的聚焦与偏转可以通过电场或磁场对电子的作用来实现,前者称为电聚焦和电偏转,后者称为磁聚焦和磁偏转。本实验研究示波管的电偏转。示波管是阴极射线示波器的主要部件,是一种非常有用的电子器件,它的工作原理与电子显像管非常相似。利用示波管研究电子的运动规律非常方便,通过本实验可以加深对电子在电场中运动规律的理解,有助于了解示波器和显像管的工作原理。

一、实验目的

(1) 了解示波管的构造和工作原理,研究静电场对电子的加速作用;

(2) 学习使用电子和场实验仪;

(3) 定量分析电子束在匀强电场作用下的偏转情况,测量示波管的电偏转灵敏度。

二、实验原理

1. 示波管的基本结构

示波管又叫阴极射线管,它的构造如图 4-4-1 所示,主要包括 3 个部分:前端为荧光屏,中间为偏转系统,后端为电子枪。它们都密封在抽成高真空的玻璃壳之中,以免电子在示波管中穿越时与气体分子发生碰撞。

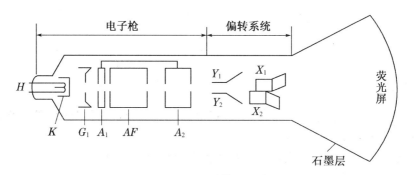

图 4-4-1　示波管的构造

(1) 电子枪

电子枪的作用是发射电子,并把它们加速到一定速度聚成一细束。电子枪由灯丝 H、阴极 K、控制栅极 G_1、第一加速阳极 A_1、聚焦电极 AF、第二加速阳极 A_2 等同轴金属圆筒组成,如图 4-4-1 所示。灯丝 H 通电后加热阴极 K,使阴极 K 发射电子。控制栅极 G_1 的电位比阴极低,对阴极发出的电子起排斥作用,只有初速度较大的电子才能穿过栅极的小孔并射向荧光屏,而初速度较小的电子则被电场排斥回阴极。通过调节栅极电位 G_1,可以控制射向荧光屏的电子流密度,从而改变荧光屏上的光斑亮度。阳极电位比阴极电位高很多,对电子起加速作用,使电子获得足够的能量射向荧光屏,从而激发荧光屏上的荧光物质发光。电极 AF 为聚焦阳极,面板上的"聚焦"旋钮就是用来调节聚焦阳极电位的;阳极 A_1、A_2 均为加速阳极,增加加速电极的电压,电子可获得更大的轰击动能,荧光屏的亮度水平虽然可以提高,但加速电压一经确定,就不宜随时通过改变它来调节亮度。

（2）偏转系统

偏转系统由两对互相垂直的偏转板构成,其中一对是上下放置的,称为 Y 轴偏转板（或垂直偏转板）,另一对是水平放置的,称为 X 轴偏转板（或水平偏转板）。若在偏转板的极板间加上电压,则极板间电场会使电子束偏转,使荧光屏上的光点发生偏移,偏移量的大小与所加电压成正比。其中,X 轴偏转板使电子束在水平方向（X 轴）上偏移,Y 轴偏转板使电子束在垂直方向（Y 轴）上偏移。

（3）荧光屏

荧光屏上涂有荧光物质,在高速电子束轰击下发出荧光,用以显示电子束打在示波管端面的位置。当电子束停止轰击,荧光物质将持续一段时间后才停止发光,这段时间称为余辉时间。不同材料的荧光粉发出的颜色不同,余辉时间也不同。如果电子束长时间轰击荧光屏上某一固定位置,则这一点可能会被烧坏而形成暗斑,所以当电子束光斑需要长时间停留在屏上不动时,应将光点亮度减弱。示波管内部表面涂有石墨导电层,叫屏蔽电极,它与第二阳极连在一起,可避免荧光屏附近电荷积累。

2. 电子束的加速和电偏转

在示波管中,电子从被加热的阴极 K 逸出后,由于受到阳极电场的加速作用,使电子获得沿示波管轴向的动能。如图 4-4-2 所示,假定电子从阴极逸出时初速度忽略不计,电子经过第二阳极电压 U_2 加速后,电场力做的功 eU_2 应等于电子获得的动能

$$eU_2 = \frac{1}{2}mv_Z^2 \tag{4-4-1}$$

显然

$$v_Z = \sqrt{\frac{2e}{m}U_2} \tag{4-4-2}$$

如果在电子运动的垂直方向加一纵向电场,电子在该电场作用下将发生纵向偏转,如图 4-4-2 所示。

若偏转板长 l、偏转板末端至屏距离为 L、偏转板间距离为 d,纵向偏转电压 U_d,则荧光屏上光点的横向偏转移量 D 由式（4-4-3）给出

$$D = \left(L + \frac{l}{2}\right) \cdot \frac{U_d}{U_2} \cdot \frac{l}{2d} = L' \cdot \frac{U_d}{U_2} \cdot \frac{l}{2d} \tag{4-4-3}$$

式中 $L' = L + \dfrac{l}{2}$。可见,当 U_2 不变时,D 与 U_d 呈线性关系。本实验可以验证 D 与 U_d 的线性关系,因此,根据该线性关系可以将示波管做成测量电压的工具。若改变加速电压 U_2,适当调节 U_1 到最佳聚焦状态,可以测定 $D \sim U_d$ 直线的斜率随 U_2 变化的关系。

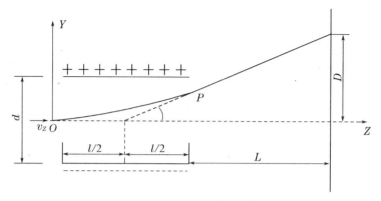

图 4-4-2　电子束的电偏转

3. 电偏转灵敏度

电偏转灵敏度是反映电子束在电场中偏转特性的一个重要的物理量。式(4-4-3)表明,偏转板的电压越大,屏上光点的位移也越大,两者是线性关系。其比例常数在数值上等于施加单位偏转电压时,光点在荧光屏上位移的大小,即为示波管的电偏转灵敏度 S,单位为 mm/V。对 X 轴、Y 轴偏转板其电偏转灵敏度为

$$S_X = \frac{D_X}{U_X} = \frac{lL'}{2dU_2}, S_Y = \frac{D_Y}{U_Y} = \frac{lL'}{2dU_2} \tag{4-4-4}$$

可以看到,电偏转灵敏度 $S(S_X, S_Y)$ 与加速电压 U_2 成反比,U_2 越大,偏转灵敏度越低。

同时应注意到,电偏转灵敏度还与偏转板的长度 l、两板距离 d 及偏转板到屏幕的距离有关。在示波管出厂时,上述数据已经确定,实验中不必调节,可以通过调节偏转电压 U_2 来改变电偏转灵敏度。当两偏转板距离 d 较小时,偏转量较大的电子容易被偏转板的末端阻挡,电子束经过末端边缘的非均匀电场时,由于偏移量与偏转电压的线性关系遭到破坏,而引起电子束的散焦。因此,在实际的示波管中,偏转电极并非一对平行板,而是呈喇叭口形状。这是为了消除偏转板的边缘效应,增大偏转板的有效长度。

三、实验仪器

电子和场实验仪。

以 EF-4S 型电子和场实验仪为例,介绍该仪器的使用方法,其仪器面板示意图如图 4-4-3 所示。

如图 4-4-1 所示,灯丝 H 用 6.3 V 交流供电,其作用是将阴极 K 加热,使阴极 K 发射电子。它由仪器面板上的"灯丝开关"控制。

阴极 K 的主要作用是发射电子,它的电压(相对于地)在直流 $-1\ 000 \sim -1\ 300$ V 之间可调。

控制栅极 G_1 相对于阴极 K 的电势为负。栅极电压在 $0 \sim -50$ V 之间可调,其作用是控制发射电子束的数量,以保证有适当的亮度。当栅压增高时,对阴极发射电子的抑制作用增强,反之则减少。栅极电压由仪器面板上的"栅压 V_G"旋钮调节。

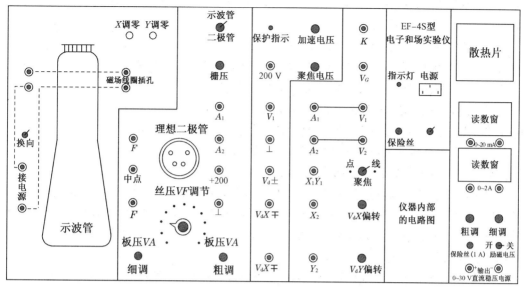

图 4-4-3 EF－4S 型电子和场实验仪面板示意图

聚焦阳极 A_1 相对于阴极 K 有 $500 \sim 850$ V 的电压,实验时,用仪器专用接线在仪器面板上将接线柱"A_1"与接线柱"U_1"接好。聚焦电压通过仪器面板上的"聚焦电压"旋钮进行调节。

加速阳极 A_2 的作用是加速电子。实验时,用仪器专用接线在仪器面板上将接线柱"A_2"与接线柱"$\perp$"相连。调节阴极 K 相对于地的电压(阴极接负电压),也就是改变了加速阳极 A_2 相对于阴极 K 的电压,所以加速阳极 A_2 相对阴极 K 有 $1\,000 \sim 1\,300$ V 的正电压。加速电压由仪器面板上的"加速电压"旋钮调节。

X_1、X_2 和 Y_1、Y_2 是两对互相垂直放置的平行板电极。X_1、X_2 称为水平偏转板,当在两极板之间加上电压时,极板间建立的电场就会使电子束在水平方向(X 轴)上偏移。Y_1、Y_2 称为垂直偏转板,当在两极板之间加上电压时,极板间建立的电场就会使电子束在垂直方向(Y 轴)上偏移。

在整个仪器面板上,除设有与示波管各电极连接的接线柱外,还有供测量电压用的测量孔,如"V_1""V_2""K""U_G"等测量孔。用直流电压表分别测量"V_1""V_2""U_G"与"K"之间的电压,即为聚焦电压 U_1、加速电压 U_2、栅极电压 U_G。

四、实验步骤

1. 开机准备

(1)仔细阅读教材,理解板面上各接线柱、旋钮和测量孔的位置、作用及用法。

(2)用仪器专用线在仪器面板上分别将接线柱"A_1"和接线柱"V_1";接线柱"A_2"和接线柱"$\perp$";接线柱"$V_d \pm$"和接线柱"$X_1 Y_1$"、接线柱"$V_d X \mp$"和接线柱"X_2"、接线柱"$V_d Y \mp$"和接线柱"Y_2"连接。

(3)打开电源开关,将"灯丝开关"拨向"示波管"位置,接通灯丝电流,几分钟后示波管灯丝逐渐变亮；观察示波管荧光屏上是否出现亮点，若屏上无亮点，则调节 X 调零旋钮和 Y 调零旋钮直至出现光点。

（4）将加速电压调到较小的值（1 000 V 左右），然后将"聚焦选择开关"拨向"点"聚焦位置，调节"聚焦电压"旋钮，使荧光屏上出现一聚焦亮点。调节"栅压 V_G"旋钮，使亮点的亮度适中，并调整聚焦电压 U_1，使荧光屏上亮点聚焦。

（5）用万用表测出加速电压 U_2 和聚焦电压 U_1，并将测量值填入实验记录表中。其中加速电压 U_2 用万用表 2 500 V 挡测量，"－"表笔接触测孔"K"，"＋"表笔接触孔"V_2"。

2. 示波管电偏转灵敏度测量（以 Y 方向为例）

（1）将偏转电压调至零，并旋转调零旋钮将光点调至中心原点处。

（2）保持水平偏压 U_{dX} 不变，选用万用表直流电压挡，"－"表笔（或"＋"表笔）接触接线柱"X_1Y_1"，"＋"表笔（或"－"表笔）接触接线柱"Y_2"。慢慢旋转垂直偏转电压旋钮，使亮点在荧光屏上垂直移动，每次移动 2 mm，测出一组与偏移量相对应的垂直偏转电压 U_{dY}，且将各数据填入表 4-4-1 中。

（3）改变加速电压 U_2 值（可由实验室给出），并保持水平偏压 U_{dX} 不变，重复上述步骤，测出一组在不同加速电压下的 $D_Y \sim U_{dY}$ 关系数据，且将各数据填入表 4-4-2 中。

（4）在坐标纸上，以偏压为横坐标、偏移量为纵坐标，画出两组 $D \sim U_d$ 直线，比较偏转灵敏度与加速电压的关系。

3. 停机

测量完毕后关闭电源，拆下电表及所有连线，整理好实验箱。

五、实验数据记录

聚焦电压 $U_1 =$ _____ V；加速电压 $U_2 =$ _____ V。

表 4-4-1　电子束的偏转量与偏转电压的关系数据记录表（1）

偏移量 D_Y/mm	20	18	16	14	12	10	8	6	4	2	0
Y 偏转电压 U_{dY}/V											
偏移量 D_Y/mm	－2	－4	－6	－8	－10	－12	－14	－16	－18	－20	
Y 偏转电压 U_{dY}/V											

灵敏度 $S=$ _____。

改变加速电压 U_2 值，加速电压 $U_2 =$ _____ V。

表 4-4-2　电子束的偏转量与偏转电压的关系数据记录表（2）

偏移量 D_Y/mm	20	18	16	14	12	10	8	6	4	2	0
Y 偏转电压 U_{dY}/V											
偏移量 D_Y/mm	－2	－4	－6	－8	－10	－12	－14	－16	－18	－20	
Y 偏转电压 U_{dY}/V											

灵敏度 $S=$ _____。

六、预习思考题

1. 示波管主要是由哪几部分组成的？各部分的功能是什么？
2. 在加速电压不变的情况下，偏转距离是否与偏转电压或者偏转电流成正比？
3. 在偏转电压或者偏转电流不变的条件下，偏转距离与加速电压之间是什么关系？
4. 示波管的垂直电偏转灵敏度和水平电偏转灵敏度是否相同，为什么？

七、复习思考题

1. 示波管中怎样用电场来控制电子束的强弱、电子束的聚焦和偏转？
2. 当加速电压 $U_2 = 900\ V$ 时，电子的速度多大？若电子从阴极到荧光屏保持此速度不变，约需多少时间？（设阴极到荧光屏距离为 16 cm）
3. 在电子束的电偏转时若偏转电压 U_d 同时加在 X、Y 偏转电极上，预期光点会随 U_d 做何变化？

实验 4.5　电子束的磁偏转研究

示波管通常采用电偏转结构，因此管子较长且显示屏小，不能满足电视机等设备的显像要求。显像管主要用来显示图像，其工作原理和示波管很相似，但由于采用磁偏转结构，依据带电粒子在磁场中运动时受到洛伦兹力的作用而发生偏转的原理进行工作，因此显像管的前后距比示波管要短得多，并且容易满足大屏幕显示的要求，其用途更为广泛。本实验通过研究示波管内电子束的磁偏转，有助于了解显像管的工作原理。

一、实验目的

（1）学习使用电子和场实验仪；
（2）了解电子束的磁偏转原理；
（3）定量分析电子束在横向匀强磁场作用下的偏转情况，测量示波管磁偏转系统的灵敏度。

二、实验原理

1. 磁偏转系统的工作原理

电子束通过外加横向磁场时，在洛伦兹力作用下发生偏转。如图 4-5-1 所示，实线矩形框内为磁感应强度 B 垂直纸面向外的匀强磁场。若电子以速度 v_z 垂直进入磁场 B 中，将受洛伦兹力 F_m 作用，在磁场区域内做半径为 R 的匀速圆周运动。电子沿弧 AC 穿出磁场区后，沿 C 点的切线方向做匀速直线运动，最后打在荧光屏的 P 点，光点的偏移量为 D。

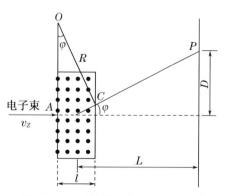

图 4-5-1　磁偏转系统的工作原理图

设电子进入磁场之前,加速电压为 U_2,忽略电子离开阴极 K 时的初动能,加速场对电子所做的功等于电子动能的增量:

$$eU_2 = \frac{1}{2}mv_Z^2 \qquad (4\text{-}5\text{-}1)$$

式中:e 为电子的电量;m 为电子的质量。

电子以速度 v_Z 垂直进入磁场后,其所受的洛伦兹力 F_m 的大小为

$$F_m = ev_ZB$$

结合牛顿第二定律,可得

$$ev_ZB = m\frac{v_Z^2}{R}$$

由上式可以确定电子偏转运动的轨道半径为

$$R = \frac{mv_Z}{eB} \qquad (4\text{-}5\text{-}2)$$

在偏转角 φ 较小的情况下,近似地有

$$\tan\varphi = \frac{l}{R} \approx \frac{D}{L} \qquad (4\text{-}5\text{-}3)$$

式中:l 为磁场宽度;D 为电子在荧光屏上亮斑的偏移量(忽略荧光屏的微小弯曲);L 为从横向磁场中心至荧光屏的距离。

联立式(4-5-1~4-5-3),可得

$$D = lBL\sqrt{\frac{e}{2mU_2}} \qquad (4\text{-}5\text{-}4)$$

实验中的外加横向磁场由一对载流线圈产生(图 4-5-2),其大小为

$$B = k\mu_0 nI \qquad (4\text{-}5\text{-}5)$$

式中:μ_0 为真空中的磁导率;n 为单位长度线圈的匝数;I 为线圈中的励磁电流;k 为线圈产生磁场公式的修正系数($0 < k \leqslant 1$)。

由此可得偏移量 D 与励磁电流 I、加速电压 U_2 等的关系为

$$D = k\mu_0 nIlL\sqrt{\frac{e}{2mU_2}} \qquad (4\text{-}5\text{-}6)$$

当励磁电流 I(即外加磁场 B)确定时,电子束在横向磁场中偏转量 D 与加速电压 U_2 的平方根成反比。

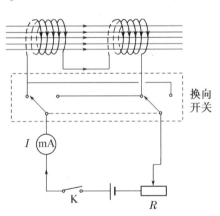

图 4-5-2　载流线圈产生的横向磁场

2. 磁偏转灵敏度

实验规定,单位励磁电流所引起的电子束的磁偏转量称为磁偏转灵敏度,以 S_m 表示,即

$$S_m = \frac{D}{I} = k\mu_0 nlL\sqrt{\frac{e}{2mU_2}} \qquad (4\text{-}5\text{-}7)$$

单位为米/安培,记为 m·A^{-1}。

比较电偏转系统的灵敏度与磁偏转系统的灵敏度后可以发现,提高加速电压 U_2 对磁偏转灵敏度的影响要比对电偏转灵敏度的影响小。因此,提高显像管中电子束的加速电压来增强屏上图像的亮度比使用电偏转有利;其次磁场中的洛伦兹力对电子不做功,不会改变电子的能量,它只改变电子运动的方向,即使偏转角很大也不会破坏电子束的聚焦,因此磁偏转便于得到电子束的大角度偏转,从而缩短示波管的长度,更适合于大屏幕图像显示的需要。但是,磁偏转系统也有其难以克服的缺陷,主要因为磁偏转线圈的电感和分布电容较大,使得它不适用于高频偏转信号;而且磁偏转线圈通过的电流较大,需要消耗较大的功率。而电偏转系统由于偏转电场不消耗功率,偏转系统的电感和电容很小,在偏转信号频率很高时,惯性很小,所以示波管中往往都采用电偏转系统。

三、实验仪器

电子和场实验仪(仪器面板示意图可参考实验 4.4)。

四、实验步骤

1. 开机准备

(1) 参考实验 4.4 连接电路,注意将机内直流稳压电源串接安培表,再接到本机"外供磁场电源",两只磁偏转线圈分别插入示波管两侧的"磁场线圈插孔"。

(2) 将转换开关拨向"示波管",打开仪器电源,找出亮点,调节栅极电压"V_G",使其亮度合适(太亮会损坏荧光屏)。调节偏转电压"V_{dx}"和"V_{dy}"偏转旋钮,使示波管的两组偏转电压都为零。同时,调节"X 调零"和"Y 调零"旋钮,使亮点处于"刻度板"中心处。

(3) 调节"加速电压"旋钮,将加速电压调到较小的值(1 000 V 左右),将"聚焦选择开关"拨向"点"聚焦位置,调节"聚焦电压"旋钮,使聚焦最佳(屏幕上亮点最小)。

(4) 用万用表测量聚焦电压 U_1 和加速电压 U_2,填入实验记录表中。

2. 测量电子束的偏转量与励磁电流关系

(1) 接通偏转线圈的电流,调节电流的大小,保持加速电压 U_2 不变,屏上亮点的位移每增加 2 mm 记录 I 与 D_Y 的值,填入表 4-5-1 中(表中屏幕中心处的偏移量为零)。

(2) 改变仪器面板左侧中部的"换向"开关,即可将两偏转线圈中的电流换向。做同样的测量,记录 $-I$ 与 $-D_Y$ 的值,填入表 4-5-1 中。

(3) 利用记录数据,在坐标纸上以 D_Y 为纵轴、I 为横轴作 D_Y-I 关系直线。求此直线的斜率值,即得磁偏转灵敏度 S_m。

(4) 改变加速电压 U_2,调整光点至最佳聚焦后记录 U_2 值,重复上述步骤(1)~(3),记录相应的数据,填入表 4-5-2 中。

(5) 把两次 U_2 下测得的 D_Y-I 数据在同一坐标中作 $D_Y\sqrt{U_2}$-I 关系曲线(应该基本重合),则式(4-5-7)中 $D_Y \propto I/\sqrt{U_2}$ 的关系得到验证。

3. 停机

测量完毕后关闭电源,拆下电表及所有连线,整理好实验箱。

五、实验数据记录与处理

聚焦电压 $U_1 =$ _____ V；加速电压 $U_2 =$ _____ V。

表 4-5-1 电子束的偏移量与励磁电流的关系数据记录表(1)

偏移量 D_Y/mm	20	18	16	14	12	10	8	6	4	2	0
励磁电流/mA I_1											
I_2											
平均值											

偏移量 D_Y/mm	−2	−4	−6	−8	−10	−12	−14	−16	−18	−20
励磁电流/mA I_1										
I_2										
平均值										

灵敏度 $S_m =$ _____ 。

改变加速电压 U_2 值，加速电压 $U_2 =$ _____ V。

表 4-5-2 电子束的偏移量与励磁电流的关系数据记录表(2)

偏移量 D_Y/mm	20	18	16	14	12	10	8	6	4	2	0
励磁电流/mA I_1											
I_2											
平均值											

偏移量 D_Y/mm	−2	−4	−6	−8	−10	−12	−14	−16	−18	−20
励磁电流/mA I_1										
I_2										
平均值										

灵敏度 $S_m =$ _____ 。

六、预习思考题

1. 磁场聚焦的条件是什么？
2. 磁偏转的灵敏度与哪些因素有关？
3. 偏转量的大小改变时，光点的聚焦是否改变？为什么？
4. 电子受到的重力在磁场偏转中有重要影响吗？

七、复习思考题

1. 在本实验中，除了加横向磁场(设磁场方向沿 X 轴正方向)外，再在其中一对偏转板上加偏转电压，使电子束净偏转为零。则应在哪一对偏转板上加电压？电压的极性如

何？请分别加以讨论。(设磁场方向为 X 轴方向)

2. 在上题中,若在净偏转为零后,再增加加速电压,这时会发生什么情况?

实验 4.6 铁磁材料动态磁滞回线的测试

铁磁材料主要指铁、钴、镍以及含铁氧化物。工程技术中的许多仪器设备,大的如发电机和变压器,小的如电表铁心和录音机磁头等,都要用到铁磁材料。而铁磁材料的磁化性质主要通过磁化曲线和磁滞回线来描述。本实验采用动态法测量磁化曲线和磁滞回线,从理论和实际应用上加深对铁磁材料特性的认识。

一、实验目的

(1) 了解铁磁材料的特性以及示波器显示磁滞回线的原理;

(2) 学会使用示波器测定铁磁材料的磁化曲线和磁滞回线;

(3) 根据磁滞回线确定磁性材料的饱和磁感强度 B_s、剩磁 B_r 和矫顽力 H_c 的数值。

二、实验原理

1. 铁磁材料的特性

铁磁质是一种性能特异、用途广泛的材料,其特征是在外磁场作用下能被强烈磁化,故相对磁导率 μ_r 很高,一般在 $10^2 \sim 10^4$ 之间,有的甚至可高达 10^8。在实验过程中,通常将待测的磁性材料做成环状样品,在样品上均匀地绕满漆包线作为初级线圈,再绕上若干漆包线作为次级线圈,如图 4-6-1 所示。只要测得磁介质的磁场强度 H 和磁感强度 B 之间的关系,就可以得到磁介质的磁化规律。

图 4-6-2 中的曲线为起始磁化曲线。原点 o 表示铁磁物质处于未磁化状态,即 $B = H = 0$,加上交流电 i,随着 i 的增加,H 也在逐渐增加。当 H 增加时,B 先是缓慢增加,如图中的 oa 段,然后经过一段快速增加(ab 段)后,进入缓慢增加段(bc 段),最后趋于饱和,这时的磁感强度称为饱和磁感强度 B_s。同时,还可以通过 B-H 曲线和公式 $B = \mu_r \mu_0 H = \mu H$,直接得出 μ 与 H 的关系曲线,如图 4-6-3 所示,图中的 μ_{max} 为最大磁导率。当磁场从 H_s 逐渐减小至零,磁感强度 B 并不沿起始磁化曲线恢复到 o 点,而是沿另一条新的曲线 SR 下降,比较线段 oS 和 SR 可知,H 减小 B 相应也减小,但 B 的变化滞后于 H 的变化,这种现象称为磁滞,即当 $H = 0$ 时,B 不为零,这时的磁感强度称为剩磁 B_r。要消除剩磁 B_r,必须施加反向磁场,当磁场反向从零逐渐变至 $-H_D$ 时,磁感强度 B 消失,H_D 称为矫顽力,它的大小反映铁磁材料保持剩磁状态的能力,线段 RD 称为退磁曲线。经过多次的磁化和退磁,就能形成稳定的磁滞回线,如图 4-6-4 所示。

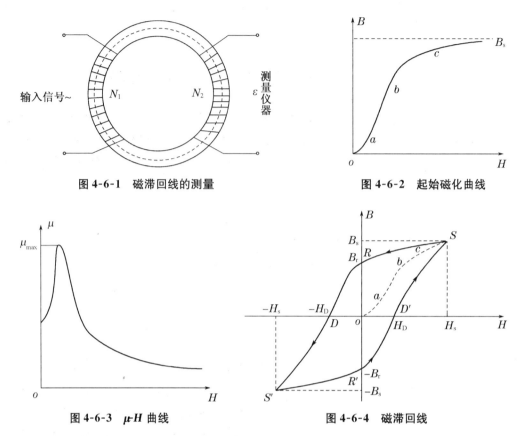

图 4-6-1　磁滞回线的测量　　　　　　　图 4-6-2　起始磁化曲线

图 4-6-3　μ-H 曲线　　　　　　　　图 4-6-4　磁滞回线

在实际应用中通常关心的是铁磁材料的磁化曲线和磁滞回线。磁化曲线可以通过下述方法得到:依次改变交变电流 i 为 i_1、i_2、$\cdots$、i_m（$i_1 < i_2 < \cdots < i_m$），则可以得到一系列的磁滞回线。将原点和各磁滞回线顶点坐标用光滑的曲线连起来,该曲线就是基本磁化曲线。

2. 示波器显示磁滞回线的原理和实验电路

在实验中,由于 H 正比于 i,B 正比于次级线圈的感应电动势 ε,因此只要将 i 转换成电压信号,输入到示波器的 X 偏转板上,将 ε 加到示波器的 Y 偏转板上,就可以在示波器上显示出磁滞回线的形状,实验电路如图 4-6-5 所示。通过分析电路可以得出,流过初级线圈 N_1 的磁化电流 i_1 可以通过 R_1 上的压降 $U_x = i_1 R_1$ 得到。又由安培环路定理得 $H = N_1 i_1 / L$,所以示波器水平方向电子束的偏移正比于磁场强度 H,即

$$U_x = L R_1 H / N_1 \qquad (4\text{-}6\text{-}1)$$

图 4-6-5　实验线路图

式中:L 为环状试样的平均磁路长度（也即图 4-6-1 中虚线部分的长度）;N_1 为初级线圈

的匝数。

由交变磁场 H 在次级线圈上产生感应电动势 ε 的大小为

$$\varepsilon=\left|\frac{\mathrm{d}\psi}{\mathrm{d}t}\right|=N_2 S\frac{\mathrm{d}B}{\mathrm{d}t} \tag{4-6-2}$$

式中：N_2 为次级线圈的匝数；S 为磁路的截面积。

为了测量磁感强度 B，在次级线圈上串联一个电阻 R_2 与电容 C 构成的积分电路，若 R_2 和 C 取适当值，使 $R_2\gg\frac{1}{\omega C}$，则

$$I_2=\frac{\varepsilon}{\left[R_2^2+\left(\frac{1}{\omega C}\right)^2\right]^{\frac{1}{2}}}\approx\frac{\varepsilon}{R_2} \tag{4-6-3}$$

式中：ω 为电源的角频率；ε 为次级线圈的感应电动势。

利用式(4-6-2,4-6-3)，可求得

$$U_y=\frac{Q}{C}=\frac{1}{C}\int I_2\,\mathrm{d}t=\frac{1}{CR_2}\int\varepsilon\,\mathrm{d}t=\frac{N_2 S}{CR_2}\int\mathrm{d}B=\frac{N_2 S}{CR_2}B \tag{4-6-4}$$

三、实验仪器

FB310 型磁滞回线测量仪，示波器。

四、实验步骤

(1) 打开示波器电源，预热 10 分钟。

(2) 按 FB310 型磁滞回线测量仪上的电路图连接电路。

(3) 逆时针调节磁滞回线测量仪上的电压幅度旋钮到底，使电压信号输出最小。

(4) 调节示波器显示工作方式为 X-Y 方式。示波器 X 输入为 AC 方式，测量采样电阻 R_1 的电压；Y 输入为 DC 方式，测量积分电容的电压。

(5) 插上环状样品，接通磁滞回线测量仪上的电源。

(6) 示波器光点调至显示屏中心处，调节测量仪频率至 50.00 Hz。

(7) 调节电压幅度旋钮，使磁化电流缓慢单调增加，示波器显示的磁滞回线上 B 值缓慢增加，达到饱和，改变示波器上 X、Y 端输入增益和 R_1、R_2 值，观察示波器上的磁滞回线图形，使磁滞回线在水平方向的读数为 -5.00 到 5.00 格范围内。然后单调减小磁化电流，直到示波器上显示为一亮点，调节示波器，将亮点调至中心处。

(8) 磁化曲线的测量和描绘。保持 R_1、R_2 值不变，并锁定 X、Y 端增益电位器（一般为顺时针到底）。缓慢顺时针调节电压幅度旋钮，磁滞回线在 X 方向读数为 0.00、0.20、0.40、0.60、0.80、1.50、1.00、2.00、2.50、3.00、4.00、5.00 格，记录磁滞回线顶点在 Y 方向上的读数，填入表 4-6-1 中。

(9) 将测量数据代入 H、B 的计算公式，算出 H、B 值。然后以 H 为横坐标、B 为纵坐标画出磁化曲线。

$$H=\frac{N_1 S_X}{LR_1}X,\quad B=\frac{R_2 CS_Y}{N_2 S}Y$$

其中 L、S、N_1、N_2、C 可在实验仪器上查得，S_X、S_Y 为 X、Y 轴的灵敏度，单位为 V/格。

(10) 磁滞回线的测量和描绘。调节幅度调节旋钮，使磁滞回线的 X 方向的读数在 -5.00 到 5.00 格范围内，记录示波器显示的磁滞回线的 X 坐标为 5.00、4.00、3.00、2.00、1.00、0.00、-1.00、-2.00、-3.00、-4.00、-5.00 格时相对应的 Y 坐标，填入表 4-6-2 中。并利用上述公式计算出相应的 H 和 B 值，然后以 H 为横坐标、B 为纵坐标画出磁滞回线。

(11) 改变信号的频率到 100 Hz，重复上述步骤。

五、实验数据记录

信号频率＝_____；

$R_1 = $_____，$R_2 = $_____。

表 4-6-1　磁化曲线

序号	1	2	3	4	5	6	7	8	9	10	11	12
X/格												
$H/(\mathrm{A \cdot m^{-1}})$												
Y/格												
B/mT												

表 4-6-2　磁滞回线

X/格	5.00	4.00	3.00	2.00	1.00	0	-1.00	-2.00	-3.00	-4.00	-5.00
$H/(\mathrm{A \cdot m^{-1}})$											
Y_1/格											
B_1/mT											
Y_2/格											
B_2/mT											

磁感应强度 $B_s = $_____；

剩磁 $B_r = $_____；

矫顽力 $H_c = $_____。

六、注意事项

(1) 实验之前请详细阅读实验仪的使用说明书。

(2) 测试仪上用来设定参数的数位键在实验前已设定好，请勿乱动。

(3) 实验时尽量使磁滞回线图像充满整个屏幕。

七、预习思考题

1. 如何判断铁磁材料是属于软磁性材料还是硬磁性材料？

2. 本实验通过什么办法获得 H 和 B 两个磁学量? 简述其基础原理。

八、复习思考题

1. 为什么测磁化曲线先要消磁? 如何消磁?
2. 示波器显示的磁滞回线是真实的 H-B 曲线吗? 如果不是,为什么可以用它来描绘磁滞回线?

实验 4.7　光栅光谱和光栅常数的测定

衍射光栅是由一组数目很多,等宽、等距排列的平行狭缝组成的,它是一种重要的分光元件,可以制成单色仪、光谱仪等。在研究谱线的结构,测定谱线的波长和强度的工作中,光栅已被广泛使用,它不仅适用于可见光,还适用于红外光波和紫外光波;它不仅适用于光谱学,还广泛用于计量、光通信以及信息处理等方面。

一、实验目的

(1) 进一步熟悉分光计的调节和使用方法;
(2) 学习利用透射光栅测定光波波长及光栅常数的原理和方法;
(3) 通过实验加深理解光栅衍射的规律。

二、实验原理

光栅分透射光栅和反射光栅两类,本实验选用透射光栅。它是在一块透明的屏板上刻上大量相互平行、等宽而又等间距刻痕的元件,刻痕处不透光,未刻痕处透光,于是在屏板上就形成了大量等宽而又等间距的狭缝。刻痕和狭缝的宽度之和称为光栅常数,用 d 表示。

根据夫琅和菲衍射理论,当一束平行光垂直投射到光栅面上时,如图 4-7-1 所示,由于每条狭缝对光波发生衍射,所有狭缝的衍射光又彼此发生干涉,当衍射角符合式(4-7-1)时,光强会加强(光强极大),该位置对应亮条纹。

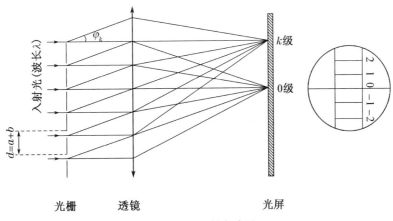

图 4-7-1　衍射光路图

$$d\sin\varphi_k=(a+b)\sin\varphi_k=k\lambda, k=0,\pm 1,\pm 2\cdots \qquad (4\text{-}7\text{-}1)$$

式(4-7-1)称为光栅方程。式中：$d=a+b$ 为光栅常数，a 为光栅狭缝宽度，b 为刻痕宽度；k 为明纹级数；φ_k 为 k 级明纹的衍射角；λ 为入射光波长。

由于汞灯产生的不是单色光，由式(4-7-1)可以看出：对于同一级明纹，光的波长不同，衍射角 φ 也不同。在中央 $k=0$、$\varphi=0$ 处，各色光仍重叠在一起，组成中央明纹。在中央明纹两侧对称地分布着 $k=1,2,\cdots$ 级光谱，如图 4-7-2 所示。

用光栅测波长时须注意：由于衍射光栅对中央明纹是对称的，为了提高测量准确度，测量第 k 级光谱时，应测出 $+k$ 级光谱位置 θ_{+k} 和 $-k$ 级光谱位置 θ_{-k}，两位置差值的一半即为 φ_k；为消除分光计圆刻度盘的偏心差，测量每一条谱线时，要同时读取圆刻度盘上的两个游标的示值。测量时，可将望远镜移至最左端，从 $k=-1$ 到 $k=+1$ 级依次测量，以免漏测数据。

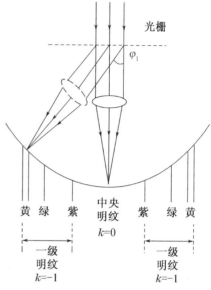

图 4-7-2　光栅衍射光谱示意图

本实验用分光计对已知波长的绿色光谱线进行观察，按光栅方程算出光栅常数 d，然后分别对紫光和黄光进行观察，测出相应的衍射角 φ_1，连同求出的光栅常数 d，代入式(4-7-1)，算出该明纹所对应的单色光的波长。

三、实验仪器

JJY-1 型分光计及附件、平面透射光栅、汞灯光源。

四、实验步骤

(1) 按实验 §3.15.1 的要求，调节分光计。

(2) 调整衍射光栅。

光栅刻线与分光计主轴平行，且光栅平面垂直于平行光管（即入射光垂直于光栅平面）。

① 光栅按如图 4-7-3 所放置于载物台上（平台的三个调节螺钉一个处在光栅的侧面，另外两个对称地分布在光栅的前后面）。

② 使望远镜对准狭缝，平行光管和望远镜光轴保持在同一水平线上。

③ 松开载物台紧固螺丝，微微转动载物台，直至十字反射像和狭缝像重合。

④ 锁紧载物台紧固螺丝。

⑤ 以光栅面作为反射面，用自准法仔细调节载物台下方的调平螺钉 B、C，使十字反射像位于叉丝上方交点，如图 4-7-4 所示。

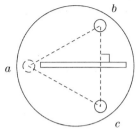

图 4-7-3　光栅位置

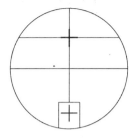

图 4-7-4　目镜视场

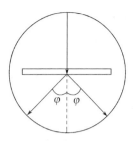

图 4-7-5　衍射条纹位置

⑥ 转动望远镜,观察衍射光谱的分布情况,注意中央明纹两侧谱线是否在同一水平面上。如观察到光谱线有高低变化,说明狭缝与光栅刻痕不平行,调节载物台下方的调平螺钉 a(b、c 不能动),直至在同一水平面上为止。调好之后,回复检查步骤⑤是否有变动,这样反复多次调节,直至⑤⑥两个要求同时满足为止。

（3）测光栅常数 d。

① 旋紧游标盘止动螺钉、转座与圆刻度盘止动螺钉。

② 手握望远镜支臂,转动望远镜,观察汞灯绿线(已知 $\lambda_{绿}=546$ nm)的一级衍射光谱,让望远镜对准中央明纹,然后转到 $k=-1$ 级绿光谱线处,使分划板的垂直刻线对准谱线(绿光),从左、右游标上读数,记入表 4-7-1 中。

③ 松开望远镜止动螺钉,同上测量 $k=1$ 级绿光谱线的位置,记入表 4-7-2 中。

④ 由图 4-7-5 可见,某光谱线一级衍射条纹的衍射角与分光计刻度盘上左右游标读数的关系为

$$\varphi_1=\frac{1}{4}(|\theta_{-1}-\theta_{+1}|+|\theta'_{-1}-\theta'_{+1}|)$$

由上式可获得衍射角 φ_1。代入公式 $d\sin\varphi_1=\lambda$ 即可求得 d。

（4）测定未知光波的波长。

① 松开望远镜止动螺钉,移动望远镜,依次对准 $k=-1$ 处黄Ⅰ、黄Ⅱ、紫光谱线,并读取相关谱线位置数据。

② 测量 $k=1$ 处的黄Ⅰ、黄Ⅱ、紫光谱线位置数据。

③ 计算各谱线的衍射角 φ_1,并代入公式 $d\sin\varphi_1=\lambda$,求出各谱线波长。

五、实验数据记录

$$\varphi_1=\frac{1}{4}(|\theta_{-1}-\theta_{+1}|+|\theta'_{-1}-\theta'_{+1}|)$$

$$d\sin\varphi_1=\lambda$$

表 4-7-1　光栅常数 d 的测量数据记录表(已知 $\lambda_{绿}$＝546.07 nm)

绿色谱线分光计读数				φ_1	d/nm
游标读数		$k=-1$ θ_{-1}	$k=+1$ θ_{+1}		
1	左	$\theta_{-1}=$	$\theta_{+1}=$		
	右	$\theta'_{-1}=$	$\theta'_{+1}=$		
2	左	$\theta_{-1}=$	$\theta_{+1}=$		
	右	$\theta'_{-1}=$	$\theta'_{+1}=$		
3	左	$\theta_{-1}=$	$\theta_{+1}=$		
	右	$\theta'_{-1}=$	$\theta'_{+1}=$		

$\bar{d}=$_____。

表 4-7-2　光谱线波长测量数据记录表

光谱线	分光计读数			φ_1	λ/nm
	游标读数	$k=-1$ θ_{-1}	$k=+1$ θ_{+1}		
黄 I	左	$\theta_{-1}=$	$\theta_{+1}=$		
	右	$\theta'_{-1}=$	$\theta'_{+1}=$		
黄 II	左	$\theta_{-1}=$	$\theta_{+1}=$		
	右	$\theta'_{-1}=$	$\theta'_{+1}=$		
紫	左	$\theta_{-1}=$	$\theta_{+1}=$		
	右	$\theta'_{-1}=$	$\theta'_{+1}=$		

六、注意事项

(1) 请勿用手触摸光栅表面。如要移动光栅,请拿金属基座。注意勿使电源输出端与地短路,以免烧毁电源。

(2) 肉眼不要长时间直视汞灯,以免被紫外线灼伤眼睛。注意保持滤色片的清洁,但不要随意擦拭光栅片。

七、预习思考题

1. 光栅常数的不同将如何影响衍射条纹的变化?
2. 运用光栅方程测光栅常数 d 应满足什么条件?
3. 如果在望远镜中观察到的谱线是斜的,该如何调整?
4. 如何调整分光计,才能观察到两条清晰的黄光谱线?

八、复习思考题

1. 为什么测量时必须使光栅缝面与平行光管的轴线相垂直?
2. 当狭缝过宽或过窄时将会出现什么现象?为什么?

3. 光栅常数相同,但刻痕数不同,对测量结果有无影响?

实验 4.8　迈克耳逊干涉仪的调整和使用

迈克耳逊干涉仪是一种用分振幅法产生双光束干涉的精密仪器。它是由美国物理学家迈克耳逊和莫雷在 1883 年为研究和检验"以太"漂移理论而设计制造出来的。用它可以观察光的干涉现象和测定微小长度、光波波长、单色光源的相干长度、透明体的折射率等。此外,人们还利用其原理,研制出了接触式干涉仪、干涉显微镜、激光测长仪、泰曼干涉仪等各种专用干涉仪,这些仪器在近代物理和计量技术中被广泛应用。本实验主要是利用迈克耳逊干涉仪测量光波波长。

一、实验目的

(1) 了解迈克耳逊干涉仪的原理、结构及调整方法;
(2) 通过实验观察等倾干涉、等厚干涉的形成条件和条纹形状特点;
(3) 掌握应用迈克耳逊干涉仪测定激光的波长。

二、实验原理

1. 迈克耳逊干涉仪的结构

迈克耳逊干涉仪的结构如图 4-8-1 所示,M_1 和 M_2 是两块精细磨光的平面反射镜,M_1 是固定的,M_2 是活动的,调节粗调手轮可使 M_2 在精密导轨上前后移动,M_2 的镜面垂直于移动方向,转动微调手轮,可使 M_2 在精密导轨上做微小移动。M_2 在导轨上移过的

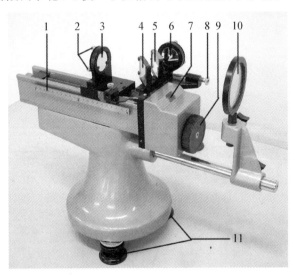

1—主尺;2—反射镜调节螺丝;3—移动反射镜 M_2;4—分光板 G_1;5—补偿板 G_2;6—固定反射镜 M_1;7—读数窗;8—水平微调螺丝;9—粗调手轮;10—观察屏;11—底座水平调节螺丝

图 4-8-1　迈克耳逊干涉仪结构图

距离可由导轨上的标尺、粗调手轮及其读数窗口和微调手轮三处读数装置读出。其中,导轨侧面有毫米刻度主尺;粗调手轮的百分度盘最小刻度是 0.01 mm;微调手轮的最小刻度是 0.000 1 mm。因此,这种干涉仪的测量精度可达 10^{-4} mm,再加上估读位,可读到 10^{-5} mm。具体读数方法见本实验附录。

G_1 和 G_2 是两块材料、厚度相同的平行平面玻璃。在 G_1 的一侧表面上镀有半透明的铬(或铝)层,称为半透膜 K。光线射到半透膜上后,一半被反射,另一半透射,因而,G_1 称为分光板。G_1 和 G_2 相互平行,且与 M_2 成 45°夹角。调节 M_1,可使它与 M_2 互相垂直或成某一角度。调节时,粗调用 M_1 背后的三个螺丝,细调时调节 M_1 下面的两个相互垂直、附有弹簧的微调螺丝。

2. 迈克耳逊干涉仪的光路

迈克耳逊干涉仪的光路如图 4-8-2 所示。光源上一点发出的光线射到半透膜 K 上被分为两部分:光线"1"和"2"。

光线"2"射到 M_2 上被反射回来后,透过 G_1 到达 E 处。光线"1"透过 G_2 射到 M_1,被 M_1 反射回来后透过 G_2 射到 K 上,再被 K 反射而到达 E 处。这两条光线是由一条光线分出来的,故它们是相干光。

如果没有 G_2,光线"1"通过 G_1 仅一次,而光线"2"到达 E 时将三次通过玻璃片 G_1,这样两束光线到达 E 时会有较大的光程差。G_2 的作用是使光线"1"在玻璃中的光程与光线"2"相同,因此通常将 G_2 称为补偿板。

光线"1"也可看作是 M_1 在半透膜中的虚像 M_1' 反射来的。在研究干涉时,M_1' 和 M_1 是等效的。

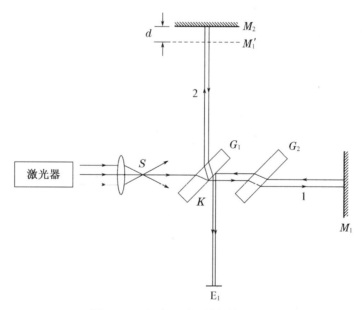

图 4-8-2 迈克耳逊干涉仪的光路图

3. 等倾干涉条纹图样的产生和氦氖激光波长的测定

如图 4-8-3 所示,当平面反射镜 M_1、M_2 互相垂直时,则虚像 M_1' 与 M_2 平行。点光源

S 经 M_1'、M_2 反射后，相当于由两个虚光源 S_1、S_2 发出的相干光束。因此，在 E 处观察到的干涉条纹可认为是由虚光源 S_1、S_2 发出的相干光相互干涉形成的。S_1 和 S_2 之间的距离为 M_1' 和 M_2 间距的两倍，即 $S_1S_2 = 2d$。由几何关系可以算出 S_1 和 S_2 在屏上任一点 A 的光程差为

$$\delta = \frac{2dL}{\sqrt{L^2 + R^2}} = 2d\cos\theta$$

则根据光的干涉条件，当

$$\delta = 2d\cos\theta_k$$

$$= \begin{cases} k\lambda & (k=1,2,\cdots)\text{明纹} \\ (2k+1)\dfrac{\lambda}{2} & (k=0,1,2,\cdots)\text{暗纹} \end{cases}$$

$$(4\text{-}8\text{-}1)$$

式中：k 为干涉条纹的级次；λ 为光的波长；L 为虚光源 S_2 到 O 点的距离；R 为干涉条纹的半径；θ 为入射光束的入射角。

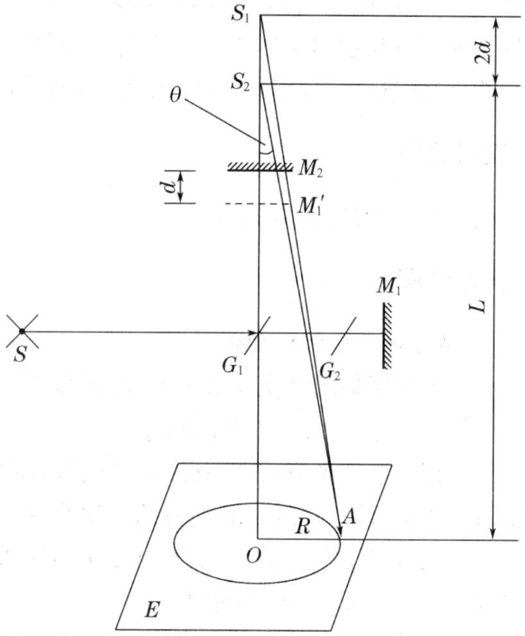

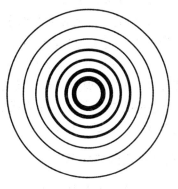

图 4-8-3　点光源产生的干涉计算示意图

由式（4-8-1）可知，若 M_1 与 M_2 垂直，当 d 一定时，光程差 δ 只取决于入射角 θ。具有相同入射角 θ 的光线，光程差 δ 相同，因而干涉情况相同，形成一个环状干涉条纹，不同的入射角 θ 将形成一组环状干涉条纹。在 E 处观察到的是一组明暗相间、同心圆环状的干涉条纹。这样的干涉条纹叫等倾干涉条纹。干涉图样如图 4-8-4 所示。由于 θ 越小，$\cos\theta$ 越大，相应的光程差也越大，因而对应的等倾干涉条纹的级次也越高。特别在圆心处 $\theta = 0$，光程差 δ 最大，即 $\delta = 2d = k\lambda$。所以，在圆心处的条纹级次最高，越向边缘的条纹级次越低。

图 4-8-4　干涉图样

同时，由式（4-8-1）中明纹的干涉条件可知，对于干涉图样中某一级明纹 k_1，有 $2d\cos\theta_{k_1} = k_1\lambda$。当 M_2 向 M_1' 靠近时，d 逐渐变小，$\cos\theta_{k_1}$ 必须增大，即 θ_{k_1} 必定逐渐减小。因此，可以观察到条纹随 d 减小而逐渐"陷进"中心处，整体条纹变粗、间距变密。反之，当 d 增大时，条纹自中心"涌出"，并向外扩张，整体条纹逐渐变细、间距变稀。

若 d 减小或增大 $\dfrac{\lambda}{2}$，圆心处的光程差 δ 就减小或增大一个波长 λ，对应地就有一个干涉环"陷进"或"涌出"。当 d 变化半波长的 N 倍，即

$$\Delta d = N\frac{\lambda}{2} \qquad (4\text{-}8\text{-}2)$$

对应的就有 N 条干涉环"陷进"中心或从中心"涌出"。根据这个原理，如果已知波长 λ，并

测出"涌出"或"陷进"的干涉环数 N,就可求得反射镜 M_2 移动的距离 Δd,这就是利用干涉仪精密测量长度的基本原理。反之,只要测量出平面反射镜 M_2 移动的距离 Δd,同时数出相应"缩进"或"冒出"的干涉环数 N,就可精确测量出相应光波的波长。

三、实验仪器

迈克耳逊干涉仪、激光器。

四、实验步骤

1. 迈克耳逊干涉仪的调整

(1) 先调底脚螺钉使导轨水平,再调节 M_2 使其处于干涉仪主尺的 $30\sim35$ mm 处,以使 M_1 与 M_2 到 G_1 的距离大致相等。

(2) 打开激光光源,调节其高度与位置,使光束通过 G_1、G_2 经 M_1、M_2 反射后射到光屏 E 上。由于 G_1、G_2 两块玻璃板的反射作用,在光屏上会呈现两排分立的光斑,其中光线"1""2"对应的光斑最亮。调节 M_1、M_2 镜后的螺钉,改变 M_1、M_2 的方位,使最亮的两光斑重合,此时 M_1' 与 M_2 大致平行。

(3) 将扩束镜安放在激光器前,并与激光器共轴,使激光束射到分光板 G_1 上,此时屏 E 上会出现干涉环,再调节水平拉簧螺钉与垂直拉簧螺钉,直到观察到位置适中、图像清晰的圆环状干涉环。

2. 测定激光波长

(1) 沿同一方向转动微调手轮,可观察到条纹的"陷进"和"涌出"。判断 M_1' 与 M_2 之间的距离 d 是变大还是变小,并观察条纹的粗细、疏密。

(2) 测量时选择能见度较好、中心为亮斑或暗斑的干涉条纹,记下 M_2 镜的初始位置读数 d_0,继续沿原方向转动微调手轮,每"陷进"(或"涌出")50 个圆环干涉条纹就记录一次 M_2 镜的位置读数 d,连续观察 450 个圆环干涉条纹,可测得 10 组数据。取圆环干涉条纹改变量 $N=250$,根据式(4-8-2),用逐差法处理数据,并求得激光的波长 $\bar{\lambda}$。

五、数据记录与处理

实验测量数据填入表 4-8-1 中。

$\Delta_仪 =$ _____ mm,$N=$ _____ 。

表 4-8-1 迈克耳逊干涉仪测量数据

条纹移动数	0	50	100	150	200
M_2 反射镜位置 d_1/mm					
条纹移动数	250	300	350	400	450
M_2 反射镜位置 d_2/mm					
$\Delta d = \|d_2 - d_1\|$/mm					
$\lambda = \dfrac{2\Delta d}{N}$/mm					

平均值 $\qquad \bar{\lambda} = \dfrac{\sum\limits_{i=1}^{n} \lambda_i}{n} = \underline{\hspace{2cm}}$;

测量不确定度 $\qquad u_A(\lambda) = \sqrt{\dfrac{\sum\limits_{i=1}^{5}(\lambda_i - \bar{\lambda})^2}{5 \times (5-1)}} = \underline{\hspace{2cm}}$,

$$u_B = \dfrac{1}{\sqrt{3}N} \Delta_{仪} = \underline{\hspace{2cm}} ,$$

$$u = \sqrt{u_A^2(\bar{\lambda}) + u_B^2} = \underline{\hspace{2cm}} ;$$

测量结果 $\qquad \lambda = \bar{\lambda} \pm u = \underline{\hspace{2cm}}$;

相对不确定度 $\qquad E_r = \dfrac{|\bar{\lambda} - \lambda_{标}|}{\lambda_{标}} \times 100\% = \underline{\hspace{2cm}}$ 。

六、注意事项

(1) 实验中,请勿正视激光光源,以免损伤眼睛。

(2) 仪器上的光学元件精度极高,不要用手抚摩或让赃物沾上。

(3) 传动机构相当精密,使用时要轻缓小心。

(4) 测量过程中,由于仪器存在空程差,一定要条纹的变化稳定后才能开始测量。而且,测量一旦开始,微调鼓轮的转动方向就不能中途改变。

七、预习思考题

1. 在迈克耳逊干涉仪光路中,有一块补偿板 G_2,说明它是如何起到补偿作用的。

2. 迈克耳逊干涉仪的最小分度是多少?

3. 迈克耳逊干涉仪是利用什么方法获得相干光的?

4. 根据迈克耳逊干涉仪的光路图,说明仪器上各元件的作用。

5. 简述迈克耳逊干涉仪的读数方法。

6. 实验中是如何利用干涉条纹测出单色光的波长?

八、复习思考题

1. 数干涉条纹时,如果数错一条,会给测量值带来多大的误差?

2. 测激光波长时,要求条纹改变量 N 尽可能大,为什么? 对测得的数据应采用什么方法进行处理?

3. 当 M_1 不严格垂直 M_2 时会观察到什么现象? 为什么?

4. 迈克耳逊干涉仪观察到的圆条纹和牛顿环的圆条纹有何本质区别?

5. 结合实验调节中出现的现象,总结一下迈克耳逊干涉仪调节的要点。

九、附录

1. 几种常用激光器的主要谱线波长

表 4-8-2 列出了几种常用激光器的主要谱线波长。

表 4-8-2　常用激光器的主要谱线波长

激光器	谱线波长/nm	激光器	谱线波长/nm
氦氖激光	632.8	二氧化碳激光	10.6
钕激光	1.35　1.34　1.32 1.06　0.91	红宝石激光	694.3　693.4　510.0　360.0
氦镉激光	441.6　325.0	氩离子激光	528.7　514.5　501.7　496.5 488.0　476.5　472.7　465.8 457.9　454.5　437.1

2. 确定移动反射镜 M_2 的位置有三个读数装置

（1）主尺——在导轨的侧面，最小刻度为毫米，如图 4-8-5 所示。

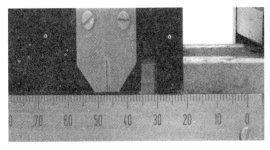

图 4-8-5　主尺

图 4-8-6　读数窗

（2）读数窗——可精确到 0.01 mm，如图 4-8-6 所示。

（3）带刻度盘的微调手轮，可精确到 0.000 1 mm，估读到 10^{-5} mm，如图 4-8-7 所示，读数为 47.202 80 mm。

图 4-8-7　带刻度盘的微调手轮

实验 4.9　光电效应及普朗克常数测定

光电效应是指一定频率的光照射在金属表面时会有电子从金属表面逸出的现象。1887 年物理学家赫兹用实验验证电磁波的存在时发现了这一现象,但是,这一实验现象无法用当时人们所熟知的电磁理论给予解释。

爱因斯坦从他提出的"光量子"概念出发,认为光并不是以连续分布的形式把能量传播到空间,而是以光量子的形式一份一份地向外辐射。对于频率为 ν 的光波,每个光子的能量为 $h\nu$,其中,$h=6.626\,1\times10^{-34}$ J·S,称为普朗克常数。密立根从 1904 年开始光电效应研究,历经十年,终于用实验论证了爱因斯坦的光量子理论。两人分别在 1921 年和 1923 年获得诺贝尔物理学奖。而光量子理论建立后,在固体比热、辐射理论、原子光谱等方面都获得了成功。证明了波粒二象性是一切微观物体的固有属性,使人们对客观世界的认识又提高了一大步。

一、实验目的

(1) 通过实验理解爱因斯坦的光量子理论,了解光电效应的基本规律;

(2) 掌握光电效应方法,并用以测定普朗克常数 h。

二、实验原理

当频率为 ν 的光照射金属时,光子和金属中的电子碰撞,使电子获得能量从金属表面逸出,这种现象被称为光电效应,所产生的电子被称为光电子。

光电效应有如下的基本规律:

(1) 光电流 I 与入射光光强 P 成正比。当光强一定时,随着光电管两端电压的增大,光电流趋于饱和值 I_m,此时对应的电压称为饱和电压。

(2) 光电效应存在一个截止频率 ν_0。当入射光频率 $\nu<\nu_0$ 时,不论光强如何,都没有光电子产生。

(3) 光电子的初动能 $\frac{1}{2}mv^2$ 与光强无关、与入射光的频率 ν 成正比。

(4) 光电效应是瞬时效应,只要入射光频率 $\nu>\nu_0$,一经光线照射,立刻产生光电子。

以上这些实验规律用光的电磁波理论不能做出圆满解释。直到 1905 年爱因斯坦提出了光电子理论,成功地解释了光电效应。

他认为一束频率为 ν 的光是一束以光速运动的,具有能量 $h\nu$ 的粒子流,这些粒子称为光量子,简称光子,h 为普朗克常数。按照光量子理论和能量守恒定律,爱因斯坦提出了光电效应方程:

$$E_k=\frac{1}{2}mv^2=h\nu-W_s \tag{4-9-1}$$

爱因斯坦认为,当频率为 ν 的光束照射在材料表面上时,光子能量被单个电子所吸收,使电子获得能量 $h\nu$;当入射光的频率 ν 足够高时,可以使电子从材料表面逸出,逸出时

所需要做的功称为逸出功 W_s，逸出电子的初动能为
$\frac{1}{2}mv^2$。如图 4-9-1 所示是光电效应测普朗克常数的实验
示意图。频率为 ν 单色光照射光电管阴极 K，即有光电子
逸出，形成光电流 I，在阴极 K 和阳极 A 之间加反向电压
U_{AK}，它使电极 K、A 间电场对阴极逸出电子起减速作用。
随着反向电压的增加，到达阳极的光电子将逐渐减少。当
反向电压达到 U_0 时，光电流降到零，U_0 被称为截止电压
（图 4-9-2 的阴极光电流曲线）。这表明此时具有最大光

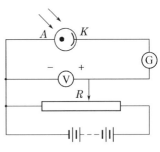

图 4-9-1　光电效应原理图

动能的电子都被反向电场所阻挡，于是有 $eU_0 = \frac{1}{2}mv^2$。将其代入式（4-9-1），得

$$eU_0 = h\nu - W_s \tag{4-9-2}$$

逸出功 W_s 是材料的固有属性，对于给定的材料，W_s 是一个定值，它与入射光频率无关。分
析式（4-9-1，4-9-2），可以理解产生光电流的条件是 $h\nu - W_s \geqslant 0$，即表示只有当 $\nu \geqslant W_s/h$ 时，
电子才能逸出材料表面形成光电流。W_s/h 就是截止频率 ν_0，因此式（4-9-2）可改写为

$$U_0 = \frac{h\nu}{e} - \frac{W_s}{e} = \frac{h}{e}(\nu - \nu_0) \tag{4-9-3}$$

从式（4-9-3）可知，U_0 与入射光频率 ν 是线性关系，斜率 $k = \frac{h}{e}$。式中：h、e 都是常
量；对同一光电管，ν_0 也是常量。实验中测量不同频率下的 U_0-ν 曲线，从中可以求出普
朗克常数 h 和阴极材料的截止频率 ν_0。

在实验中有一点需要注意，实测光电流
的曲线，如图 4-9-2 所示，与理论曲线（阴极
光电流曲线）在 U_{AK} 的负值区域有明显偏差，
引起这种偏差的原因主要有以下几点：

（1）光电管没有收到光照时，由于热运
动和光电管管壳漏电等原因产生的暗电流。

（2）阳极材料在制作过程中常会沉积上
阴极材料，当阳极受到部分漫反射光照射时也
会发生光电子。因为施加在光电管上的外电
场对于这些光电子来说是个加速电场，使得发
射的光电子由阳极飞向阴极，构成反向电流。

（3）受环境杂散光影响形成的本底电流。

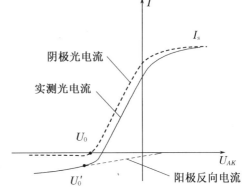

图 4-9-2　光电管伏安特性曲线

由于以上原因，实测曲线上每一点的电流是阴极光电子发射电流、阳极反向光电子电
流及暗电流三者之和。通常，暗电流和本底电流影响较小，阳极反向电流影响较大。由于
反向电流的影响，实测光电流曲线将下移，光电流的截止电压点对应于实验曲线上的拐点
U_0'。如果光电管性能较好，则反向电流影响较小，U_0 与 U_0' 基本重合。在本实验中，光电管
反向电流较低，暗电流水平也很低，因此测试时，直接认为 I 等于零时，U_{AK} 的值即为 U_0。

利用不同频率的入射光照射光电管，可以得到相应不同频率条件下的伏安特性曲线

和相对应的截止电压 U_0。作 U_0-ν 曲线,若出现直线,则证明了爱因斯坦的光电效应方程的准确,同时也能够求出 h 与 ν_0,这正是密立根爱因斯坦光电效应理论的实验思想。

三、实验仪器

ZKY-GD-3 光电效应实验仪。仪器由高压汞灯、滤色片、光阑、光电管、测试仪构成,仪器的结构如图 4-9-3 所示。

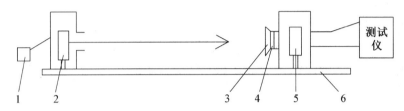

1—汞灯光源;2—汞灯;3—滤色片;4—光阑;5—光电管;6—基座

图 4-9-3　光电效应实验仪

汞灯:可用谱线 365.0 nm、404.7 nm、435.8 nm、546.1 nm、577.0 nm、579.0 nm;

滤色片:透射波长 365.0 nm、404.7 nm、435.8 nm、546.1 nm、577.0 nm;

光阑:直径 2 mm、4 mm、8 mm;

光电管:光谱响应范围为 320～700 nm,暗电流为 $I \leqslant 2 \times 10^{-12}$ A(-2 V$\leqslant U_{AK} \leqslant$ 0 V)。

四、实验步骤

(1)测试准备。将测试仪与汞灯电源接通,预热 20 分钟。

(2)盖上汞灯及光电管遮光盖,汞灯暗箱光输出口对准光电暗箱光输入口。调节两者距离为 40 cm 不变。

(3)将光电管暗箱电流输入端 K 与测试仪微电流输入端连接。

(4)测量普朗克常数 h。

① 电压选择置于 $-2 \sim +2$ V 挡;将"电流量程"选择为 10^{-13} A 挡,调零后,将直径为 4 mm 的光阑和 365.0 nm 的滤色片装入光电管暗箱光入口处。

② 从低到高调节电压 U_{AK},直至电流为 0。将读数记录在表 4-9-1 中。

③ 依次换上 404.7、435.8、546.1 和 577.0 nm 的滤色片,重复测量,并填写表 4-9-1。

④ 利用线性回归理论,拟合斜率 k 的值,即

$$k = \frac{\overline{\nu} \cdot \overline{U_0} - \overline{\nu \cdot U_0}}{\overline{\nu}^2 - \overline{\nu^2}}$$

其中:　　　$\overline{\nu} = \frac{1}{n}\sum_{i=1}^{n}\nu_i ; \overline{\nu \cdot U} = \frac{1}{n}\sum_{i=1}^{n}\nu_i \cdot U_{0i} ; \overline{\nu^2} = \frac{1}{n}\sum_{i=1}^{n}\nu_i^2 ; \overline{U_0} = \frac{1}{n}\sum_{i=1}^{n}U_{0i}$

⑤ 利用 $k = \frac{h}{e}$ 计算出 h 的值,并比较标准值 h_0,求出相对误差 E_r。

(5)测光电管伏安特性曲线。

① 将电压选择按键置于 $-2 \sim +30$ V 挡;将"电流量程"选择为 10^{-11} A 挡。将电流

输入断开,调零后重新接上;将直径为 2 mm 的光阑和 435.8 nm 的滤色片装入光电管暗箱光入口处。

② 从低到高调节电压,记录电流从零点到非零点所对应的电压值作为第一组数据,随着电压变化记录数据,填入表 4-9-2 中。

③ 换上 4 mm 的光阑,重复①②测量步骤。

④ 以坐标纸画出两种波长及光强所对应的伏安特性曲线。

(6) 验证饱和电流与入射光强成正比。

在 U_{AK} 为 30 V 时,将"电流量程"选择为 10^{-10} A 挡。将电流输入断开,调零后重新接上;在 5 个滤光片中,选择一个进行测量,记录光阑直径分别为 2、4 和 8 mm 时对应的电流值,填入表 4-9-3 中。画图验证光电流强度 I_m 与光阑面积即入射光强成 P 正比。

五、实验数据记录

表 4-9-1　测量截止电压数据记录表　　　　光阑 $\Phi=$ _____ mm

波长 λ_i/nm	365.0	404.7	435.8	546.1	577.0
频率 ν_i/10^{14} Hz	8.214	7.408	6.879	5.490	5.196
截止电压 U_{0i}/V					

$k=\dfrac{\overline{\nu} \cdot \overline{U_0}-\overline{\nu} \cdot \overline{U_0}}{\overline{\nu}^2-\overline{\nu}^2}$ _____ ;

$h=ek=$ _____ ($e=1.602\times10^{-19}$ C);

$h_0=6.626\times10^{-34}$ (J·S);

$E_r=$ _____ 。

表 4-9-2　测量光电管伏安特性数据记录表

435.8 nm	U_{AK}/V								
光阑 2 mm	I/10^{-11} A								
546.1 nm	U_{AK}/V								
光阑 4 mm	I/10^{-11} A								

绘制对应的 I-U_{AK} 曲线图,验证线性关系。

表 4-9-3　饱和电流与入射光强关系数据记录表

　　　　　　　　　　　　　　$L=$ _____ mm,$U_{AK}=$ _____ V

435.8 nm	光阑 Φ/mm	2	4	8
	I/10^{-10} A			
546.1 nm	光阑 Φ			
	I/10^{-10} A			

绘制对应的 I_m-P 曲线图,验证线性关系。

六、注意事项

(1) 汞灯打开后,直至实验全部完成后再关闭。一旦中途关闭电源,至少等 5 分钟后再启动。

(2) 注意勿使电源输出端与地短路,以免烧毁电源。

(3) 实验过程中不要改变光源与光电管之间的距离,以免改变入射光的强度。

(4) 注意保持滤色片的清洁,但不要随意擦拭滤色片。

(5) 实验后用遮光罩罩住光电管暗盒,以保护光电管。

七、预习思考题

1. 光电效应有哪些规律? 式(4-9-1)的物理意义是什么?

2. 光电流与光通量有直线关系的前提是什么?

3. 一般来说,光电管的阳极和阴极的材料不同,它们的逸出功也不同,而且阴极的逸出功总是小于阳极的逸出功,因此它们之间的接触电压在 K-A 空间形成的是一个反向阻挡电场。试定量说明接触电压对光电管伏安特性曲线的影响。

4. 什么是截止电压 U_0? 影响截止电压确定的主要因素有哪些? 在实验中如何较精确地确定截止电压?

5. 如何由光电效应测出普朗克常数 h?

八、复习思考题

1. 光电流是否随光源的强度变化? 截止电压是否因光源强度不同而改变? 请解释。

2. 在实验过程中若改变了光源与光电管之间距离,会产生什么影响?

3. 光电管的阴极和阳极之间存在接触电位差,试分析这对本实验结果有无影响。

实验 4.10　夫兰克-赫兹实验

1913 年,玻尔建立了一个氢原子模型,并指出原子存在能级。1914 年,德国物理学家夫兰克(J. Franck)和赫兹(G. Hertz)用加速电子与稀薄气体原子相碰撞的方法,观察并测量了汞原子的激发电势和电离电势,直接证明了原子内部量子化能级的存在,证明了原子发生跃迁时吸收和发射的能量是完全确定的、不连续的,为玻尔的原子模型理论提供了直接的实验证据。1920 年夫兰克对原先的装置做了改进,提高了分辨率,测得了亚稳态能级和较高的激发态能级,进一步证实了原子内部能量是量子化的。这是量子物理发展史上理论和实践相结合的又一个极好例证,从而大大提高了夫兰克-赫兹实验的物理意义。由此他们获得了 1925 年度的诺贝尔物理学奖。

一、实验目的

(1) 学习夫兰克和赫兹为揭示原子内部量子化能级所做的巧妙构想及实验方法;

(2) 了解气体放电现象中低能电子与原子间的相互作用机理,以及电子与原子碰撞的微观过程；

（3）测定氩气原子的第一激发电势U_0，证明原子能级的存在。

二、实验原理

玻尔原子理论有两个基本假设：

（1）原子只能较长时间地停留在一些稳定状态（简称定态）。原子在这些状态时，不发出或吸收能量；各定态都有确定的能量，其数值是彼此分隔的。原子的能量不论通过什么方式发生改变，这只能使原子从一个定态跃迁到另一个定态。

（2）原子从一个定态跃迁到另一个定态而发射或吸收的辐射时，会发射或吸收一定频率的光子。如果用E_m和E_n表示二定态的能量，光子的频率ν决定于如下关系：

$$h\nu = E_m - E_n \qquad (4\text{-}10\text{-}1)$$

式中$h = 6.63 \times 10^{-34}$ J·S为普朗克常数。

原子状态的改变通常可以通过两种方法实现：一是原子本身吸收或发射一定频率的光子；二是原子与其他粒子发生碰撞而交换能量。能够改变原子所处状态最简便的方法是用具有一定能量的电子与原子发生碰撞，通过碰撞中的能量交换来实现跃迁，电子的动能可以通过改变加速电压加以调节。

电子被加速后获得能量eU，e是电子电量，U是加速电压。当U值小时，电子与原子发生弹性碰撞；若当电位差为U_0时，电子具有能量eU_0恰好使原子从基态跃迁到第一激发状态，则U_0就称为第一激发电位。继续增加电位差U时，电子能量就逐渐上升到足以使原子跃迁到更高的激发态（第二、第三……），最后电位差达到某一值U_i时，电子的能量刚好足以使原子电离，U_i就称为电离电位。

1. 激发电位的测定

夫兰克-赫兹实验装置如图4-10-1所示，在夫兰克-赫兹管（以下简称F-H管）中充入要测量的气体，电子由热阴极K出发。K附近加一个小的正向电压U_{G_1K}，起到驱散附在热阴极上电子云的作用。在K与栅极G_2之间加电场U_{G_2K}使电子加速，G_1与G_2之间的距离较大，为电子与气体原子的碰撞提供了较大的碰撞空间，从而保证了足够高的碰撞概率。

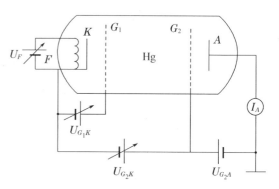

图4-10-1 弗兰克-赫兹实验装置

接收电子板极A和G_2之间加有反向拒斥电压U_{G_2A}。当电子通过KG_2空间，进入G_2A空间时，如果仍有较大能量，就会冲过反向拒斥电场而达到板极A，成为通过电流计的电流I_A，进而被检测出来。如果电子在KG_2空间与原子碰撞，将能量传给了原子，使后者被激发，电子此时能量很小，通过栅极G_2后不足以克服拒斥电场，达不到板极A，因而不通过电流计。如果这样的电子很多，电流计中的电流就会显著降低。

最初研究用的是汞蒸气。将F-H管中空气抽出，注入少量汞，维持适当温度，可以得到适合的汞蒸气气压。实验时,把 KG_2 空间的电压逐渐增加,观察电流计电流 I_A,这样就能得到板极 A 电流随 KG_2 之间加速电压的变化情况,如图 4-10-2 所示。

上述的实验现象可以作如下解释:当 KG_2 之间电压 U_{G_2K} 逐渐增加时,电子在 KG_2 空间获得越来越多的能量。当电子取得能量较低的时候,与汞原子碰撞不足以影响汞原子内部的能量。板极电流 I_A 将随 U_{G_2K} 的增加而增加。当 KG_2 间加速电压达到汞原子的第一激发电位时,电子在栅极 G_2 附近与汞原子碰撞,将汞原子从基态(最低能量状态)被激发到第一激发态,而电子失去几乎全部动能。这些电子因而不能到达极板 A,极板电流 I_A 开始下降。

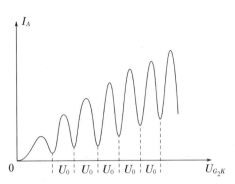

图 4-10-2　夫兰克-赫兹管的 I_A-U_{G_2K} 曲线

继续增大 U_{G_2K},电子动能重新增大。虽然电子在栅极 G_2 附近与汞原子碰撞失去大部分动能,但仍然能够克服拒斥电场而到达板极 A。I_A 的电子数目逐渐增多,所以板极电流又开始增大。当 KG_2 间电压是 2 倍的汞原子激发电位时,电子在 KG_2 空间可能经过两次碰撞而失去能量,因而又造成板极电流 I_A 下降。同理,凡在

$$U_{G_2K}=nU_0 \quad n=1,2,3\cdots \tag{4-10-2}$$

的地方板极电流都会相应下降,相邻两 U_{G_2K} 的差值,即汞原子的第一激发电位 U_0。

2. 接触电位差和空间电荷

实际的 F-H 管的阴极和栅极往往是由不同的金属材料制成的,因此会产生接触电位差。它的存在使真实加在电子上的电压为 U_{G_2K} 与接触电压的代数和。这将影响 F-H 实验曲线的第一个峰位,使它左移或者右移。

空间电荷是指实验开始时 K 附近聚集的较多电子,这些空间电荷使 K 发出的电子不能全部参与导电。随着 U_{G_2K} 的增大,空间电荷逐渐被驱散,参与导电的电子增多,所以 I_A-U_{G_2K} 曲线的总趋势呈上升状态。

F-H 实验通常使用的 F-H 管是充汞的。这是因为:汞是单原子分子,能级较为简单,常温下液态,饱和蒸汽压很低,加热就可以改变饱和蒸汽压;汞原子量较大,和电子做弹性碰撞时几乎不损失动能;汞的第一激发能级较低,为 4.9 eV,因此只需要不高的电压就可以观察到多个峰值。当充以惰性气体如氩气时,温度对气压影响不大,在常温下就可以方便测量。

本实验主要介绍利用充氩的 F-H 管测量氩原子的第一激发电位。实验原理与物理过程和充汞的 F-H 管相同。氩原子的第一激发电位为 11.61 eV。

三、实验仪器

夫兰克-赫兹实验仪,示波器。

四、实验步骤

1. 手动测试 $I_A - U_{G_2K}$ 曲线

（1）将夫兰克-赫兹仪开机预热 10 分钟。设置仪器为"手动"工作状态：按下"手动自动"按钮，工作方式指示灯灭。

（2）设定各个电压源电压值：灯丝电压 U_F、U_{G_1K}、U_{G_2A}。

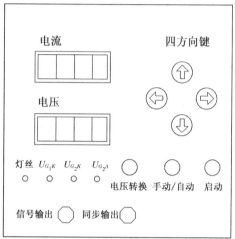

夫兰克-赫兹实验仪面板按钮如图 4-10-3 所示。首先利用"电压转换"选择相应的电压类型，然后利用"四方向键"调节电压数值的大小。由于每一只 F－H 管的最佳工作状态是不同的，具体参数已在机体上标出。

（3）利用"四方向键"的上下键，改变 U_{G_2K} 的值，F－H 管的板极电流示数将随之变化。如果 U_{G_2K} 增至大于 10 V 时，电流值依然没有变化，应立刻关闭电源，重新检查连线与设定。U_{G_2K} 每次改变的大小，由"四方向键"调节，步长可为 1 V 的整数倍。连续改变 U_{G_2K} 的大小，数据记录在表 4-10-1 中。

图 4-10-3 ZKY－FH 夫兰克-赫兹实验仪面板

（4）根据数据绘制 $I_A - U_{G_2K}$ 曲线。根据 4～5 个峰的峰位，计算氩原子的第一激发电位 U_0。

2. 自动测试 $I_A - U_{G_2K}$ 曲线

（1）夫兰克-赫兹仪输出信号端与示波器 CH_2 接口单线相连。示波器扫描时间设定至 2 ms/DIV，放大 0.2 V/DIV。

（2）将"手动/自动"键按下，工作指示灯亮，进入自动测试状态。

（3）设定各个电压源电压值：灯丝电压 U_F、U_{G_1K}、U_{G_2A}，并设定 U_{G_2K} 的扫描终止电压。U_{G_2K} 的设定最好不要超过 83 V。

（4）选择好 I_A 示数的"0.000"量程，按下"启动"，夫兰克-赫兹仪进入自动测试状态。U_{G_2K} 将自动从 0 V 开始扫描到设定的终止电压，同时显示 I_A 的数值，$I_A - U_{G_2K}$ 数据输出到示波器上（数据记录在表 4-10-2 中）。

（5）调节好示波器的同步状态和显示幅度，这样自动测试时，就可以在示波器上直接观测 $I_A - U_{G_2K}$ 曲线的产生。

（6）扫描结束后，利用夫兰克-赫兹仪的数据保存功能，寻找峰位所对应的 U_{G_2K} 值，计算 U_0。由于自动扫描步长为 0.3 V，小于手动扫描最小步长，因此测量更准确。

（7）改变灯丝电压 U_F 和 U_{G_2A} 电压，观察并解释其对 $I_A - U_{G_2K}$ 曲线所产生的影响。

（8）计算氩原子的第一激发电位 U_0。

五、数据记录与处理

$U_F=$＿＿＿＿＿＿$;U_{G_1K}=$＿＿＿＿＿＿$;U_{G_2A}=$＿＿＿＿＿＿。

表 4-10-1　手动测试数据记录表

U_{G_2K}/V							
I_A/mA							
U_{G_2K}/V							
I_A/mA							
U_{G_2K}/V							
I_A/mA							
U_{G_2K}/V							
I_A/mA							

描绘 I_A-U_{G_2K} 曲线。

表 4-10-2　自动测试数据记录表

U_{G_2K}/V							
I_A/mA							
U_{G_2K}/V							
I_A/mA							
U_{G_2K}/V							
I_A/mA							
U_{G_2K}/V							
I_A/mA							

描绘 I_A-U_{G_2K} 曲线。

六、预习思考题

1. 简述汞原子第一激发电位产生的机制。I_A-U_{GK} 曲线中第一个波峰的 U_{GK} 是否就是第一激发电位，为什么？

2. 处理数据时，如何消除本底电流的影响？

七、复习思考题

1. 为什么随着 U_{GK} 的增加，I_A 的峰值越来越高？

2. 电极间接触电位差的存在，对实验曲线有何影响？对第一激发电势的测量是否会带来误差？

实验 4.11　音频信号光纤传输技术实验

光纤技术是近 40 年发展起来的新兴技术,光纤具有通信容量大、传输质量高、频带宽、保密性能好、抗电磁干扰能力强、重量轻、体积小等优点,是理想的信号传输工具。在通信领域、传感技术及其他信号传输技术中都有广泛的应用。本实验通过模拟音频信号的光纤传输,使学生了解光纤通信的基本工作原理,熟悉半导体电光-光电转换器件的基本性能及主要特性的测试方法。

一、实验目的

（1）了解音频信号光纤传输系统的结构;

（2）熟悉光纤传输系统中电光-光电转换器件的基本性能,掌握其特性和测试方法;

（3）掌握音频信号光纤传输系统的调试技术。

二、实验原理

1. 音频信号光纤传输系统的组成

光纤传输系统如图 4-11-1 所示,一般由三部分组成:光信号发送端、用于传送光信号的光纤、光信号接收端。光信号发送端的功能是将待传输的电信号经电光转换器件转换为光信号。发送端电光转换器件一般采用发光二极管或半导体激光管,发光二极管的输出光功率较小,信号调制速率相对较低,且价格便宜,其输出光功率与驱动电流在一定范围内呈线性关系,比较适宜于短距离、低速、模拟信号的传输;激光二极管输出光功率大,信号调制速率高,但价格较高,适宜于远距离、高速、数字信号的传输。本实验中发送端电光转换器件采用中心发光波长为 0.84 μm 的高亮度近红外半导体发光二极管作为光源,以峰值响应波长为 0.8～0.9 μm 的硅光电二极管作为光电检测器件。实验中使用的传输光纤采用优质石英光纤,光在光纤中利用全反射原理成"之"字形传播。

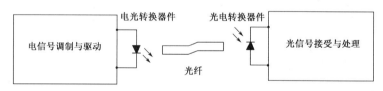

图 4-11-1　光纤传输系统

为了避免或减小波形失真,要求整个传输系统的频带宽度能覆盖被传输信号的频率范围。对于语音信号,频谱在 300～3 400 Hz 范围内。由于光导纤维对光信号具有很宽的频带,故在音频范围内,整个系统的频带宽度主要决定于发送端调制和接收端功率放大电路的幅频特性。

2. LED 的驱动及调制电路

光纤通信系统中使用半导体发光二极管（即 LED）的光功率经光纤输出,出光纤的光功率与 LED 驱动电流的关系称为电光特性。

图 4-11-2 表示 LED 的偏置电流与出光纤的光功率之间的关系。当偏置电流过大时,会出现输出信号上部畸变的饱和失真;偏置电流太小,则会出现输出信号下部畸变的截止失真。为了避免和减小非线性失真,使用时应先给 LED 一个适当的偏置电流 I_D,使被调制信号(输出信号)的峰-峰值位于电光特性的直线范围内,即 I_D 等于这一特性曲线线性部分中点对应的电流值,而对于非线性失真要求不高的情况下,也可把偏置电流选为 LED 最大允许工作电流的一半,这样可使 LED 获得无截止畸变幅度最大的调制,有利于信号的远距离传输。

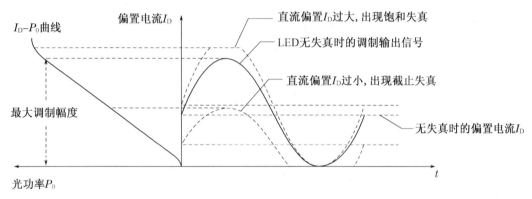

图 4-11-2 LED 信号的调制

系统采用发光二极管的驱动和调制电路如图 4-11-3 所示,调节光发送强度调节电位器,可使 LED 的偏置电流在 0～20 mA 范围内变化。被传音频信号经电容、电阻网络及运放耦合到另一运放的负输入端,对 LED 的工作电流进行调制,从而使 LED 发送出光强随音频信号变化的光信号,并经光纤把这一信号传至接收端。

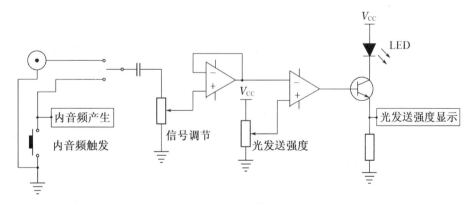

图 4-11-3 发光二极管的驱动和调制电路

3. 光信号接收端的工作原理

图 4-11-4 是光信号接收端的工作原理图,其中硅光电二极管是峰值响应波长与发送端 LED 发光波长很接近的光电检测器件,它的峰值波长响应度为 $0.25～0.5\ \mu A/\mu W$。光电检测器件的任务是把传输光纤出射端输出的光信号转变为与之成正比的光电流,然后经 I/V 转换电路把光电流转换成电压信号。电压信号中包含的音频信号再经音频功

放电路后驱动扬声器发声。

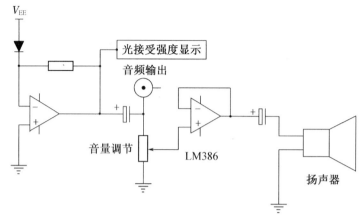

图 4-11-4　光信号接收端的工作原理图

三、实验仪器

TKGT－1 型音频信号光纤传输实验仪，信号发生器，双踪示波器。

四、实验步骤

1. 光纤传输系统静态电光-光电传输特性测定

分别打开光发送端电源和光接收端电源，面板上两个三位半数字表头分别显示发送光强度和接收光强度。调节发送光强度电位器，每隔 200 单位（相当于改变发光管驱动电流 2 mA）分别将发送光强度与接收光强度数据记录在表 4-11-1 中，在坐标纸上绘制静态电光-光电传输特性曲线。

2. 光纤传输系统频响特性的测定

将输入选择开关打向外，将信号发生器输出正弦波到音频输入接口，将双踪示波器的通道 1 和通道 2 分别接到输入正弦信号和光信号接收端音频信号输出端，保持输入信号幅度不变，依次改变信号发生器输出频率为 100 Hz、200 Hz、400 Hz、600 Hz、800 Hz、1 kHz、2 kHz、3 kHz、4 kHz、5 kHz、6 kHz、8 kHz、10 kHz、12 kHz，用示波器观测波形的峰-峰值并将结果填入表 4-11-2 中，由测量结果绘出幅频特性曲线，得出系统的低频和高频截止频率 f_1、f_2，如图 4-11-5 所示。

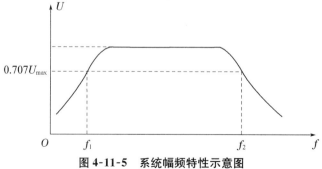

图 4-11-5　系统幅频特性示意图

3. LED偏置电流与无失真最大信号调制幅度关系测定

将从信号发生器输入的正弦波频率设定在 1 kHz,输入信号幅度调节电位器置于最大位置,然后在 LED 偏置电流为 5 和 10 mA 两种情况下,调节信号源输出幅度,使其从零开始增加,同时在接收端信号输出处观察波形变化,直到波形出现截止现象时,记录下电压波形的峰-峰值,由此确定 LED 在不同偏置电流下光功率的最大调制幅度。

4. 多种波形光纤传输实验

分别将方波信号和三角波信号输入音频接口,改变输入频率,在接收端观察输出波形变化情况。在数字光纤传输系统中往往采用方波来传输数字信号。

5. 音频信号光纤传输实验

将输入选择打向内,调节发送光强度电位器改变发送端 LED 的静态偏置电流,按下内音频信号触发按钮,观察在接收端听到的语音片音乐声,考察当 LED 的静态偏置电流小于何值时,音频传输信号产生明显失真,分析原因。同时,在示波器上观察语音信号波形变化情况。

五、实验数据记录与处理

1. 光纤传输系统静态电光-光电传输特性测定

表 4-11-1　光纤传输系统静态电光-光电传输特性测定数据记录表

驱动电流/mA	0	2	4	6	8	10
发送光驱动强度	0	200	400	600	800	1 000
接收光强度						
驱动电流/mA	12	14	16	18	20	
发送光驱动强度	1 200	1 400	1 600	1 800	2 000	
接收光强度						

2. 光纤传输系统频响的测定

表 4-11-2　光纤传输系统频响特性的测定数据记录表

频率/Hz	100	200	400	600	800	1k	2k	3k	4k	5k	6k	8k	10k	12k
峰-峰值/V														

低频截止频率 $f_1 =$ _____ Hz;
高频截止频率 $f_2 =$ _____ Hz。

3. LED偏置电流与无失真最大信号调制幅度关系测定

$I = 5$ mA, $U =$ _____ V;
$I = 10$ mA, $U =$ _____ V。

六、预习思考题

1. 在进行光信号的远距离传输时应如何设定偏置电流和调制幅度?

2. 在音频范围内整个系统的频带宽度取决于什么?

七、复习思考题

1. 本实验中 LED 偏置电流是如何影响信号传输质量的?
2. 本实验中光传输系统哪几个环节引起光信号的衰减?
3. 信号传输过程中如何判断调制信号幅度过大?

实验 4.12　动态法测量杨氏模量

测定杨氏模量的方法很多,因条件限制一般多采用"静态法"测量(如实验 4.1 采用的拉伸法),该方法的缺点是测量过程是由人工加载力,加载速度慢,存在弛豫过程,不能真正反映材料内部结构的变化,也不宜测量较粗、较脆的材料,更不能测量不同温度下的杨氏模量。而"动态法"(也称动力学方法)不仅克服了上述缺陷,而且更具实用价值,不仅适用于轴向均匀的杆(管)状金属及其合金杨氏模量的测量,也适用于各种凝聚态材料、碳与石墨制品的杨氏模量与共振参数的检测,因此它成为国家标准 GB/T2105—91 所推荐使用的测量方法。本实验采用动态法来测定材料的杨氏模量。

一、实验目的

(1) 了解用动态法测定杨氏弹性模量的原理,掌握实验方法;
(2) 正确判别材料的共振峰值;
(3) 学会用外延法测量、处理实验数据;
(4) 测量不同类型材料的杨氏模量。

二、实验原理

任何物体都有其固有的振动频率,这个固有振动频率取决于试样的振动模式、边界条件、弹性模量、密度以及试样的几何尺寸、形状。只要从理论上建立了一定振动模式、边界条件和试样的固有频率及其他参量之间的关系,就可通过测量试样的固有频率、质量和几何尺寸来计算弹性模量。

1. 棒横振动的基本方程

一根长为 L、直径为 $d(L \gg d)$ 的长细棒,取其轴线方向为 x 轴,则其横振动方程为

$$\frac{\partial^2 U}{\partial t^2} + \frac{YI}{\lambda}\frac{\partial^4 U}{\partial x^4} = 0 \tag{4-12-1}$$

用分离变量法解式(4-12-1),可求得圆形棒的杨氏模量 Y(推导过程见附录):

$$Y = 1.6067\frac{mL^3}{d^4}f^2 \tag{4-12-2}$$

式中:m 为棒的质量;λ 为棒单位长度质量;f 为棒横振动的固有频率;I 为棒的惯量矩(见附录)。

2. 杨氏模量的测量

根据式(4-12-2),只要测得棒的质量、长度、直径及固有频率,即可求得杨氏模量。

　　实验中实测的是试样的共振频率,但物体的共振频率和固有频率是两个不同的概念,两者之间的关系满足:

$$f_{固}=f_{共}\sqrt{1+\frac{1}{4Q^2}} \tag{4-12-3}$$

式中 Q 为试样的机械品质因数。对于悬挂法测量,一般 Q 的最小值约为 50,共振频率和固有频率相比只偏低 0.005%,两者值相差很小。因此,在实验中可用共振频率替代固有频率。

　　理论上要使试样做自由振动,就应把悬挂点取在节点处(两节点位置分别位于 $0.224L$ 和 $0.776L$ 处,详见本实验附录)。但这样就不能激发和拾取试样的振动,因此如果在节点附近等间距分别测量不同位置的共振频率,那么这些测得的共振频率将遵循某个规律,然后根据该规律通过作图法就可以获得节点处的共振频率(即固有频率),这种方法称为外延法。如图 4-12-1 所示,坐标原点位于试样棒节点处,纵坐标为试样棒上不同位置得到的共振频率,用外延法求出抛物线顶点处的共振频率,即为节点处的共振频率。将节点处的共振频率代入式(4-12-2),就可以求出该温度下的杨氏模量,如果有可控温加热炉,还可以测出在不同温度下材料的杨氏模量。

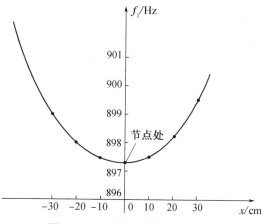

图 4-12-1　悬点与共振频率关系曲线

　　本实验的关键在于测量出试样棒的共振频率,实验装置示意图如图 4-12-2 所示。

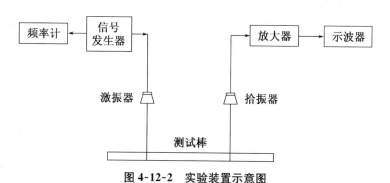

图 4-12-2　实验装置示意图

　　由频率连续可调的音频信号源输出的等幅正弦电信号,经激振器转换成同频率的机械振动,再由悬丝(悬丝起耦合作用,在 150 ℃ 以下,多为丝线或棉线,在高温下多为镍铬丝、钨丝或碳纤维)把机械振动传给试样棒,使试样棒做受迫横振动,试样棒另一端的悬丝再把试样棒的机械振动传给拾振器,这时机械振动又转换成电信号,该信号经过选频放大器滤波放大,再送至示波器显示。

当信号源的频率不等于试样棒的固有频率时,试样棒不发生共振,示波器上几乎没有电信号或波形很小。当信号源的频率等于试样棒的固有频率时,试样棒发生共振,这时示波器上的波形突然增大,在频率计(或信号源的频率显示器)上读出的频率就是试样在该温度下的共振频率。

三、实验仪器

动态杨氏模量实验仪(含标准试样、测试架、信号放大器),数字频率计,示波器,试样棒(铜、铝、玻璃等材料),悬丝,游标卡尺,米尺等。

四、实验内容

(1)测量和安装试样棒。选择一试样棒,分别利用游标卡尺和米尺测量试样棒的直径 d 和长度 L 各 5 次并求平均值(数据记录在表 4-12-1 中)。小心地将试样棒悬挂于两悬丝之上,要求试样棒横向水平,悬丝与试样棒轴向垂直,两悬丝点到试样棒端点的距离相同,并处于静止状态。

(2)连接测量仪器。如图 4-12-2 所示,动态杨氏模量测定仪激振信号输出端接激振器的输入端,拾振信号的输入端接激振器的输出端,拾振信号的输出端经放大器后接示波器 Y 通道。如果采用李萨如图形法,同时还要将示波器的 X 通道接低频信号发生器的输出端。

(3)开机调试。分别打开示波器、低频信号发生器的电源开关。调整示波器,使其处于正常工作状态;调整低频信号发生器,选择正弦波形,适当选取输出衰减大小;调节信号幅度旋钮于适当位置;按下频率范围按钮,调节频率旋钮显示当前输出频率。

(4)测定基频。如图 4-12-3 所示,先将悬点置于试样棒节点外 30 mm 处,待试样棒稳定后,调节信号发生器的频率旋钮(在实验室提供的参考频率范围内扫描),寻找试样棒的共振频率 f_1。当示波器屏幕上显示共振现象时(正弦波幅度突然变大),再微调信号发生器的频率旋钮,使波形幅度达到极大值。沿试样棒长度的方向轻触棒的不同部位,同时观察示波器,在波节处波幅不变化而在波腹处波幅会变小,并发现在试样棒上有两个波节,这时的共振就是在基频下的共振,从频率计上记下此时的频率值 f_1。然后依次将悬点同时向内每次移动 5 mm 直至节点内 -30 mm 处,按照上述方法分别测量在不同悬点处对应的共振频率 f_1,将记录值填入表 4-12-2 中。

图 4-12-3　试样棒上悬点位置示意图

实验时也可采用李萨如图形法测量共振频率:将低频信号发生器的输出端接示波器的 X 通道,将拾振信号的输出端接示波器 Y 通道,使示波器上显示李萨如图形,调节信号发生器的频率,直到出现稳定的正椭圆,此时达到共振状态,分别记下此时的悬挂位置和共振频率 f_1。

（5）根据测得的数据,以支架的位置为横轴、频率为纵轴,在坐标纸上画出测量点的位置,用平滑曲线连接各点,找出曲线最低点所对应的频率 f,即为节点处的共振频率。

（6）再将各项测得的物理量代入式(4-12-2),求出各试样棒的 Y 值。

（7）由不确定度传递公式求得 Y 的误差(数据填入表 4-12-3 中)。

$$u_Y = \bar{Y}\sqrt{\left(\frac{u_m}{\bar{m}}\right)^2 + \left(3\frac{u_L}{\bar{L}}\right)^2 + \left(2\frac{u_f}{f}\right)^2 + \left(4\frac{u_d}{d}\right)^2},\ Y = \bar{Y} \pm u_p,\ 其中\ u_m、u_L、u_f、u_d\ 由实验室给定。$$

（8）换用其他材料试样棒,重复上述步骤(1)～(7)进行测量。

五、实验数据与记录

表 4-12-1　各棒的几何参量及基频(棒的质量由实验室给定)

棒材质	铜	铝	玻璃
棒直径/mm			
棒长度/mm			
棒质量/g			
基频/Hz			

表 4-12-2　棒的共振频率测定

序号	1	2	3	4	5	6	7	8	9	10	11	12	13
悬点位置/mm	30	25	20	15	10	5	0	−5	−10	−15	−20	−25	−30
铜的共振频率/Hz													
铝的共振频率/Hz													
玻璃的共振频率/Hz													

表 4-12-3　由不确定度公式计算误差

棒材质	直径/mm			长度/mm			u_Y
	u_A	u_B	$u_d = \sqrt{u_A^2 + u_B^2}$	u_A	u_B	$u_L = \sqrt{u_A^2 + u_B^2}$	
铜							
铝							
玻璃							

将以上各次测得的物理量代入式(4-12-2),求出各试样棒的杨氏模量:

$Y_{Cu} = $ _____ ;

$Y_{Al} = $ _____ ;

$Y_{glass} = $ _____ 。

六、注意事项

（1）试样棒不可随处乱放，一定要保持其清洁，拿放时应特别小心。

（2）安装试样棒时，应先移动支架到既定位置，然后再悬挂试样棒。

（3）实验时，一定要待试样棒稳定之后才可以正式进行测量。

七、预习思考题

1. 实验中应将悬线挂在细棒的什么位置？为什么？

2. 如何选择示波器的功能开关挡位？示波器上显示的是什么波形？

3. 实验中常会观察到一些伪信号，它们不是由试样棒共振产生的，用什么方法可以分辨它们？

八、复习思考题

1. 外延测量法有什么特点？使用时应注意什么？

2. 能否用李萨如图形来测得共振频率？如果可以，应如何测量？

3. 物体的固有频率和共振频率有什么不同？

九、附录

杨氏模量与棒振动的固有频率之间的关系推导

一根长为 L、直径为 $d(L \gg d)$ 的细长杆做微小横（弯曲）振动时，取杆的一端为坐标原点，沿杆的长度方向为 x 轴建立坐标系，如图 4-12-4 所示。利用牛顿力学和材料力学的基本理论可推出杆的振动方程：

$$\frac{\partial^2 U}{\partial t^2} + \frac{YI}{\lambda}\frac{\partial^4 U}{\partial x^4} = 0 \qquad (4\text{-}12\text{-}4)$$

式中 $U(x,t)$ 为杆上任一点 x 处截面在时刻 t 沿 z 方向的位移；Y 为杨氏模量；λ 为单位长度质量；$I = \iint z^2 \mathrm{d}S$ 为绕垂直于杆并通过横截面形心的轴的惯量矩。

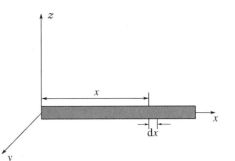

图 4-12-4　棒沿 z 方向振动

对长度为 L、悬挂点在试样的节点，即处于共振状态的棒中，位移恒为零的位置（图 4-12-5），则棒的两端均处于自由状态，此时的边界条件为

弯矩 $\qquad\qquad\qquad M = YJ\,\dfrac{\partial^2 U}{\partial x^2} = 0$

作用力 $\qquad\qquad\qquad F = \dfrac{\partial M}{\partial x} = -YJ\,\dfrac{\partial^3 U}{\partial x^3}$

即 $x = 0, L$ 时：

$$\frac{\partial^2 U}{\partial x^2}=0,\frac{\partial^3 U}{\partial x^3}=0 \quad (4\text{-}12\text{-}5)$$

用分离变量法解微分方程(4-12-4)并利用边界条件(4-12-5),可推导出杆自由振动的频率方程:

$$\cos kL \cdot \text{ch}\,kL=1 \quad (4\text{-}12\text{-}6)$$

式中 k 为求解过程中引入的系数,其值满足:

$$k^4=\frac{\omega^2\lambda}{YI} \quad (4\text{-}12\text{-}7)$$

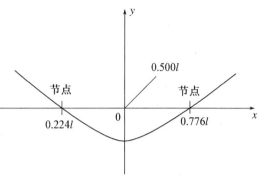

图 4-12-5　两端自由杆基频弯曲振动波形

ω 为棒的固有振动角频率。从方程(4-12-7)可知,当 λ、Y、I 一定时,角频率 ω(或频率 f)是待定系数 k 的函数,k 可由方程(4-12-6)求得。方程(4-12-6)为超越方程,不能用解析法求解,利用数值计算法求得前 n 个解为

$$k_1L=1.506\,\pi,k_2L=2.499\,7\pi,k_3L=3.500\,4\pi,$$

$$k_4L=4.500\,5\pi,\cdots,k_nL\approx\left(n+\frac{1}{2}\right)\pi$$

这样,对应 k 的 n 个取值,棒的固有振动频率有 n 个,即 f_1、f_2、f_3、$\cdots$、f_n。其中 f_1 为棒振动的基频,f_2、f_3、$\cdots$ 分别为棒振动的一次谐波频率、二次谐波频率、$\cdots\cdots$弹性模量是材料的特性参数,与谐波级次无关。根据这一点可以推导出谐波振动与基频振动之间的频率关系为:$f_1:f_2:f_3:f_4=1:2.76:5.40:8.93$。

若取棒振动的基频,由 $k_1L=1.506\,\pi$ 及方程(4-12-7),得

$$f_1^2=\frac{1.506^4\pi^2YI}{4L^4\lambda}$$

对圆形棒,有 $I=\frac{\pi}{64}d^4$,则得

$$Y=1.606\,7\,\frac{mL^3}{d^4}f_1^2 \quad (4\text{-}12\text{-}8)$$

式中:$m=\lambda L$,为棒的质量;d 为棒的直径。

实验 4.13　光的偏振

光的干涉和衍射现象说明了光的波动性,而光的偏振现象表明光波是横波。光的偏振现象的发现使人们对光的波动理论和光的传播规律有了新的认识。同时,光的偏振理论在光学计量、晶体性质的研究和光信息处理技术等方面有了广泛的应用。本实验通过对光的偏振基本规律的了解,熟悉偏振光器件的特性,为运用光的偏振特性打好基础。

一、实验目的

(1) 观察光的偏振现象,加深对偏振规律的认识;

（2）掌握偏振光的产生与检测方法，验证马吕斯定律；

（3）了解椭圆偏振光、圆偏振光的产生方法和波片的使用原理。

二、实验原理

1. 自然光和偏振光

光波是一种电磁波。光波的电场强度 E（也称电矢量）的振动方向和磁场强度 H（也称磁矢量）的振动方向互相垂直，且均与波的传播方向垂直，因此光波是横波。由于光对物质的作用主要是电矢量 E 的作用，所以也把电矢量 E 称作光矢量。用电矢量 E 的振动方向表示光波的振动方向。

一般光源发射的光波，光矢量在垂直传播方向的各向分布概率相等，这种光称为自然光；而光矢量的振动方向保持在某一确定方向的光称为线偏振光；另外，有些光的光矢量在某一方向出现的概率大于其他方向，这样的光称为部分偏振光；若光矢量随时间做有规律的变化，其末端在垂直于传播方向的平面上的轨迹呈椭圆或圆，则分别称为椭圆偏振光和圆偏振光，如图 4-13-1 所示。

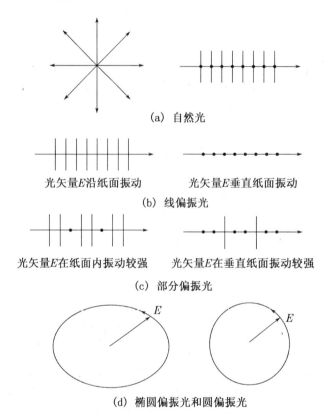

(a) 自然光

光矢量E沿纸面振动　　　　光矢量E垂直纸面振动

(b) 线偏振光

光矢量E在纸面内振动较强　　　光矢量E在垂直纸面振动较强

(c) 部分偏振光

(d) 椭圆偏振光和圆偏振光

图 4-13-1　自然光和偏振光

设沿同一方向传播的频率相同，振动方向相互垂直，并具有固定相位差 $\Delta\varphi$ 的两个线偏振光的振动分别沿 x 和 y 轴，其振动方程可表示为

$$E_x = A_x \sin\omega t \tag{4-13-1}$$

$$E_y = A_y \sin(\omega t + \Delta\varphi) \tag{4-13-2}$$

合振动方程为

$$\frac{E_x^2}{A_x^2} + \frac{E_y^2}{A_y^2} - \frac{2E_x E_y}{A_x A_y}\cos\Delta\varphi = \sin^2\Delta\varphi \tag{4-13-3}$$

式(4-13-3)表明,一般情况下合振动的轨迹在垂直于传播方向的平面内呈椭圆,其偏振光是椭圆偏振光。椭圆的形状、取向和旋转方向由 A_x、A_y 和 $\Delta\varphi$ 决定。当 $\Delta\varphi = (2k+1)\frac{\pi}{2}(k=0,\pm1,\pm2,\cdots)$时,椭圆变成正椭圆,若 $A_x = A_y$,则椭圆偏振光退化为圆偏振光;当 $\Delta\varphi = k\pi(k=0,\pm1,\pm2,\cdots)$时,椭圆偏振光退化为线偏振光,如图 4-13-2 所示。

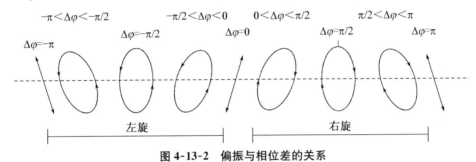

图 4-13-2 偏振与相位差的关系

2. 偏振光的获得和检验

将自然光变为偏振光的器件称为起偏器,用于检验偏振光的器件称为检偏器。偏振器允许透过的光矢量方向为其透光轴方向。下面介绍本实验中使用的产生和检验偏振光的方法和有关定律。

(1) 偏振片和马吕斯定律

某些晶体对两个互相垂直的光矢量振动具有不同的吸收本领。利用这种本领就可做成偏振片。每块偏振片都有特定的偏振化方向(透光轴),只有光矢量的振动方向与透光轴方向平行的光波才能完全通过偏振片。

如图 4-13-3 所示,在偏振片 P_1 后放一偏振片 P_2,用 P_2 就可以检验经 P_1 后的光是否为偏振光。当 P_1 与 P_2 的偏振化方向之间的夹角为 θ 时,若透过 P_1 的线偏振光强度为 I_0,则通过 P_2 的线偏振光强度 I 可由马吕斯定律求得

$$I = I_0 \cos^2\theta \tag{4-13-4}$$

当以光线传播方向为轴转动检偏器时,透射光强度 I 发生周期性变化。当 $\theta = 0°$时,I 达到最大值 I_{max};当 $\theta = 90°$时,I 达到最小值 I_{min}(消光状态);当 $0° < \theta < 90°$时,$I_{min} < I < I_{max}$。

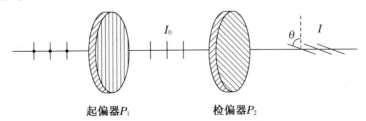

图 4-13-3 光线的起偏和检偏

（2）波片与圆偏振光和椭圆偏振光

当一束光射入各向异性的晶体时，会产生双折射现象，分成两束振动方向相互垂直的线偏振光，晶体对这两束光的折射率不同。其中一束光线称为寻常光（o光）；另一束折射光称为非常光（e光）。在晶体中还可以找到一个特殊方向，在这个方向上无双折射现象，这个方向称为晶体的光轴。由这种晶体做成的晶体片叫作波片。如图4-13-4所示，o光电矢量垂直于光轴，e光电矢量平行于光轴。o光、e光

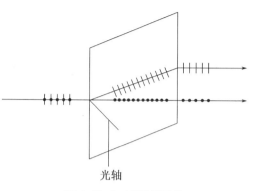

图 4-13-4　双折射晶体

在波片中的传播方向相同，都与界面垂直，相应的折射率为 n_o、n_e。设波片的厚度为 l，则两束光通过波片后就有相位差

$$\delta=\frac{2\pi}{\lambda}(n_o-n_e)l \tag{4-13-5}$$

式中 λ 为光波在真空中的波长。对于确定的波片，n_o、n_e 已确定，其相位差 δ 随波片厚度 l 变化而变化。调节厚度 l，可使 δ 取特定的值。当 $\delta=2k\pi$ 时，该波片称为全波片；当 $\delta=(2k+1)\pi$ 时，称为半波片；当 $\delta=(2k\pm1)\pi/2$ 时，称为 1/4 波片，k 为整数。不论全波片、半波片或 1/4 波片，都是对特定波长的光波而言的。

为了研究光通过波片后电矢量的合成，可以把入射偏振光经过波片后的 o 光和 e 光的电矢量振动表示为如下形式：

$$\begin{cases} E_o=A_o\cos(\omega t+\varphi_1) \\ E_e=A_e\cos\omega t \end{cases} \tag{4-13-6}$$

令这两束光的相位差 $\varphi_1=\delta$。

当 $\delta=2k\pi$，即为全波片时，由式（4-13-6）可知不改变入射光的偏振态。

当 $\delta=(2k+1)\pi$ 时，为 1/2 波片，由式（4-13-6）可得

$$E_e=-\frac{A_e}{A_o}E_o$$

经过 1/2 波片后，虽然仍是线偏振光，但是 e 光和 o 光相位相差 π。线偏振光经 1/2 波片后，电矢量的振动方向转过 2θ 角，如图 4-13-5 所示。若入射光为椭圆偏振光，做类似的分析可知，1/2 波片也改变椭圆偏振光长（短）轴的取向。此外，1/2 波片还改变椭圆偏振光（圆偏振光）的旋转方向。

当 $\delta=(2k\pm1)\pi/2$ 时，为 1/4 波片。式（4-13-6）可改写为

$$\begin{cases} E_o=A_o\sin\omega t \\ E_e=A_e\cos\omega t \end{cases}$$

消去 t，得

$$\frac{E_o^2}{A_o^2}+\frac{E_e^2}{A_e^2}=1$$

由上式可知:线偏振光经过 1/4 波片后变为椭圆偏振光。若 $\theta=45°$，$A_o=A_e=A$，则上式变为 $E_o^2+E_e^2=A'^2$，椭圆退化为圆，变成圆偏振光。

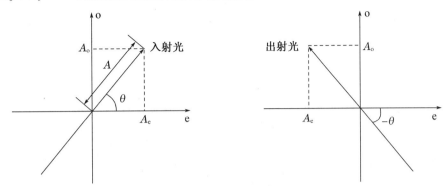

(a) 偏振光在1/2波片上的入射分解   (b) 偏振光在1/2波片上的出射合成

图 4-13-5 偏振光在 1/2 波片上的入射分解和出射合成

(3) 偏振状态和光强

在两个偏振片 P_1 和 P_2 之间插入 1/4 波片，三个元件的平面彼此平行，单色自然光垂直通过 P_1 后变成光强为 I_1 的线偏振光。如图 4-13-6 所示，当 1/4 波片的光轴(e 轴)与起偏器 P_1 的偏振化方向间的夹角为 θ、与检偏器 P_2 的偏振化方向间的夹角为 φ 时，若不计各器件的光能损失，则透过偏振片 P_2 后光强为

$$I_2=I_1(\cos^2\theta\cos^2\varphi+\sin^2\theta\sin^2\varphi) \tag{4-13-7}$$

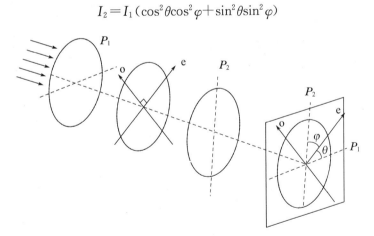

图 4-13-6 光矢量分解图

三、实验仪器

WSZ 系列光学平台，配上以下各种元件，如图 4-13-7 所示。

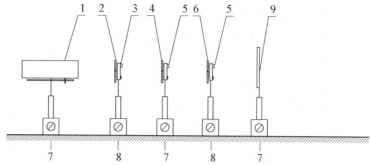

1—He-Ne 激光器(632.8 nm);2—偏振片(起偏器);3—可变口径架;4—波晶片(1/4、1/2 波片各一片);5—X 轴旋转二维架;6—偏振片(检偏器);7—通用底座;8—维底座;9—白屏

图 4-13-7   仪器图

四、实验步骤

1. 起偏与检偏

将所有元件按照图 4-13-7 的顺序摆放,暂时不放入波片,调至共轴。旋转第二个偏振片,使起偏器的偏振化方向与检偏器的偏振化方向相互垂直,这时可观察到消光现象。

2. 考察平面偏振光通过 1/2 波片时的现象

(1) 起偏器与检偏器正交,在两块偏振片之间插入 1/2 波片,将 1/2 波片转动 360°,能看见几次消光现象?解释这现象。

(2) 将 1/2 波片旋转任意角度,这时消光现象被破坏。将检偏器旋转 360°,观察到什么现象?由此说明通过 1/2 波片后,光变成怎样的偏振状态。

(3) 仍使起偏器与检偏器处于正交状态,插入 1/2 波片,寻找到消光位置。转动波片 15°,破坏消光。然后转动检偏器至消光位置,记录检偏器所转角度。

(4) 继续将 1/2 波片转动 15°即总角度为 30°,记录检偏器所达到的消光角度。依次使 1/2 波片总转角为 45°、60°、75°、90°,记录检偏器消光时所转总角度。(所有数据记录在表 4-13-1 中)

3. 观察波片产生的圆偏振光和椭圆偏振光

(1) 起偏器与检偏器正交,用 1/4 波片代替 1/2 波片,转动波片使其消光。

(2) 将 1/4 波片转动 15°,然后将检偏器转动 360°,观察到什么现象?此时从 1/4 波片出来的偏振状态是怎样的?

(3) 使波片转动 15°共五次,每次将检偏器转动一周,将所观察到的现象记录在表 4-13-2 中。

五、实验数据记录

表 4-13-1   1/2 波片消光位置记录表

1/2 波片转动角度/(°)	15	30	45	60	75	90
检偏器转动角度/(°)						

表 4-13-2 光的偏振性判断记录表

$\lambda/2$ 波片转动角度/(°)	15	30	45	60	75	90
光的偏振性						

六、预习思考题

1. 波片的作用是什么?
2. 怎样检测椭圆偏振光的形状?
3. 如何得到圆偏振光?
4. 线偏振光通过 1/4 波片后,可以变成哪些偏振光? 为什么?

七、复习思考题

1. 怎样判别自然光和偏振光?
2. 当 1/4 波片与起偏器的夹角为何值时产生圆偏振光? 试进行解释。
3. 如何用两个偏振片和一个 1/4 波片正确区分自然光、部分偏振光、线偏振光、椭圆偏振光和圆偏振光?

实验 4.14 密立根油滴实验

著名的美国物理学家密立根(Robert A. Milliken)在 1909 年到 1917 年期间,苦心钻研,以卓越的研究方法和精湛的实验技术,用油滴实验证明了电荷是量子化的,即任何物体所带电荷都是电子电荷 e 的整数倍,并测量了基本电荷 e 的值,从而荣获了 1923 年的诺贝尔物理学奖,该实验为人类研究物质结构奠定了基础。这一实验的设计思想简明巧妙、方法简单、结果准确,是一个著名的启发性实验。本实验不仅要学习测量电子电荷的方法,更重要的是要学习物理学家严谨的思维方式、求实的科学作风和坚忍不拔的科学精神。

一、实验目的

(1) 学习密立根油滴实验的设计思想,掌握密立根油滴实验的测量方法;

(2) 通过对带电油滴在重力场和静电场中运动的测量,验证电荷的不连续性,并测定基本电荷值 e;

(3) 通过对实验仪器的调整,油滴的选择、跟踪和测量,实验数据处理等方面的训练,培养良好的科学实验素质。

二、实验原理

使用喷雾器将油滴喷入两块水平放置的平行板电容器中。由于喷射产生的摩擦,油滴一般带有电量 q。

平行板间施加电压 U,产生电场 E,油滴在其中受到电场力作用。调节电压大小,使油滴所受的电场力与重力相等,此时油滴将静止地悬在板极中间,如图 4-14-1 所示。

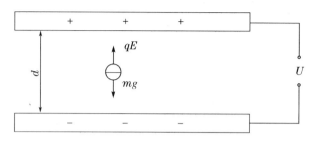

图 4-14-1 静电力与重力平衡

此时

$$mg = qE = q\frac{U}{d}$$

$$q = \frac{mgd}{U} \tag{4-14-1}$$

U、d 是容易测得的物理量,这样就可以通过测量油滴的质量 m,得出油滴所带的电量。可以发现,实验中油滴电量是某最小恒量的整数倍,即 $q = ne$,$n = \pm 1, \pm 2, \cdots$ 于是就证明了电荷的不连续性,并存在最小电荷单位,即电子的电荷值 e。

设油滴密度为 ρ,油滴质量 m 可表示为

$$m = \frac{4}{3}\pi r^3 \rho \tag{4-14-2}$$

为了测量油滴半径 r,去掉平行板间电压,油滴就将在重力作用下下降,同时受到空气的黏滞阻力。黏滞力与下降速度成正比,也就是服从斯托克斯定律:

$$f_r = 6\pi r \eta v \tag{4-14-3}$$

式中:η 是空气黏滞系数;r 是油滴半径;v 是油滴下落速度。油滴受重力的大小为

$$F = mg = \frac{4}{3}\pi r^3 \rho g \tag{4-14-4}$$

油滴在空气中下落一段距离,黏滞阻力增大,达到两力平衡,油滴开始匀速下降,如图 4-14-2 所示。

这时油滴半径就可以求出:

$$6\pi r \eta v = \frac{4}{3}\pi r^3 \rho g$$

$$r = \sqrt{\frac{9\eta v}{2\rho g}} \tag{4-14-5}$$

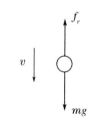

图 4-14-2 黏滞力与重力平衡

对于半径小到 10^{-6} m 的小球,空气介质不能认为是均匀连续的,因而黏滞系数应作如下修正

$$\eta' = \frac{\eta}{1 + \frac{b}{pr}} \tag{4-14-6}$$

式中:b 为修正常数;p 为大气压强,单位用厘米汞柱,即 cmHg 表示。得

$$r=\sqrt{\frac{9\eta v}{2\rho g}\frac{1}{1+\dfrac{b}{pr}}} \tag{4-14-7}$$

$$m=\frac{4}{3}\pi\left[\frac{9\eta v}{2\rho g}\frac{1}{1+\dfrac{b}{pr}}\right]^{\frac{3}{2}}\rho \tag{4-14-8}$$

式(4-14-8)根号中还包含油滴的半径 r,但因它处于修正项中,不需十分精确,因此可将式(4-14-5)代入式(4-14-8)计算。考虑油滴匀速下降的速度 v,可用下法测出:当两极板间的电压 U 为零时,设油滴匀速下降的距离为 l,时间为 t,则 $v=\dfrac{l}{t}$,于是得到

$$m=\frac{4}{3}\pi\left[\frac{9\eta l}{2\rho gt}\cdot\frac{1}{1+\dfrac{b}{pr}}\right]^{\frac{3}{2}}\cdot\rho \tag{4-14-9}$$

将式(4-14-9)代入式(4-14-1),得

$$q=ne=\frac{18\pi}{\sqrt{2\rho g}}\left[\frac{\eta l}{t\left(1+\dfrac{b}{pr}\right)}\right]^{\frac{3}{2}}\left(\frac{d}{U}\right) \tag{4-14-10}$$

而这个最小电量 e 就是电子的电荷量:

$$e=\frac{q}{n} \tag{4-14-11}$$

式(4-14-11)以及式(4-14-5)就是本实验所用的基本公式。

为了证明电荷的不连续性和所有电荷都是基本电荷 e 的整数倍,并得到基本电荷 e 值,应对实验测得的各个电荷量 q 求最大公约数,这个最大公约数就是基本电荷 e 值,也就是电子的电荷值。但由于存在测量误差,要求出各个电荷量 q 的最大公约数比较困难。通常可用"逆向验证"的办法进行数据处理,即用公认的电子电荷值 $e=1.602\times10^{-19}$ C 去除实验测得的电荷量 q,得到一个接近于某一个整数的数值,这个整数就是油滴所带的基本电荷的数目 n,再用这个 n 去除实验测得的电荷量 q,即得电子的电荷值 e。

三、实验仪器

HLD-MOD-V 型密立根油滴实验仪(包括油滴盒,油滴照明装置,测量显微镜,以及计时器),喷雾器等。

1. 油滴盒

如图 4-14-3 所示,油滴盒由两块经过精磨的平行极板构成,间距 $d=0.50$ cm。

由于其内表面抛光,保证在板极之间产生一个均匀电场。在上极板的中央有一个直径为 0.4 mm 的小孔,可供油滴进入。油滴盒安装在有机玻璃防风罩内,以防止周围的空气流动对油滴运动的影响。外罩上开两个窗:发光二极管照明窗和观察窗。油滴仪上面是油滴雾化室,油滴用喷雾器从喷雾口喷入,在喷射过程中由于与空气摩擦,使油滴带电。

加在两平行极板上的直流高压可以分为平衡电压和升降电压。利用带电荷的微小油滴在均匀电场中运动的受力分析,可将油滴所带的微小电荷量 q 的测量转化为油滴宏观运动速度的测量。

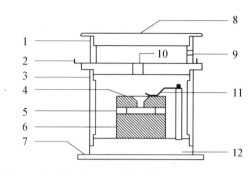

1—油雾室；2—油雾孔开关；3—防风罩；4—上极板；5—油滴盒；6—下极板；7—油滴盒基座；8—上盖板；9—喷雾口；10—油雾孔；11—上电极压簧；12—外接电表插孔

图 4-14-3　密立根油滴实验仪的结构示意图

2. 显微镜(CCD 显示器)

显微镜(配有 CCD 电子显示系统)是用来观察和测量油滴运动的,目镜中装有分划板,分划板上的刻度可用来测量油滴运动距离 l,用以计算油滴运动速度 v。

3. 计时器

利用"计时""复零"按钮控制数字计时器计时。

4. 仪器面板结构

HLD-MOD-V 型密立根油滴仪面板结构如图 4-14-4 所示。

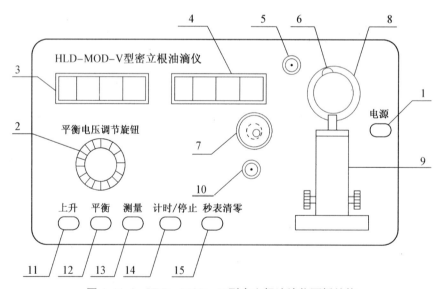

图 4-14-4　HLD-MOD-V 型密立根油滴仪面板结构

(1) 电源开关按钮；

(2) 平衡电压调节旋钮:可调节按下"平衡"按键时的极板间电压,DC 电压可调范围为 0~500 V；

(3) 数字电压表示数:显示上下电极板间的实际电压；

（4）秒表计时器示数：显示被测量油滴下降预定距离的时间；

（5）视频输出插座：配用 CCD 摄像头时使用，输出至监视器，监视器阻抗选择开关拨至 75 Ω 处；

（6）照明灯室：室内置永久性照明灯；

（7）水准仪：调节仪器底部两只调平螺丝，使水泡处于中间，此时平行板处于水平位置；

（8）观察窗；

（9）显微镜：配用 CCD 摄像头；

（10）视频输入插座：配用 CCD 视频输入端；

（11）"上升"按键：按下该键时，上下电极在平衡电压的基础上自动增加 DC 200～300 V 的提升电压；

（12）"平衡"按键：按下该键时，可用"平衡电压调节旋钮"调节电压，使测量油滴处于平衡状态；

（13）"测量"按键：按下该键时，极板电压为 0 V，被测量油滴处于被测量阶段而匀速下落；

（14）"计时/停止"按键：当油滴下落到预定开始距离时按下此键，开始计时，到达预定结束距离时，再按一次该键，停止计时；

（15）"秒表清零"键：清除内存，秒表显示"00.00"秒。

四、实验步骤

1. 测试练习

（1）预热仪器，调节仪器底部左右两只调平螺丝，使水准仪指示水平。

（2）使用喷雾器将油从喷雾口喷入（一次即可），微调显微镜调焦手轮，这时视场中出现大量闪亮油滴。

（3）平行板上加 250 V 左右的平衡电压，可以看见多数油滴很快升降消失，选择一个运动缓慢的油滴，让它自由降落。如此反复升降，多次练习，掌握控制和观察方法。

（4）选择合适的油滴是顺利做好实验的关键。大而亮的油滴必然质量大，所带电荷也多，而匀速下降时间则很短，增大了测量误差。通常选择运动较慢又不过分慢的油滴，再调节平衡电压，设法留住一个在视场中。通常在 20 s 左右时间内，匀速下降 2.0 mm 的油滴，其大小和带电量比较合适。

2. 正式测量步骤

（1）按清零键，使计时秒表清零。

（2）按下"平衡按键"，调节电压在 200 V 左右，从油雾室小孔喷入油滴，打开油雾孔开关，油滴从上极板中间直径 0.4 mm 孔落入电场中。

（3）通过调节"平衡电压调节旋钮"驱走不需要的油滴，直至剩下几颗缓慢运动、大小适中的油滴为止，选择其中一颗，仔细调节平衡电压，使油滴静止不动。

（4）按下"测量"键，油滴匀速下降。

（5）当油滴开始匀速运动时，按下"计时/停止"按键开始计时。

（6）当下落距离为 2.0 mm 时，按"计时/停止"键，停止计时，并按"平衡"键或"升降"

键,以免油滴逃逸出本电场,此时完成一颗油滴的测量,"秒表"上的时间为油滴在 2.0 mm 距离匀速运动的时间。

(7) 如此反复测量 10 个不同油滴,得到该实验所需 10 组数据,将数据记录在表 4-14-1 中。

五、数据记录与处理

根据式(4-14-5,4-14-10)进行计算:

油滴密度 $\rho = 981$ kg/m^3;

空气黏滞系数 $\eta = 1.83 \times 10^{-5}$ kg/m^3;

重力加速度 $g = 9.8$ m/s^2;

油滴匀速下降距离 $l = 2.00 \times 10^{-3}$ m;

修正常数 $b = 6.17 \times 10^{-6}$ m · cmHg;

大气压 $p = 76.0$ cmHg;

平行板极间距 $d = 5.00 \times 10^{-3}$ m。

将以上数据代入公式,得

$$q = \frac{1.43 \times 10^{-14}}{\left[t(1 + 0.02\sqrt{t})\right]^{\frac{3}{2}}} \cdot \frac{1}{U_n}$$

表 4-14-1　密立根油滴实验数据记录表

油滴编号	U_n/V	t_g/s	$\bar{U}_n$/V	$\bar{t}_g$/s	$q/(10^{-19}$ C$)$	n
1						
2						
3						
4						
5						

（续表）

油滴编号	U_n/V	t_g/s	$\bar{U}_n/V$	$\overline{t_g}/s$	$q/(10^{-19}\,C)$	n
6						
7						
8						
9						
10						

$$q=\frac{1.43\times10^{-14}}{\left[t(1+0.02\sqrt{t})\right]^{\frac{3}{2}}}\cdot\frac{1}{U_n}=\underline{\hspace{3cm}};$$

$$e=\underline{\hspace{4cm}}。$$

六、注意事项

（1）喷油时,只需喷一下即可,油量不宜喷得太多,否则会堵塞小孔。

（2）对选定油滴进行跟踪测量的过程中,如果油滴变得模糊了,应随时调节显微镜镜筒的位置,对油滴聚焦;对任何一个油滴进行的任何一次测量中都应随时调节显微镜,以保证油滴处于清晰状态。

（3）正确控制选中的油滴,不要跑出显示器的屏幕。要求每个油滴测量 3 次。一定要选择竖直下落的油滴。

（4）注意保护显微镜。所有镜头出厂前均已经过校验,不得自行拆开。镜头上若有灰尘,可用洗耳球将灰尘吹去,镜头表面油污可用清洁的软细布沾少量酒精擦拭。实验后用柔软的布将油滴室窗玻璃、机身的油擦拭干净,连同附件装箱放在干燥、通风的地方。

（5）喷油后,即使打开油雾孔,也不见油滴下落,可能是上极板中央的小孔堵塞了,可以在关掉电源的情况下,取出上极板,设法把小孔弄通。

七、预习思考题

1. 油滴受力平衡后,要改变它的上下位置,应如何调节电压?
2. 为什么要调节油滴盒的平行极板达到水平状态? 如果实验时,仪器面板上的水平气泡未调到中央,对实验结果有什么影响?
3. 实验中有时油滴会在显示器上消失,为什么? 应如何控制油滴?
4. 实验中测定的是油滴所带的电量值 q,为什么能算出电子电荷 e?
5. 如何判断油滴是否处于匀速直线运动状态?

八、复习思考题

1. 为什么对选定油滴进行跟踪时,油滴有时会变得模糊? 如何处理?
2. 在一个油滴测量过程中,发现平衡电压会发生显著变化,说明什么?
3. 根据实验数据,求出自由下落同样距离($l=2.0$ mm)所用时间最多和最少的两油滴半径和质量。说明时间差别较大的原因。

实验 4.15　数字存储示波器的使用

数字示波器是通过对被测信号进行模/数(A/D)转换,再以数字或模拟信号方式进行显示的一种数字测量和分析装置,它不但可以观测和分析各种重复信号,还可以捕获各种非重复信号,包括单次触发信号等。同时,它还具有数据存储和计算功能,或对数据进行分析计算,也可将数据导出到计算机中。因此,它能方便、长时间地保存信号;具有很强的信号处理能力;可以与计算机或其他外设相连实现更复杂的数据运算或分析;具有先进的触发功能并能显示触发前的信号等等。随着相关技术的进一步发展,数字示波器的可测频率范围越来越宽,其使用范围也更为广泛。因此,学习数字示波器的使用具有重要意义。

一、实验目的

(1) 了解数字存储示波器的主要组成部分及其工作原理;
(2) 了解仪器控制面板上各旋钮及按键的功能,掌握数字存储示波器的基本操作方法;
(3) 掌握多种用数字存储示波器测量电信号的幅度、周期和频率的方法。

二、实验原理

1. 数字示波器的基本结构

数字存储示波器(简称数字示波器)与模拟示波器的结构是完全不同的,它以微处理器系统(CPU)为核心,再配以数据采集系统、显示系统、时基电路、面板控制电路、存储器及外设接口控制器等。工作原理方框图如图 4-15-1 所示。

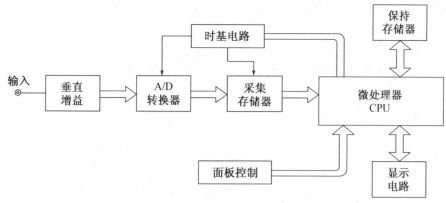

图 4-15-1　数字存储示波器基本组成框图

2. 示波原理

模拟输入信号进入示波器后先适当地放大或衰减,然后再进行数字化处理。数字化包括"取样"和"量化"两个过程,取样是获得模拟输入信号的离散值,而量化则是使每个取样的离散值经 A/D 转换器转换成二进制数字。最后,数字化的信号在逻辑控制电路的控制下依次写入到 RAM(存储器)中,CPU 从存储器中依次把数字信号读出并在液晶屏上显示相应的信号波形。屏幕在显示波形的同时,还可通过微处理器对采集到的波形数据进行各种运算和分析,并将结果在显示器适当的位置用数字显示出来。面板上的按钮和旋钮的功能设置都可直接在显示器上通过数字显示。数字示波器还有 RS-232、GPIB 等标准通信接口,可根据需要将波形数据送至计算机作更进一步的处理或送打印机打印记录。

现以 DS1602 数字实时存储示波器为例介绍数字示波器的使用方法。

3. 按钮和旋钮的功能

DS1602 数字示波器的面板如图 4-15-2 所示。

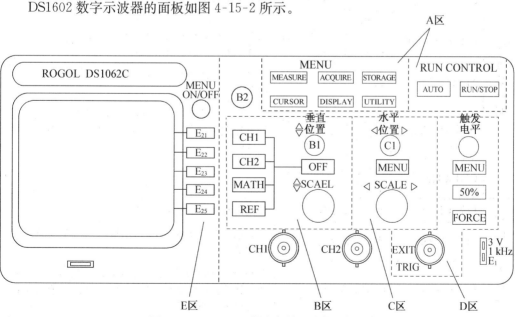

图 4-15-2　DS1602 数字存储示波器面板图

面板上各控制按钮及旋钮的功能见表 4-15-1,大体上可分为 A、B、C、D、E 五个功能区。

表 4-15-1 DS1602 数字存储示波器功能表

	按键名称	功能	功能说明
A 区 功 能 控 制	MEASURE	测量按钮	选择自动测量功能菜单,再用按钮 E_2、E_3 等选择具体功能(内含电压测量、时间测量等)
	ACQUIRE	获取按钮	选择获取功能的菜单,再用按钮 E_2、E_3 等选择具体功能
	STORANG	存储按钮	选择存储功能的菜单,再用按钮 E_2 选择具体功能
	CURSOR	光标按钮	选择光标功能的菜,再用按钮 E_2、E_3 等选择具体功能;旋钮 B1 调节光标的位置
	DISPLAY	显示按钮	选择显示功能的菜单,再用按钮 E_2、E_3 等选择具体功能
	UTILITY	辅助功能按钮	选择辅助功能的菜单,再用按钮 E_2、E_3 等选择具体功能
	AUTO	自动设置按钮	启动自动设置。示波器根据输入信号的大小和频率,自动设置仪器的各项控制值,产生适于观察的输入信号显示
	RUN/STOP	启动/停止按钮	循环按此按钮,启动或停止波形获取
B 区 垂 直 控 制	B1	CH1、CH2 通道垂直位置旋钮	控制信号显示器垂直方向上位置
	B2	CH1、CH2 通道光标位置旋钮	控制波形亮度和光标位置
	CHl、CH2 菜单	CH1、CH2 通道垂直功能菜单按钮	选择通道的具体功能菜单,再用按钮 E_2、E_3 等选择具体功能;开启或关闭通道的显示伏/格
	MATH 菜单	数学值按钮	选择数学操作功能菜单,再用按钮 E_2、E_3 等选择具体功能
	伏/格(SCALE)	CH1、CH2 通道垂直标尺系数调节旋钮	垂直标尺系数表示垂直方向一格对应的电压值。旋动旋钮就改变了标尺系数,具体数值显示在屏幕显示区的底部
	CH1、CH2	CH1、CH2 通道信号输入端	
C 区 水 平 控 制	位置 C1	水平位置旋钮	控制信号在显示器水平方向上的位置
	MENU 菜单	水平菜单按钮	选择水平控制功能菜单,再用按钮 E_2、E_3 等选择具体功能
	秒/格(SCALE)	时基调节旋钮	时基(水平标尺系数)表示水平方向一格对应的时间值。旋动旋钮就改变了标尺系数,具体数值显示在屏幕显示区的底部

（续表）

	按键名称	功能	功能说明
D区触发控制	电平/释抑 （LEVEL）	电平或释抑控制按钮	触发电平控制,它设定触发信号必须通过的振幅,以便进行稳定信号的获取;释抑控制,它设定接受下一个触发事件之前的时间
	MENU 菜单	触发菜单按钮	选择触发功能菜单,再用按钮 E_2、E_3 等选择具体功能
	50%	中点设定按钮	触发电平设定在触发信号幅度的中点
	FORCE	强制触发按钮	不管是否有足够的触发信号,都自动启动获取
	EXIT TRIG	外触发信号输入端	
其他	E_1	校准信号输出端	该端口输出各标准方波信号
	E_2（E_{21},E_{22},…,E_{25}）	菜单功能选择按钮	从上到下五个按钮,分别用以改变和选择屏幕显示区右侧五个菜单显示框(图 4-15-2)中的内容

4. DS1602 数字存储示波器的基本操作

数字示波器的显示区与模拟示波器相比有很大的不同,它的右侧从上到下有五个菜单显示框,每个框内显示的功能由对应的按钮控制(图 4-15-2),中间是波形显示区,上、下和左侧还显示出许多有关波形和控制设定值的细节。

打开示波器电源,示波器通电自检,按任意按钮后,示波器即进入测量状态。要观察清晰而稳定的波形,则需根据所测信号的大小和频率,设置好示波器各功能区的菜单。主要的操作说明如下:

（1）垂直控制区的操作

① CH1、CH2 通道垂直功能的设置。按 B 区的 CH1 菜单按钮(设置 CH1 通道)或 CH2 菜单按钮(设置 CH2 通道),菜单显示框中显示的内容如表 4-15-2 所示,菜单的具体功能选择由对应的五个功能选择按钮 E_{21}、E_{22}、…、E_{25} 循环开关决定,它可以依次实现若干个设置功能,详见表 4-15-2。

表 4-15-2　垂直控制区 CH1 菜单功能按钮相应的菜单内容及作用

按钮	屏幕菜单显示内容	作用	可选择的设置
E_{21}	耦合直流	选择信号耦合方式	直流、交流、接地
E_{22}	带宽限制关闭	选择示波器带宽	打开、关闭
E_{23}	探头×1	选择探极的倍率	根据探极的衰减系数可选×1、×10、×100、×1 000
E_{24}	数字滤波	打开、关闭数字滤波	滤波类型、频率上限、频率下限
E_{25}	指向下页	转换到下页	
E_{22}（通过 E_{25} 转换到下页）	挡位调节	选择垂直灵敏度	粗调、微调
E_{23}（通过 E_{25} 转换到下页）	反相打开	选择是否将输入信号反相	打开、关闭

② MATH 数学功能的设置。按 B 区的 MATH 菜单按钮,菜单显示框中可出现相应的菜单,按 E_{21} 可显示"操作"可出现"$A+B$(显示两个通道信号叠加后的波形)""$A-B$(显示通道 1 信号减通道 2 信号后的波形)"和"$A \times B$"等选项。

(2) 水平控制区

水平控制功能的设置:

按 C 区的 MENU 菜单按钮,菜单显示框中可出现相应的菜单;

按 E_{21} 选择延迟扫描的打开或关闭;

按 E_{23} 选择时基,若循环按 E_{23} 时基切换按钮,则会在 $Y-T$、$X-T$ 之间切换。

(3) 触发控制区

触发控制功能的设置:

按 D 区 MENU 菜单按钮,菜单显示框中显示的内容如表 4-15-3 所示,再通过按钮 E_{21}、E_{22}、…、E_{25} 的控制可实现若干个功能设置。

表 4-15-3 触发控制区菜单功能按钮相应的菜单内容及作用

按钮	屏幕菜单显示内容	作用	可选择的设置
E_{21}	触发模式边沿触发	选择触发种类	边沿触发、脉宽触发、斜率触发、视频触发、交替触发
E_{22}	信源选择 CH1	选择触发的信号通道	CH1、CH2、EXIT、交流源
E_{23}	边延类型	选择触发时机	上升、下降
E_{24}	触发方式自动	选择触发方式	自动、普通、单次
E_{25}	触发设置	转换到下页	
E_{21}(通过 E_{25} 转换)	耦合直流	选择触发信号成分	交流直流

(4) 功能控制区的操作

① MEASURE 自动测量功能设置。按 A 区自动测量按钮 MEASURE,再按 E_{21},选择信源(待测信号的通道是 CH1 还是 CH2)或类型(待测信号的物理量),菜单显示框中各相应按钮的功能如下:

按 F_{22},可出现电压测量,若循环按 E_{22} 电压测量按钮,则会依次出现信号电压的最大值、最小值、峰-峰值、顶端值、底端值、幅度、平均值、均方根值等条目,相应的电压值也会在屏幕下方显示出来;

按 E_{23},可出现时间测量,若循环按 E_{23} 时间测量按钮,则会依次出现信号的周期、频率、上升时间、下降时间、正脉宽、负脉宽、占空比等时间量的条目,相应的电压值也会在屏幕下方显示出来;

按 E_{24},可出现清除测量;

按 E_{25},可出现全部测量,若循环按 E_{25},可打开或关闭全部测量,打开全部测量时,上述物理量的数据会全部出现在屏幕下方。

② ACQUIRE 获取功能设置。按 A 区 ACQUIRE 按钮,菜单显示框中可出现一下

拉菜单。

按 E_{21} 选择获取方式,若循环按此按钮可依次出现"普通""平均"和"峰值检测"等条目供选择;选择获取方式为"平均"时,按 E_{22} 可调节取平均值的次数。

按 E_{23} 选择采样方式,若循环按此按钮可依次出现"实时采样""等效采样"等条目供选择。

按 E_{24} 选择存储深度,循环按此按钮可依次出现"普通""长存储"等条目供选择。

③ CURSOR 光标功能设置。按 A 区 CURSOR 按钮,菜单显示框中可出现一下拉菜单。

按 E_{21} 选择"光标模式",循环按此按钮,会依次出现"手动""追踪""自动测量"和"关闭"等设置。

如选择"手动"设置,则按 E_{22},"光标类型"可出现"X"和"Y",如选择"Y",显示器出现两条水平虚线,称为水平光标。

按 E_{24} 后,旋转 B2,光标 1 上下移动;按 E_{25} 后,旋转 B2,光标 2 上下移动;同时按 E_{24} 和 E_{25},旋转 B2,光标 1 和光标 2 同时上下移动。上述三种情况下两光标的位置及位置之差分别在屏幕第三菜单框中显示出来,显示的内容是两光标对应的电压和它们的电压差。

"光标类型"选择"X",显示器出现两条垂直虚线,称为水平光标,即两光标之间的时间。如选择时间设置,显示器出现两条垂直虚线,称为垂直光标。垂直光标移动的方法与上节相同,屏幕第三菜单框中显示的内容是两光标对应的时间和它们的时间差。

按 E_{23} 选择信源即待测信号的来源,循环按此按钮,会依次出现"CH1""CH2""MATH"等设置。与之对应的三个菜单框中分别显示选中信源的测量结果和光标位置。

④ DISPLAY 显示功能的设置。按 A 区 DISPLAY 按钮,菜单显示框中可出现一下拉菜单。

按 E_{21} 选择显示类型,循环按此按钮,会依次出现矢量,光点等设置;

按 E_{22} 选择清除显示;

按 E_{23} 选择波形保持,循环按此按钮,会依次出现"关闭""无限"等设置;

按 E_{24} 选择波形亮度,其亮度的调节可由 B2 旋钮完成;

按 E_{25} 可转换到下页,详细的说明可见该仪器的用户手册。

三、实验仪器

函数信号发生器,实验电路板,滑线电阻器,连接导线若干,DS1602 数字存储示波器。

四、实验步骤

1. 熟悉示波器的基本操作并观测波形

将函数发生器设置为正弦波(50 Hz,6 V)输出,用示波器观察其正弦波形。

在垂直功能设置中,探极的衰减系数应选"X1",耦合方式选直流(本实验测量的大都是整流后的波形)。

练习用三种方法测量待测信号的频率 f、周期 T 和峰-峰值 U_{PP}。

(1)估测

在显示屏上读出水平方向格数和垂直方向格数,估测正弦波信号的周期 T 和电压峰-峰值 U_{PP}，将数据填入表 4-15-1 中。

（2）光标法测量

使用光标测量功能，测量 T 和 U_{PP}、电压光标测量、时间光标测量周期 T，将数据填入表 4-15-1 中。

（3）自动测量

使用自动测量功能，从有关菜单框中直接读出频率 f、周期 T 和峰-峰值 U_{PP} 的数据，将数据填入表 4-15-1 中，并在坐标纸上绘出波形图。

2. 整流波形的测量

（1）整流电路

整流电路的作用是把正弦交流电转换成大脉动直流电，滤波电路的作用是把脉动大的直流电变成平滑的、脉动小的直流电。

全波桥式整流电路如图 4-15-3 所示，负载电阻 R 上的电压 u_o。波形见图 4-15-4。

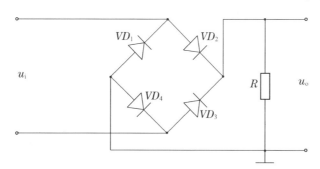

图 4-15-3　桥式整流电路图

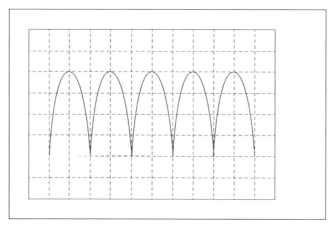

图 4-15-4　正弦交流电整流后的波形

若输入交流电为 $u_i(t) = U_m \sin \omega t$，经桥式整流后的输出电压为

$$u_o(t) = U_m \sin \omega t, 0 \leqslant \omega t \leqslant \pi$$
$$u_o(t) = -U_m \sin \omega t, \pi \leqslant \omega t \leqslant 2\pi$$

U_0 的平均值为 $u_o = \dfrac{1}{T} \displaystyle\int_0^T u_o(t) \mathrm{d}t = \dfrac{2}{\pi} U_m = 0.637 U_m$。

（2）实验操作

按图 4-15-3 接线，输入 50 Hz、6 V 的正弦信号，用光标法测量全波桥式整流电路输出电压 u_o 的峰值 U_m 和周期 T，算出频率 f 和 u_o 的平均值。

将以上数据记录在表 4-15-2 中，并在坐标纸上绘出波形图。

3. 滤波波形的测量

（1）观测整流滤波

可以看出，全波整流后的电压依然是有脉动的直流电。为了减少波动，通常要加滤波器，最简单的电容滤波电路如图 4-15-5 所示。经电容 C 滤波后的输出电压 u_o 的波形见图 4-15-6，由电路原理可知，电容越大，充放电的时间越长，u_o 的波形就越平滑。u_o 的平均值可以近似估计为

$$u_0 = \frac{1}{2}(U_{0\max} + U_{0\min})$$

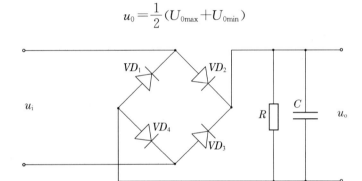

图 4-15-5　桥式整流滤波电路

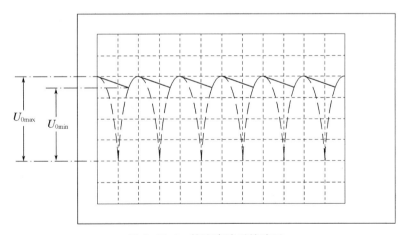

图 4-15-6　整流滤波后的波形

（2）实验操作

按图 4-15-5 接线，输入 50 Hz、6 V 的正弦信号，用光标法测量整流滤波输出电压波形的 $U_{0\max}$ 和 $U_{0\min}$ 及周期 T，算出频率 f 和 u_o 的平均值。

将以上数据记录在表 4-15-3，4-15-4 中，并在坐标纸上绘出波形图。

五、数据记录与处理

1. 交流信号波形数据表

表 4-15-1　交流信号波形数据记录表

测量方法	U_{PP}/V		T/ms		f/Hz
估测	伏/格	波形显示格数	秒/格	一个完整波形的水平格数	$f=$
	$U_{PP}=$		$T=$		
光标测量	电压光标 A 位置		时间光标 A 位置		$f=$
	电压光标 B 位置		时间光标 B 位置		
	$U_{PP}=$		$T=$		
自动测量	$U_{PP}=$		$T=$		$f=$

2. 整流电路输出波形数据表

表 4-15-2　整流电路输出波形数据记录表

电压				周期			
光标 A	光标 B	增量	U_0 平均值	时间光标 A	时间光标 B	周期 T	频率 f

3. 整流滤波电路输出波形数据表

表 4-15-3　电流滤波电路输出波形数据表(电压测量)

U_{0max}			U_{0min}			U_0 平均
光标 A	光标 B	增量	光标 A	光标 B	增量	

表 4-15-4　整流滤波电路输出波形数据表(周期、频率测量)

时间光标 A	时间光标 B	周期 T	频率 f

六、预习思考题

1. 数字示波器与模拟示波器有何区别?
2. 为什么数字示波器能捕获单次或瞬变信号?

实验 4.16　用波耳共振仪研究受迫振动

在机械制造和建筑工程等领域中,受迫振动所导致的共振现象引起工程技术人员的极大关注,它既有破坏作用,也有许多实用价值。众多电声器件也是运用共振原理设计制作的。此外,在微观科学研究中,"共振"也是一种重要的研究手段,例如利用核磁共振和顺磁共振研究物质结构等。

表征受迫振动性质是受迫振动的振幅-频率特性和相位-频率特性(简称幅频特性和相频特性)。本实验中,采用波耳共振仪定量测定机械受迫振动的幅频特性和相频特性,并利用频闪方法来测定动态的物理量——相位差。

一、实验目的

(1) 研究波耳共振仪中弹性摆轮受迫振动的幅频特性和相频特性;

(2) 研究不同阻尼力矩对受迫振动的影响,观察共振现象;

(3) 学习用频闪法测定运动物体的相位差。

二、实验原理

物体在周期外力的持续作用下发生的振动称为受迫振动,这种周期性的外力称为强迫力(或称驱动力)。如果外力是按简谐振动规律变化,那么稳定状态时的受迫振动也是简谐振动。此时,振幅保持恒定,振幅的大小与强迫力的频率和原振动系统无阻尼时的固有振动频率以及阻尼系数有关。在受迫振动状态下,系统除了受到强迫力的作用外,同时还受到回复力和阻尼力的作用。所以在稳定状态时,物体的位移、速度变化与强迫力变化不是同相位的,存在一个相位差。当强迫力(驱动力)频率与系统的固有频率相同时产生共振,此时振幅最大,相位差为 $90°$。

实验采用摆轮在弹性力矩作用下自由摆动,在电磁阻尼力矩作用下做受迫振动来研究受迫振动特性,可直观地显示机械振动中的一些物理现象。

当摆轮受到周期性强迫外力矩 $M = M_0 \cos \omega t$ 的作用,并在有空气阻尼和电磁阻尼的媒质中运动时(阻尼力矩为 $-b \dfrac{\mathrm{d}\theta}{\mathrm{d}t}$)其运动方程为

$$J \frac{\mathrm{d}^2\theta}{\mathrm{d}t^2} = -k\theta - b \frac{\mathrm{d}\theta}{\mathrm{d}t} + M_0 \cos \omega t \tag{4-16-1}$$

式中:J 为摆轮的转动惯量;$-k\theta$ 为弹性力矩;M_0 为强迫力矩的幅值;ω 为强迫力的圆频率。

令 $\omega_0^2 = \dfrac{k}{J}$,$2\beta = \dfrac{b}{J}$,$m = \dfrac{M_0}{J}$。则式(4-16-1)变为

$$\frac{\mathrm{d}^2\theta}{\mathrm{d}t^2} + 2\beta \frac{\mathrm{d}\theta}{\mathrm{d}t} + \omega_0^2 \theta = m \cos \omega t \tag{4-16-2}$$

当 $m \cos \omega t = 0$ 时,式(4-16-2)即为阻尼振动方程。

当 $\beta = 0$,即在无阻尼情况时式(4-16-2)变为简谐振动方程,系统的固有频率为 ω_0。方程(4-16-2)的通解为

$$\theta = \theta_1 \mathrm{e}^{-\beta t} \cos(\omega_f t + \alpha) + \theta_2 \cos(\omega t + \varphi) \tag{4-16-3}$$

由式(4-16-3)可见,受迫振动可分成两部分:

第一部分,$\theta_1 \mathrm{e}^{-\beta t} \cos(\omega_f t + \alpha)$ 和初始条件有关,经过一定时间后衰减消失。

第二部分,说明强迫力矩对摆轮做功,向振动体传送能量,最后达到一个稳定的振动

状态。振幅为

$$\theta_2 = \frac{m}{\sqrt{(\omega_0^2 - \omega^2)^2 + 4\beta^2 \omega^2}} \qquad (4\text{-}16\text{-}4)$$

它与强迫力矩之间的相位差为

$$\varphi = \arctan \frac{2\beta\omega}{\omega_0^2 - \omega^2} = \arctan \frac{\beta T_0^2 T}{\pi(T^2 - T_0^2)} \qquad (4\text{-}16\text{-}5)$$

由式(4-16-4,4-16-5)可看出,振幅 θ_2 与相位差 φ 的数值取决于强迫力矩 M、频率 ω、系统的固有频率 ω_0 和阻尼系数 β 四个因素,而与振动初始状态无关。

由 $\frac{\partial}{\partial\omega}[(\omega_0^2 - \omega^2)^2 + 4\beta^2\omega^2] = 0$ 极值条件可得出,当强迫力的圆频率 $\omega = \sqrt{\omega_0^2 - 2\beta^2}$ 时,产生共振,θ 有极大值。若共振时圆频率和振幅分别用 ω_r、θ_r 表示,则

$$\omega_r = \sqrt{\omega_0^2 - 2\beta^2} \qquad (4\text{-}16\text{-}6)$$

$$\theta_r = \frac{m}{2\beta\sqrt{\omega_0^2 - 2\beta^2}} \qquad (4\text{-}16\text{-}7)$$

由式(4-16-6,4-16-7)表明,阻尼系数 β 越小,共振时圆频率越接近于系统固有频率,振幅 θ_r 也越大。图 4-16-1 和图 4-16-2 表示出在不同 β 时受迫振动的幅频特性和相频特性。

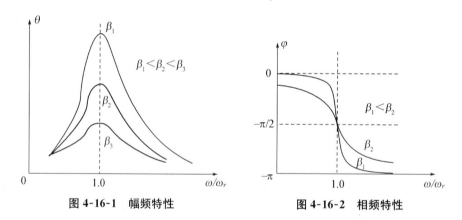

图 4-16-1　幅频特性　　　　图 4-16-2　相频特性

三、实验仪器

ZKY-BG 型波耳共振仪由振动仪与电器控制箱两部分组成。振动仪部分如图 4-16-3 所示,铜质圆形摆轮 A 安装在机架上,弹簧 B 的一端与摆轮 A 的轴相连,另一端可固定在机架支柱上,在弹簧弹性力的作用下,摆轮可绕轴自由往复摆动。在摆轮的外围有一卷槽形缺口,其中一个长形凹槽 C 比其他凹槽长出许多。机架上对准长形缺口处有一个光电门 H,它与电器控制箱相连接,用来测量摆轮的振幅角度值和摆轮的振动周期。在机架下方有一对带有铁心的线圈 K,摆轮 A 恰巧嵌在铁心的空隙,当线圈中通过直流电流后,摆轮受到一个电磁阻尼力的作用。改变电流的大小即可使阻尼大小相应变化。为使摆轮 A 做受迫振动,在电动机轴上装有偏心轮,通过连杆机构 E 带动摆轮,在电动机轴上装有带刻线的有机玻璃转盘 F,它随电机一起转动。由它可以从角度读数盘 G 读出相位差 φ。调节控制箱上的十圈电机转速调节旋钮,可以精确改变加于电机上的电压,使

电机的转速在实验范围(30～45 转/分)内连续可调,由于电路中采用特殊稳速装置、电动机采用惯性很小的带有测速发电机的特种电机,所以转速极为稳定。电机的有机玻璃转盘 F 上装有两个挡光片。在角度读数盘 G 中央上方 90°处也有光电门 I(强迫力矩信号),并与控制箱相连,以测量强迫力矩的周期。

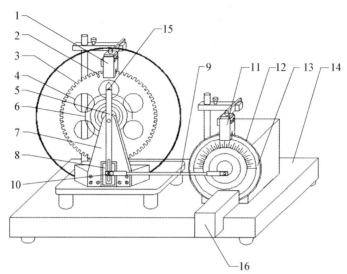

1—光电门 H;2—长凹槽 C;3—短凹槽 D;4—铜质摆轮 A;5—摇杆
M;6—蜗卷弹簧 B;7—支承架;8—阻尼线圈 K;9—连杆 E;10—摇杆
调节螺丝;11—光电门 I;12—角度读数盘 G;13—有机玻璃转盘 F;
14—底座;15—弹簧夹持螺钉 L;16—闪光

图 4-16-3 波耳振动仪

受迫振动时摆轮与外力矩的相位差是利用小型闪光灯来测量的。闪光灯 16 受摆轮信号光电门 1 控制,每当摆轮上长形凹槽 2 通过平衡位置时,光电门 1 接受光,引起闪光,这一现象称为频闪现象。在稳定情况时,由闪光灯照射下可以看到有机玻璃指针 F 好像一直"停在"某一刻度处,所以此数值可方便地直接读出,误差不超过 2°。闪光灯放置位置如图 4-16-4 所示搁置在底座上,切勿拿在手中直接照射刻度盘。

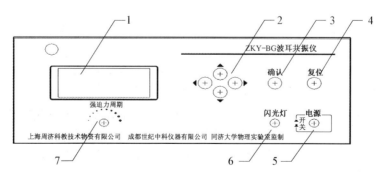

1—液晶显示屏幕;2—方向控制键;3—确认按键;4—复位按键;5—电源开
关;6—闪光灯开关;7—强迫力周期调节电位

图 4-16-4 波耳共振仪前面板示意图

摆轮振幅是利用光电门 1 测出摆轮读数 A 处圈上凹形缺口个数,并在控制箱液晶显示器上直接显示出此值,精度为 $2°$。

波耳共振仪电器控制箱的前面板和后面板分别如图 4-16-4 和图 4-16-5 所示。

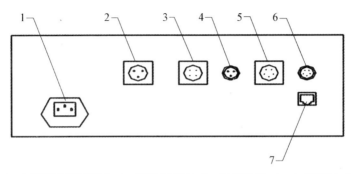

1—电源插座(带保险);2—闪光灯接口;3—阻尼线圈;4—电机接口;5—振幅输入;6—周期输入;7—通信接口

图 4-16-5　波耳共振仪后面板示意图

电机转速调节旋钮,系带有刻度的十圈电位器,调节此旋钮时可以精确改变电机转速,即改变强迫力矩的周期。锁定开关处于图 4-16-6 的位置时,电位器刻度锁定,要调节大小,须将其置于该位置的另一边。×0.1 挡旋转一圈,×1 挡走一个字。一般调节刻度仅供实验时作参考,以便大致确定强迫力矩周期值在多圈电位器上的相应位置。

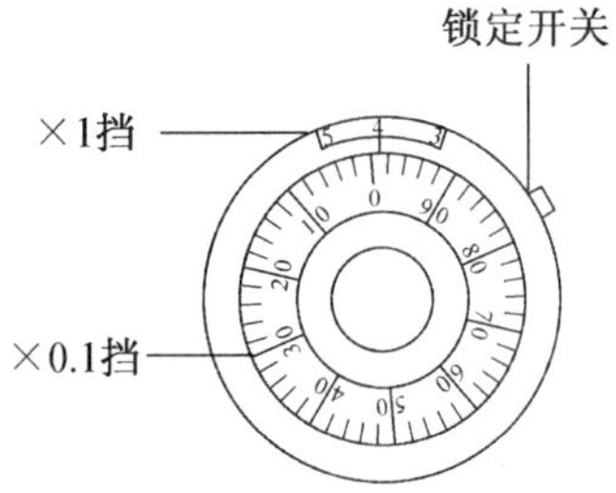

图 4-16-6　电机转速调节电位

可以通过软件控制阻尼线圈内直流电流的大小,达到改变摆轮系统的阻尼系数的目的。阻尼挡位的选择通过软件控制,共分 3 挡,分别是"阻尼 1""阻尼 2""阻尼 3"。阻尼电流由恒流源提供,实验时根据不同情况进行选择(可先选择在"阻尼 2"处,若共振时振幅太小则可改用"阻尼 1"),振幅在 150° 左右。

闪光灯开关用来控制闪光与否,当按住闪光按钮、摆轮长缺口通过平衡位置时便产生闪光,由于频闪现象,可从相位差读盘上看到刻度线似乎静止不动的读数(实际有机玻璃 F 上的刻度线一直在匀速转动),从而读出相位差数值。为使闪光灯管不易损坏,采用按钮开关,仅在测量相位差时才按下按钮。

电器控制箱与闪光灯和波尔共振仪之间通过各种专业电缆相连接,不会产生接线错误之弊病。

四、实验步骤

1. 实验准备

按下电源开关后,屏幕上出现欢迎界面,其中 NO. 0000X 为电器控制箱与电脑主机相连的编号。过几秒钟后屏幕上显示如图一"按键说明"字样。符号"t"为向左移动、"u"

为向右移动、"p"为向上移动、"q"向下移动。

2. 选择实验方式

根据是否连接电脑选择联网模式或单机模式。这两种方式下的操作完全相同,故不再重复介绍。

3. 自由振荡——摆轮振幅 θ 与系统固有周期 T_0 关系的测量

自由振荡实验的目的,是为了测量摆轮的振幅 θ 与系统固有振动周期 T_0 的关系。

在图一状态按确认键,显示图二所示的实验类型,默认选中项为自由振荡,字体反白为选中。再按确认键显示,如图三。

图一	图二	图三
图四	图五	图六

用手转动摆轮 160° 左右,放开手后按"p"或"q"键,测量状态由"关"变为"开",控制箱开始记录实验数据(将数据记录在表 4-16-1 中),振幅的有效数值范围为 160°~50°(振幅小于 160°测量开,小于 50°测量自动关闭)。测量显示关时,此时数据已保存并发送主机。

查询实验数据,可按"t"或"u"键,选中回查,再按确认键,如图四所示,表示第一次记录的振幅 $\theta_0=134°$,对应的周期 $T=1.442$ s,然后按"p"或"q"键查看所有记录的数据,该数据为每次测量振幅相对应的周期数值,回查完毕,按确认键,返回到图三状态。此法可做出振幅 θ 与 T_0 的对应表。该对应表将在稍后的"幅频特性和相频特性"数据处理过程中使用。

若进行多次测量可重复操作,自由振荡完成后,选中返回,按确认键回到前面图二进行其他实验。

因电器控制箱只记录每次摆轮周期变化时所对应的振幅值,因此有时转盘转过光电门几次,测量才记录一次(其间能看到振幅变化)。当回查数据时,有的振幅数值被自动剔除。

4. 阻尼振荡——测定阻尼系数 β

在图二状态下,根据实验要求,按"u"键,选中阻尼振荡,按确认键显示阻尼:如图五。阻尼分三个挡次,阻尼 1 最小,根据自己实验要求选择阻尼挡,例如选择阻尼 2 挡,按确认键显示,如图六所示。

首先将角度盘指针 F 放在 0° 位置,用手转动摆轮 160° 左右,选取 θ_0 在 150° 左右,按"p"或"q"键,测量由"关"变为"开"并记录数据(将数据记录在表 4-16-2 中),仪器记录 10

组数据后,测量自动关闭,此时振幅大小还在变化,但仪器已经停止计数。

阻尼振荡的回查同自由振荡类似,请参照上面操作。若改变阻尼挡测量,重复阻尼1的操作步骤即可。

从液显窗口读出摆轮做阻尼振动时的振幅数值 θ_1、θ_2、θ_3、$\cdots$、θ_n,利用公式

$$\ln \frac{\theta_0 e^{-\beta t}}{\theta_0 e^{-\beta(t+nT)}} = n\beta \bar{T} = \ln \frac{\theta_0}{\theta_n} \tag{4-16-8}$$

求出 β 值。式中:n 为阻尼振动的周期次数;θ_n 为第 n 次振动时的振幅;$\bar{T}$ 为阻尼振动周期的平均值。此值可以测出 10 个摆轮振动周期值,然后取其平均值。一般阻尼系数需测量 2~3 次。

5. 测定受迫振动的幅度特性和相频特性曲线

在进行强迫振荡前必须先做阻尼振荡,否则无法实验。

仪器在图二状态下,选中 强迫振荡,按确认键显示:如图七默认状态选中 电机。

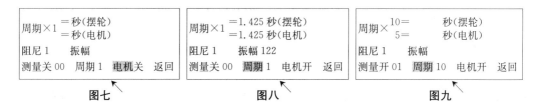

图七　　　　　　　　　　图八　　　　　　　　　　图九

按"p"或"q"键,让电机启动。此时保持周期为1,待摆轮和电机的周期相同,特别是振幅已稳定,变化不大于1,表明两者已经稳定了(如图八),方可开始测量。

测量前应先选中 周期,按"p"或"q"键把周期由1(如图七)改为10(如图九)(目的是为了减少误差,若不改周期,测量无法打开)。再选中 测量,按下"p"或"q"键,测量打开并记录数据(如图九)。

一次测量完成,显示 测量 关后,读取摆轮的振幅值,并利用闪光灯测定受迫振动位移与强迫力间的相位差。

调节强迫力矩周期电位器,改变电机的转速,即改变强迫外力矩频率 ω,从而改变电机转动周期。电机转速的改变可按照 $\Delta\varphi$ 控制在 10° 左右来定,可进行多次这样的测量。

每次改变了强迫力矩的周期,都需要等待系统稳定,约需两分钟,即返回到图八状态,等待摆轮和电机的周期相同,然后再进行测量。

在共振点附近由于曲线变化较大,因此测量数据相对密集些,此时电机转速极小变化会引起 $\Delta\varphi$ 很大改变。电机转速旋钮上的读数是一参考数值,建议在不同 ω 时都记下此值,以便实验中快速寻找要重新测量时参考。

测量相位时应把闪光灯放在电动机转盘前下方,按下闪光灯按钮,根据频闪现象来测量,仔细观察相位位置。

强迫振荡测量完毕,按"t"或"u"键,选中 返回,按确定键,重新回到图二状态。

5. 关机

在图二状态下,按住复位按钮保持不动,几秒钟后仪器自动复位,此时所做实验数据全部清除,然后按下电源按钮,结束实验。

五、实验数据记录与处理

1. 摆轮振幅 θ 与系统固有周期 T_0 关系

表 4-16-1 振幅 θ 与 T_0 关系数据记录表

振幅 θ	固有周期 T_0/s	振幅 θ	固有周期 T_0/s	振幅 θ	固有周期 T_0/s	振幅 θ	固有周期 T_0/s

2. 阻尼系数 β 的计算

利用式(4-16-9),对所测数据(表 4-16-2)按逐差法处理,求出 β 值。

$$5\beta\bar{T} = \ln\frac{\theta_i}{\theta_{i+5}} \tag{4-16-9}$$

式中:i 为阻尼振动的周期次数;θ_i 为第 i 次振动时的振幅。

表 4-16-2 阻尼振荡时振幅的数据记录表   阻尼挡位 _____

序号	振幅 $\theta/(°)$	$\ln\frac{\theta_i}{\theta_{i+5}}$	序号	振幅 $\theta/(°)$	$\ln\frac{\theta_i}{\theta_{i+5}}$
1			6		
2			7		
3			8		
4			9		
5			10		
$\ln\frac{\theta_i}{\theta_{i+5}}$ 平均值					

$10T = $ _____ 秒,$\bar{T} = $ _____ 秒。

3. 幅频特性和相频特性测量

(1) 将记录的实验数据填入表 4-16-3,并查询振幅 θ 与固有频率 T_0 的对应表,获取对应的 T_0 值,也填入表 4-16-3。

表 4-16-3 幅频特性和相频特性测量数据记录表   阻尼挡位 _____

强迫力矩周期电位器刻盘度值	强迫力矩周期/s	相位差 φ 读取值/(°)	振幅 θ 测量值/(°)	查表 4-16-1 得出的与振幅 θ 对应的固有频率 T_0

（2）利用表 4-16-3 记录的数据,将计算结果填入表 4-16-4。

表 4-16-4　幅频特性曲线和相频特性曲线数据表

强迫力矩周期/s	φ 读取值/(°)	θ 测量值/(°)	$\dfrac{\omega}{\omega_r}$	$\left(\dfrac{\theta}{\theta_r}\right)^2$	$\varphi=\arctan\dfrac{\beta T_0^2 T}{\pi(T^2-T_0^2)}$

以 ω 为横轴、$(\theta/\theta_r)^2$ 为纵轴,作幅频特性 $(\theta/\theta_r)^2-\omega$ 曲线;以 ω/ω_r 为横轴、相位差 φ 为纵轴,作相频特性曲线。

在阻尼系数较小(满足 $\beta^2\leqslant\omega_0^2$)和共振位置附近($\omega=\omega_0$),由于 $\omega_0+\omega=2\omega_0$,从式 (4-16-4,4-16-7)可得出

$$\left(\frac{\theta}{\theta_r}\right)^2=\frac{4\beta^2\omega_0^2}{4\omega_0^2(\omega-\omega_0)^2+4\beta^2\omega_0^2}=\frac{\beta^2}{(\omega-\omega_0)^2+\beta^2}$$

据此可由幅频特性曲线求 β 值:

当 $\theta=\dfrac{1}{\sqrt{2}}\theta_r$,即 $\left(\dfrac{\theta}{\theta_r}\right)^2=\dfrac{1}{2}$,由上式可得

$$\omega-\omega_0=\pm\beta$$

此 ω 对应于图 $\left(\dfrac{\theta}{\theta_r}\right)^2=\dfrac{1}{2}$ 处两个值 ω_1、ω_2,由此得出

$$\beta=\frac{\omega_2-\omega_1}{2}$$

将此法与逐差法求得的 β 值作比较并讨论。

实验 4.17　用旋光仪测量溶液的旋光率及其浓度

1811 年实验物理学家阿拉果发现,当平面偏振光通过某些透明物质时,会使其偏振面旋转一定的角度。物质的这种性质称为旋光性。这一性质可广泛应用于工业、医学等方面的测量,如专门用于测量糖溶液浓度的量糖计等。

一、实验目的

（1）观察旋光现象,了解物质的旋光性及其规律;
（2）掌握利用旋光效应测定旋光性溶液浓度的方法。

二、实验原理

平面偏振光在某些晶体,如石英晶体内沿其光轴方向传播时,虽然没有发生双折射,却发现透射光的振动面相对于原入射光的振动面旋转了一个角度。物质的这种性质称为旋光性。除了某些晶体外,有些有机物质的溶液,如糖溶液也具有旋光性。具有旋光性的物质称为旋光物质。

平面偏振光通过不同的旋光物质,其振动面旋转的方向是不同的。如果迎着光的传播方向看,旋光性物质使平面偏振光的振动面沿顺时针方向旋转,称为右旋物质;使振动

面沿逆时针方向旋转,称为左旋物质。实验表明,振动面的旋转角 φ 与晶体的厚度成正比。对于旋光性溶液,振动面的旋转角 φ 与其所通过的溶液的浓度和液柱长度成正比:

$$\varphi = \rho l c \tag{4-17-1}$$

式中:l 是以分米为单位的液柱长;c 为溶液的浓度,单位为 g/cm^3,表示每立方厘米溶液中所含溶质的质量;ρ 为与物质有关的比例常数,称为该物质的旋光率,其单位为 $(°) \cdot cm^3/(g \cdot dm)$。旋光率的定义是平面偏振光通过 1 dm 长的液柱,在每立方厘米溶液中含有 1 g 旋光物质时所产生的旋转角。旋光率 ρ 与旋光性溶液的温度及平面偏振光的波长都有关。对于大多数物质,旋光率随温度的变化不大,温度每升高一度,旋光率约减少千分之几。当温度一定时,一般情况下物质的旋光率 ρ 会随着波长的增加而减小。例如在 20 ℃时,纯洁蔗糖对钠黄光(波长为 589.3 nm)的旋光率经过多次测定确认为 $\rho = 66.50(°) \cdot cm^3/(g \cdot dm)$。根据公式(4-17-1),若已知物质的旋光率和所通过的溶液的液柱长度,则可以通过测定平面偏振光的振动面旋转的角度来确定旋光物质溶液的浓度。

通过偏振化方向相互垂直的起偏器和检偏器观察光看到的是暗场,若在两个偏振化方向相互垂直的起偏器和检偏器之间放置旋光物质溶液时,由于旋光物质溶液使得平面偏振光的振动面发生旋转,因此暗场将会变成亮场。转动检偏器,可重新使视场变为暗场,则检偏器转动的角度就是公式(4-17-1)中的旋转角 φ。然而人眼对视场最暗位置的判断比较困难,影响了测量的准确度。为了提高测量的准确度,我们可以采用半荫片帮助确定旋转角 φ。半荫片一般有两种形式,一种是由一块半圆形的无旋光作用的玻璃片和一块半圆形的有旋光作用的石英半波片胶合而成的透光片,如图 4-17-1(a)所示;另一种是由两块玻璃片和一块石英半波片胶合而成的透光片,如图 4-17-1(b)所示。平面偏振光通过半荫片后,透过无旋光作用的玻璃片的部分,其振动面不发生旋转;而透过石英半波片的部分,其振动面会发生旋转,旋转的角度由平面偏振光的振动面和半波片的光轴的夹角决定。半荫片的作用是帮助我们判断亮度。采用半荫片,我们无须判断什么位置视场最暗,只要判断两个部分视场的亮度是否一致就可以了。因为人的眼睛对相邻视场的亮度变化比较敏感,所以使用半荫片可以提高确定旋转角 φ 的准确度。

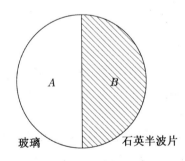

(a) 一块玻璃片和一块石英半波片
胶合而成的透光片

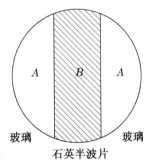

(b) 两块玻璃片和一块石英半波片
胶合而成的透光片

图 4-17-1　半荫片

实验光路示意图如图 4-17-2 所示,从单色光源射出的非偏振光,透过一个聚光镜入射到起偏器 N_1,通过起偏器后的透射光变成平面偏振光。平面偏振光经过半荫片后分成

振动方向为 P 和 P' 的两部分偏振光,如图 4-17-3 所示(假设透过玻璃片的光振动方向为 P,而透过半荫片中的石英部分的光振动方向为 P')。

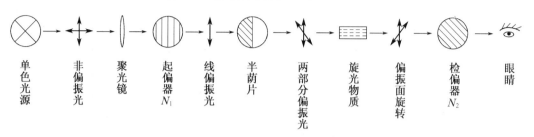

单色光源 → 非偏振光 → 聚光镜 → 起偏器 N_1 → 线偏振光 → 半荫片 → 两部分偏振光 → 旋光物质 → 偏振面旋转 → 检偏器 N_2 → 眼睛

图 4-17-2　旋光性溶液尝试测定光路图

　　图中 MM' 表示两振动方向 P 和 P' 夹角的平分线,NN' 为垂直于 MM' 方向的直线。当盛液玻璃管中不装旋光物质的溶液时,偏振光 P 和 P' 按它们原来的振动面入射到检偏器 N_2 上。透过检偏器 N_2 的光强与偏振光的振动面和检偏器的偏振化方向之间的夹角有关。一般情况下,视场将出现一部分亮一部分暗的现象。当检偏器 N_2 的偏振化方向平行于 P 时,视场中看到的是 A 区域有光、B 区域无光;当检偏器 N_2 的偏振化方向平行于 P' 时,视场中看到的是 B 区域有光、A 区域无光;当检偏器 N_2 的偏振化方向平行于 P 和 P' 夹角的平分线 MM' 或垂直角平分线 MM'(即平行 NN')时,视场中看到的 A

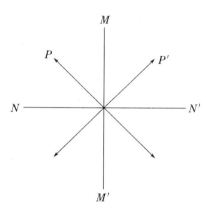

图 4-17-3　部分偏振光

和 B 区域亮度是相同的,此时 A 和 B 两区域的视场分界线消失。不同的是,检偏器 N_2 的偏振化方向平行于 MM' 时看到的视场较平行于 NN' 时明亮。当检偏器 N_2 的偏振化方向平行于 MM' 或平行于 NN' 时出现的两种无分界的视场都可作为标准来进行调节。但是,因为人眼对光强度弱的判别较敏感,所以通常把检偏器 N_2 的透振方向平行于 NN' 时的视场作为调节的标准,定作零度视场。

　　当在盛液玻璃管中装入旋光物质的溶液时,偏振光 P 和 P' 在经过旋光物质的溶液后,它们的振动面都将同时转过一个相同的角度 φ,原先看到的零度视场将消失,出现了亮度不等的两部分视场。只有将检偏器转过相同的角度 φ,才能使两部分视场恢复到原来亮度相等的情况,即重新找到零度视场。所以,由检偏器转过的角度即可确定偏振光的振动面转过的角度。若假设盛液玻璃管中不装旋光物质的溶液时,视场为零度视场时检偏器的位置 θ_0,装入旋光物质的溶液后重新找到零度视场时检偏器的新位置为 θ,则前后两次零度视场的读数差 $|\theta-\theta_0|$ 为检偏器转过的角度 φ,即偏振光的振动面转过的角度 $\varphi=|\theta-\theta_0|$,根据式(4-17-1),若已知溶液的旋光率 ρ,在确定液柱长度 l 后,就可以计算出被测溶液的浓度 c。

三、实验仪器

旋光仪、钠灯、糖溶液等。

四、实验步骤

测定实验室提供的一种或多种浓度已知的蔗糖溶液的浓度。实验时溶液的温度应维持在 20 ℃，ρ 的值取 66.50(°)·cm³/(g·dm)，当温度在 20 ℃以上时，每升高 1 ℃，必须减去 0.02 作为修正值。

（1）如图 4-17-2 所示，当盛液的玻璃管中不装蔗糖溶液时，找到零度视场，记下此时检偏器的位置 θ_0。

（2）将蔗糖溶液装入盛液的玻璃管中（注意：装入溶液后，玻璃管和玻璃管两端透光面均应擦净才可装上），再次找到新的零度视场，记下此时检偏器的新位置 θ。

（3）求出偏振光的振动面转过的角度 $\varphi = |\theta - \theta_0|$。为降低测量误差，应多次测量，求平均值 $\bar{\varphi}$。

（4）由公式（4-17-1）计算蔗糖溶液的浓度。

五、实验数据及处理

表 4-17-1　测定溶液浓度数据记录表（旋光率已知）

序号	θ_0	θ	φ	$\bar{\varphi}$	c
1					
2					
3					

六、预习思考题

1. 什么是旋光现象、旋光率？旋光率的大小与哪些因素有关？
2. 判断实验中所用的蔗糖溶液是左旋物质还是右旋物质？
3. 在实验中，为什么要采用半荫片？

实验 4.18　RC 电路的暂态过程

若将 RC 或 RL 串联电路与直流电源相接，在接通和断开电源瞬间，由于电容两端电压不能突变，存在着电路的充放电过程，电路从一个状态过渡到另外一个状态，即从一种平衡状态过渡到另一种平衡状态，中间的过渡过程（充电和放电）称为暂态过程。研究暂态过程，可以控制和利用暂态现象。电路暂态过程的研究在物理学和电子电路中有许多用途，在静电学、考古学、医学等领域常被用到，如测定放射性元素半衰期等，在交流电路中应用更为广泛。本实验主要对 RC 串联电路暂态过程的电压、电流变化规律进行研究。

一、实验目的

(1) 通过对 RC 串联电路暂态过程的研究,加深对电容充放电规律的理解;

(2) 学会测定 RC 电路时间常数的方法;

(3) 观测 RC 充放电电路中电流和电容电压的波形。

二、实验原理

　1. RC 电路的充、放电过程

　如图 4-18-1 所示,当开关 S 接通 1 时,电源通过电阻 R 对电容 C 充电;接通 2 时,C 通过 R 放电。理论可以证明,不论充电还是放电过程,各物理量都是按照指数规律变化,其变化快慢由时间常数 RC 乘积决定。RC 乘积具有时间量纲,因此 RC 电路常用作定时元件。

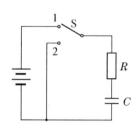

图 4-18-1　RC 串联电路充、放电电路

　当开关 S 接通 1 时,电阻和电容上的电压可由式 (4-18-1) 求出

$$Ri + \frac{q}{C} = U_\mathrm{s} \qquad (4\text{-}18\text{-}1)$$

式中:U_s 为电源电压;q 为 t 时电容器储藏的电荷量;$i = \dfrac{\mathrm{d}q}{\mathrm{d}t}$。则

$$R\frac{\mathrm{d}q}{\mathrm{d}t} + \frac{q}{C} = U_\mathrm{s}$$

　上述方程的初始条件是 $t = 0$ 时,$q(0) = 0$,则上述方程的解是

$$q(t) = Q(1 - \mathrm{e}^{-\frac{t}{\tau}}) \qquad (4\text{-}18\text{-}2)$$

式中:$\tau = RC$,为 RC 串联电路的时间常数,单位为秒,是表征暂态过程进行快慢的一个重要物理量;Q 为电容器的端电压为 U_s 时所储藏的电荷量的大小。则电阻和电容两端的电压、电流与时间的关系为

$$u_C(t) = \frac{q}{C} = U_\mathrm{s}(1 - \mathrm{e}^{-\frac{t}{\tau}}) \qquad (4\text{-}18\text{-}3a)$$

$$u_R(t) = R\frac{\mathrm{d}q}{\mathrm{d}t} = U_\mathrm{s}\mathrm{e}^{-\frac{t}{\tau}} \qquad (4\text{-}18\text{-}3b)$$

$$i = \frac{U_\mathrm{s}}{R}\mathrm{e}^{-t/\tau} \qquad (4\text{-}18\text{-}3c)$$

　当开关 S 接通 2 时,电容 C 通过电阻 R 放电,回路方程为

$$R\frac{\mathrm{d}q}{\mathrm{d}t} + \frac{q}{C} = 0 \qquad (4\text{-}18\text{-}4)$$

　初始条件是 $q(0) = Q = U_\mathrm{s}C$,则方程 (4-18-4) 的解是

$$q(t) = Q\mathrm{e}^{-\frac{t}{\tau}} \qquad (4\text{-}18\text{-}5)$$

电阻和电容两端的电压、电流与时间的关系为

$$u_C(t)=U_S\mathrm{e}^{-\frac{t}{\tau}} \tag{4-18-6a}$$

$$u_R(t)=-U_S\mathrm{e}^{-\frac{t}{\tau}} \tag{4-18-6b}$$

$$i=-\frac{U}{R}\mathrm{e}^{-t/\tau} \tag{4-18-6c}$$

2. RC 电路时间常数的意义

时间常数 $\tau=RC$，其大小决定了电路充放电时间的快慢。对充电而言，时间常数 τ 是电容电压 u_C 从零增长到 $63.2\%U_S$ 所需的时间；对放电而言，τ 是电容电压 u_C 从 U_S 下降到 $36.8\%U_S$ 所需的时间，如图 4-18-2 所示。

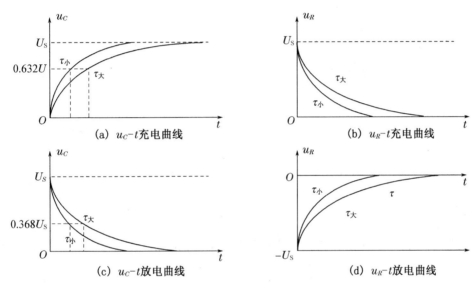

图 4-18-2　RC 电路的充放电曲线

3. 充、放电波形的观察

由于充、放电的过程为周期信号，因此可在示波器上观察到稳定的充放电波形。为实现快速的开关切换，可用方波信号替代单刀双掷开关 S，如图 4-18-3 所示。当方波为高电平时，相当于开关 S 接通 1，此时电容器进行充电；当方波为低电平时，相当于开关 S 接通 2，电容器放电。图 4-18-4 上面两幅图分别表示方波电压与电容电压的波形图，下面一幅图表示电阻电压波形图，它与电流波形相似。选用不同参数的 RC 元件，或改变方波的频率与占空比，可观察充放电波形的变化。若使用数字存储示波器，可进行波形截屏，方便对不同条件下的波形进行比较。

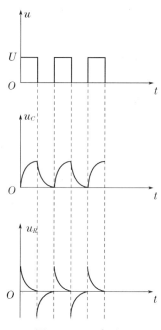

图 4-18-4　波形图

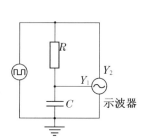

图 4-18-3　RC 串联电路充、放电波形观察

三、实验仪器

数字示波器,电阻,电容,信号发生器,直流稳压电源,万用表,单刀开关,秒表,导线,实验用九孔插件方板等。

四、实验步骤

1. 测定 RC 电路充电和放电过程中电容电压的变化规律

(1) 实验电路如图 4-18-5 所示,电阻 R 取 20 kΩ,电容 C 取 470 pF,直流稳压电源 U_S 输出电压取 10 V,万用表置直流电压 10 V 挡,将万用表并接在电容 C 的两端。首先用导线将电容 C 短接放电,以保证电容的初始电压为零,然后将开关 S 打向位置"1",电容器开始充电,同时立即用秒表计时,读取不同时刻的电容电压 u_C,直至时间 $t = 5\tau$ 时结束,将 t 和 u_C 填入表 4-18-1 中。

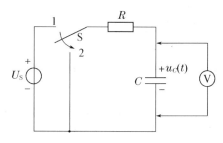

图 4-18-5　RC 充放电电路

充电结束后,记下 u_C 值,将开关 S 打向位置"2"处(可用短接导线的拔插来替代),电容器开始放电,同时立即用秒表重新计时,读取不同时刻的电容电压 u_C,记入表4-18-1中。

表 4-18-1　RC 充放电过程中电容电压变化数据记录表($R=20\ \text{k}\Omega$,$C=470\ \text{pF}$,$U=10\ \text{V}$)

t/s	0	5	10	15	20	25	30	35	40	45	50	60
u_C/mV 充电												
u_C/mV 放电												

（2）将图 4-18-5 所示电路中电阻 R 换成 $100\ \text{k}\Omega$,重复上述实验,测量结果填入表 4-18-2 中。

表 4-18-2　RC 充放电过程中电容电压变化数据记录表($R=100\ \text{k}\Omega$,$C=470\ \text{pF}$,$U=10\ \text{V}$)

t/s	0	10	20	30	40	50	60	80	100	120	150	180	210	240
u_C/mV 充电														
u_C/mV 放电														

（3）根据表 4-18-1 和表 4-18-2 所测的数据,以 u_C 为纵坐标、t 为横坐标,绘制充放电曲线。

2. 测定 RC 电路图充电过程中电流的变化规律

（1）实验电路如图 4-18-6 所示,电阻 R 取 $20\ \text{k}\Omega$,电容 C 取 $470\ \mu\text{F}$,直流稳压电源的输出电压取 $10\ \text{V}$,万用表置电流 mA 挡,将万用表串联于实验电路中。首先用导线将电容 C 短接,将电容内部的电放光,在拉开电容两端连接导线的一端同时计时,记录下充电时间分别为 5、10、20、25、30、35、40 和 45 s 时的电流值,将数据记录于表 4-18-3 中。

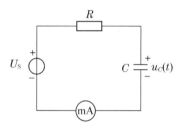

图 4-18-6　RC 充电电路图

（2）将图 4-18-6 电路中的电阻 R 换为 $100\ \text{k}\Omega$,重复上述过程,测量结果填入表 4-18-3 中。

（3）根据表 4-18-3 中所列的数据,以充电电流 i 为纵坐标、充电时间 t 为横坐标,绘制电路充电电流曲线。

表 4-18-3　RC 充放电过程中电流 i 变化数据记录表　　　电流单位：_____

充电时间/s	0	5	10	15	20	25	30	35	40	45
$R=20\ \text{k}\Omega$,$C=470\ \mu\text{F}$										
$R=100\ \text{k}\Omega$,$C=470\ \mu\text{F}$										

3. 时间常数的测定

（1）实验电路见图 4-18-5,R 取 $100\ \text{k}\Omega$,测量 u_C 从零上升到 $63.2\%U_S$ 所需的时间,亦即测量充电时间常数 τ_1;再测量 u_C 从 U_S 下降到 $36.8\%U_S$ 所需的时间,亦即测量充电时间常数 τ_2,将 τ_1、τ_2 填入下面空格处($U_S=10\ \text{V}$)。

充电过程中计算 $63.2\%U_S=$_____;测量 $\tau_1=$_____;

放电过程中计算 $36.8\%U_S=$_____;测量 $\tau_2=$_____。

（2）实验电路见图 4-18-6，R 取 $100\ \mathrm{k\Omega}$，C 取 $10\ \mu\mathrm{F}$，实验方法同步骤 2。观测电容充电过程中电流变化情况，试用时间常数的概念，比较说明 R、C 对充放电过程的影响与作用。

4. 观测 RC 电路充放电时电流 i 和电容电压 u_C 的变化波形

实验线路如图 4-18-3 所示，R 取 $100\ \Omega$，C 取 $10\ \mu\mathrm{F}$，信号发生器频率为 $f=100\ \mathrm{Hz}$，幅度为 $5\ \mathrm{V}$ 的方波电压。用示波器观看电压波形，电容电压 u_C 由示波器的 Y_1 通道输入，方波电压 u 由 Y_2 通道输入，调整示波器各旋钮，观察 u 与 u_C 的波形，并描下波形图。改变电阻阻值，使 $R=1\ \mathrm{k\Omega}$，C 取 $10\ \mu\mathrm{F}$，观察电压 u_C 波形的变化，分析其原因。

六、注意事项

（1）本实验中要求万用表电压挡的内阻要大，否则测量误差较大。

（2）当使用万用表测量变化中的电容电压时，不要换挡，以保证电路的电阻值不变。

（3）秒表计时和电压/电流表读数要互相配合，尽量做到同步。

（4）电解电容器有正负极性，使用时切勿接错。

（5）每次做 RC 充电实验前，都要用导线短接电容器的两极，以保证其初时电压为零。

七、问题讨论

1. 根据实验结果，分析 RC 电路中充放电时间的长短与电路中 RC 元件参数的关系。

2. 怎样提高手动记录数据的准确性？

3. 通过实验说明 RC 串联电路在什么条件下构成微分电路、积分电路。

第五章　设计性实验

第一节　实验设计基础知识

一、设计性实验的特点

通过基本实验的学习和训练,已经了解和掌握了一定的实验基本知识、基本方法和基本技能。但是,前面的实验,无论是实验原理、实验方法、配套仪器、实验数据处理等都是典型的、继承性的,同时也是基本不变的。从实验教学应"开发学生智能、培养与提高学生科学实验能力与素养"这一要求来讲,在基础实验训练后,对学生进行设计性实验教学是非常必要的,它能较好地发挥学生的主观能动性,培养学生的创新精神和创新能力。

设计性实验是一种介于基础教学实验和实际科学实验之间的、具有对科学实验或工程实践全过程进行初步训练特点的教学实验。设计性物理实验要求学生自行设计和选择合理的实验方案,并在实验过程中检验其正确性。因此,设计性实验的核心是学生自己设计实验方案,并在实验中检验方案的正确性与合理性。设计时一般包括下列几个方面:根据实验特点和实验精度要求确定所运用的原理,选择实验方法与测量方法,选择测量条件与配套仪器以及对测量数据的合理处理。这种实验训练,有利于发挥学生的主观能动性;有利于培养学生综合运用实验知识和实验技术的能力、解决实际问题的能力;同时也能初步培养学生的创新意识和创新思维。

二、设计性实验的一般程序

当老师和学生共同商定一个设计性实验课题,接下来就是根据实验的内容和要求,收集各种可能的实验方法,并从中选择一种合适的方法,完成该实验课题。设计性实验的主要步骤如下:

1. 根据实验研究与实验精度的要求,确定所应用的实验原理

如"测定重力加速度"这个实验项目,就有自由落体法、单摆法、复摆法、气垫导轨法等;各种方法的实验原理、测量方法、所用仪器、实验精度、数据处理方法等各不相同,我们要根据具体情况,确定实验原理。

2. 选择合适的实验方法和测量方法

一个实验中可能要测量多个物理量,每个物理量可能有多种测量方法。例如:测量电压,可以用万用表、数字电压表、电势差计、示波器等;测量长度,可以用直接测量法、电学测量法(位移传感器、长度传感器)、光学方法(光杠杆法、干涉法、比长法)等。我们要根据被测对象的性质和特点,分析比较各种方法的适用条件、各种仪器的测量范围和测量精度、各种实验方案的优缺点等,一一加以比较,最后选择出一个较为合理的方案。

选择实验方法时应首先考虑实验误差要小于实验的设计要求,但是也不要一味追求低误差,因为随着实验结果准确度的提高,实验难度和实验成本也将增加。测量方法的选择离不开对测量仪器的选择,这又要从仪器精度、操作的方便及仪器的成本等各方面去考虑。

3. 仪器的选择与配套

选择测量仪器时,一般须考虑以下四个因素:分辨率、精确度、实用性、价格。一般学生选择仪器时,主要考虑以下两点:

(1) 分辨率:可简述为仪器能测量的最小值。

(2) 精确度:以最大误差 $\Delta_{仪}$ 的标准误差 $\delta_{仪}=\dfrac{\Delta_{仪}}{\sqrt{3}}$ 和各自的相对误差表示。

4. 测量条件的选择

在实验方法和仪器待定的情况下,选择最有利的测量条件,可以最大限度地减小测量误差。

例如,用滑线式电桥测电阻时,在滑线的什么位置测量,能使得测电阻的相对误差最小?已知电桥的平衡条件为

$$R_x = R_S \frac{L_1}{L_2} = R_S \left(\frac{L-L_2}{L_2} \right)$$

其相对误差为

$$E_R = \frac{\Delta R_x}{R_x} = \frac{L}{(L-L_2)L_2} \Delta L_2$$

是 L_2 的函数,求相对误差为最小的条件为

$$\frac{\partial E_R}{\partial L_2} = \frac{L(L-2L_2)}{(L-L_2)^2 L_2^2} = 0$$

可解得

$$L_2 = \frac{L}{2}$$

因此,$L_1 = L_2 = \dfrac{L}{2}$ 是滑线式电桥测电阻时最有利的测量条件。

5. 实验实施方案的拟定(写出较为完整的实验预习报告)

制定具体的实验实施方案是一项非常重要的工作,好的实施方案可以使实验有条有理地完成,而没有一个好的实施方案,即使有好的物理模型和精密的实验仪器,也得不到准确的实验结果。

实验实施方案的拟定包括下列几方面:

(1) 按选定的物理模型及实验方法,画出实验装置图或电路、光路图。注明图中元器

件和设备的名称、型号、数值,对实验有一个总体的安排。

（2）拟定详细的实验步骤,实验数据记录表格等。

（3）列出实验设备和元器件的详细清单。

由于物理实验的内容十分广泛,实验方法和手段非常丰富,同时还由于误差的影响错综复杂,在上述程序的执行过程中,若后一程序中可能出现一些问题时,有必要返回到前面的程序中去,重新检查完善前面的设计内容,或在实验过程中根据实际情况做出调整。

6. 实验操作

拟定实验方案后,经老师检查审核通过,就可以进行实验。设计性实验一般按下列步骤进行:

（1）进行实验的现象观察,分析和数据的初步测量。通过这些方面,能基本确定你设计的实验内容是否符合要求。若实验现象和实验数据与你原来的设想相差甚远,则就有必要修改实验方案,直到实验现象和数据基本正常。

（2）在上述初步观察和测量正常的基础上,认真仔细地完成整个实验过程。

7. 数据处理及撰写实验报告

实验报告是实验的书面总结,是记录整个实验过程和实验成果的依据,也是评价实验成绩的重要依据。实验报告应真实、认真地用自己的语言表达清楚所做实验的内容、物理思想及反映的物理规律,同时也要正确处理实验数据、分析实验结果。

与以前所做的基础性实验相比,设计性实验的实验报告应更接近科学论文的形式及水准,它一般应包括下列五部分:

（1）引言。简明扼要地说明实验的目的、内容、要求、概貌及实验结果的价值。

（2）实验方法的描述。介绍实验基本原理,简明扼要地进行公式推导,介绍基本实验方法、实验装置、测试条件等。

（3）数据及处理。列出数据表格,进行计算及误差处理,给出最后结果。也可以包括实验规律的分析等内容。

（4）结论。实验的小结。

（5）参考资料。列出实验过程中主要参考资料的名称、作者、出版物名称、出版者及出版时间。

第二节　设计性实验项目

实验 5.1　重力加速度的测定

重力加速度是一个重要的物理量。在物理学史上,测定重力加速度具有重要的意义。在物理实验教学中,测定重力加速度也因实验手段多样、实验方法经典而备受重视。本实验通过对测量重力加速度的多种方法进行分析和研究,从而学习实验设计的一般方法,这将会给我们的实验设计带来很多启示。

一、实验目的

（1）精确测定当地的重力加速度；

（2）分析测定重力加速度的多种方法，比较它们的特点。

二、实验仪器

重力加速度测定仪、气垫导轨、频闪仪、照相机、单摆、复摆、物理天平、秒表、米尺、千分尺等。

三、实验要求

（1）在单摆法、复摆法、重力加速度测定仪、用气垫导轨测定重力加速度、用频闪仪测定重力加速度等测定方法中，选择一种方法测定重力加速度，实验结果要求有 4 位有效数字，相对误差小于 0.1%。

（2）从摆和落体两方面来研究重力加速度的测定，比较各种方法的优缺点，讨论各自的误差来源。

四、预习报告要求

（1）在你选择的实验方法中，说明实验原理和实验条件，正确选择实验仪器。

（2）设计实验步骤，列出数据测量表格。

五、问题讨论

（1）用单摆法测定重力加速度时，摆长、摆角、摆球质量是否会影响测量结果？

（2）用单摆法测定重力加速度时，要求相对误差小于 0.1%，则要测多少个振动周期？

（3）用单摆法测定重力加速度时，可以用光电门计时，也可以用秒表计时，比较两种计时方法的优缺点。

（4）用重力加速度测定仪测定时，如何消除初速度对测量结果的影响？

（5）用重力加速度测定仪测定时，怎样选择光电门的恰当位置？

（6）用气垫导轨测定重力加速度时，如何消除气垫导轨斜面的阻力产生的加速度分量所带来的系统误差？

实验 5.2　非线性电阻伏安特性的研究

当一个电子元器件两端加上电压时，元件内就会有电流通过，电压与电流之比就是该元件的电阻，若元件的伏安特性曲线呈直线形，称为线性电阻；呈曲线形的，称为非线性电阻，如白炽灯泡中的钨丝、热敏电阻、光敏电阻、半导体二极管等都是典型的非线性元器件。非线性电阻伏安特性所反映出来的规律，总是与一定的物理过程相联系。利用非线性元器件的特性可以研制出各种新型的传感器、换能器，这些器件在温度、压力、光强等物理量的检测和自动控制方面有广泛的应用。对非线性电阻伏安特性的研究，有助于加深对物理规律及其应用的理解和认识。

一、实验目的

　　（1）掌握测量伏安特性的基本方法，并用作图法表示测量结果；

　　（2）了解在测量中由于电表接入而引起的系统误差；

　　（3）学会设计测量非线性电阻伏安特性的电路。

二、实验仪器

　　直流稳压电源、电压表、电流表（毫安表、微安表）、二极管、滑动变阻器。

三、实验要求

　　测量半导体二极管的伏安特性，二极管的品种可以是：整流二极管、稳压二极管、发光二极管等。具体内容有：

　　（1）选择实验仪器，注意电源电压与二极管的耐压及电表的量程相匹配。

　　（2）实验前先画出实验电路图、拟定实验步骤，并经老师审核后方可实验。

　　（3）设计出较为科学合理的实验数据记录表格。

　　（4）在坐标纸上画出该二极管的伏安特性曲线。

　　（5）通过测量上述某一种二极管的正反向特性曲线，分析该二极管的物理特性，进一步了解该二极管的工作原理。

四、实验提示

　　1. 伏安法测电阻

　　伏安法测电阻的原理是欧姆定律 $R = \dfrac{U}{I}$，因各种电表都有内阻，将其直接接入电路后，会影响电路原来的电压或电流而引起测量误差。这是一种因方法不完善而引起的系统误差，为尽量减小这种系统误差，可按被测电阻的大小选择合适的测量电路，或对测量结果进行修正。

　　伏安法测电阻有两种典型电路，分别是电流表内接电路和电流表外接电路，如图5-2-1 所示。实验中要根据被测电阻性元器件的特性，选择合适的测量电路，并对测量结果进行修正，以尽量减小测量误差。

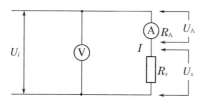 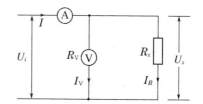

　　　（a）电流表内接电路　　　　　　　　　　　　（b）电流表外接电路

图 5-2-1　电流表内接和外接电路

2. 二极管的正、反向伏安特性

二极管加正向或反向电压时,其电压和电流不成正比例关系,其伏安特性曲线如图 5-2-2 所示。一般地,二极管加正向电压时呈小电阻,而加反向电压时呈大电阻。实验中要求同学自己设计实验电路。

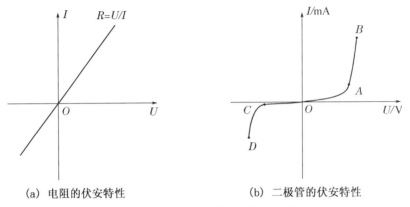

(a) 电阻的伏安特性   (b) 二极管的伏安特性

图 5-2-2　电阻和二极管的伏安特性

五、预习报告要求

(1) 设计实验电路;
(2) 自拟实验步骤;
(3) 设计实验数据记录表格;
(4) 分析电表内接、外接的接入误差。

六、问题讨论

(1) 滑动变阻器有哪几种用途? 如何使用?
(2) 说明本实验中为什么要采用电表内接法或外接法。

实验 5.3　显微镜和望远镜的设计与组装

在 20 世纪 16~17 世纪,出现了最初的显微镜与望远镜。此时它们的构造都较简单,体积庞大且放大倍数有限。后来开普勒对望远镜做了进一步的研究,设计出新型望远镜,把目镜从过去的凹透镜改为凸透镜,制成了用两块凸透镜构成的“开普勒望远镜”。之后伽利略动手用一片凸透镜和一片凹透镜制成一个“伽利略望远镜”,多次改进后使物像放大近千倍,并使物镜移近 30 多倍,减小了望远镜体积。他发现了月球上的山谷、银河中的无数恒星以及木星的 4 颗主要卫星,这也是望远镜在科学研究中的第一次应用。很快望远镜便在天文、航海、战争中发挥了重要作用。而同时期发展的显微镜也同样在医学的发展中扮演了重要的角色。

一、实验目的

（1）熟悉显微镜和望远镜的构造及其放大原理；

（2）掌握显微镜的使用方法，并学会利用显微镜测量微小长度；

（3）学会测定显微镜和望远镜放大倍数的方法。

二、实验仪器

WSY-1型光学具座及其配件装置。

三、实验要求

（1）熟悉光具座及其配件的特点，选择所需要的光学器件。

（2）把选择的全部仪器按图序摆放在导轨上，调至共轴。

（3）按照显微镜与望远镜的光路原理调节 1/10 分划板 F 与透镜 L_0 间距离，使眼睛通过 L_E 能清晰地看见物像 F。

（4）分别读出 F、L_0、L_E 的位置 a、b、c。

（5）设计表格，利用 F_1 和 F 提供的刻度及目镜读数，分别列式计算显微镜与放大镜的放大倍数。

（6）重复实验，求出较准确的放大倍数。

四、实验提示

1. 显微镜与望远镜的放大原理

显微镜主要是用来帮助人眼观察近处的微小物体，而望远镜主要是帮助人眼观察远处的目标。它们都是增大被观察物体对人眼的张角，起着视角放大的作用。显微镜和望远镜的光学系统十分相似，都是由物镜和目镜两部分组成的。显微镜和望远镜的视角放大倍数 M 定义为

$$M = \frac{\text{用仪器时虚像所张视角 } \alpha_E}{\text{不用仪器时物体所张视角 } \alpha_0} \tag{5-3-1}$$

显微镜的构造一般认为是由两个会聚透镜共轴组成的，如图 5-3-1 所示。实物 PQ 经物镜 L_0 成倒立实像 $P'Q'$ 于目镜 L_E 的物方焦点 F_E 的内侧。再经目镜 L_E 成放大的虚像 $P''Q''$ 于人眼的明视距离处。

理论计算可得显微镜的放大倍数为

$$M = M_0 M_E = -\frac{\Delta}{f_0'} \cdot \frac{S_0}{f_E'} \tag{5-3-2}$$

式中：M_0 是物镜的放大倍数；M_E 是目镜的放大倍数；f_0'、f_E' 分别是物镜和目镜的像方焦距；Δ 是显微镜的光学筒长（物镜像方焦点到目镜物方焦点之间的距离，现代显微镜 Δ 通常是 17 cm 或 19 cm）；$S_0 = 25$ cm 为正常人眼的明视距离。由式（5-3-2）可知，显微镜的光学筒长越长，物镜和目镜的焦距越短，放大倍数就越大。通常物镜和目镜的放大倍数是标在镜头上的。

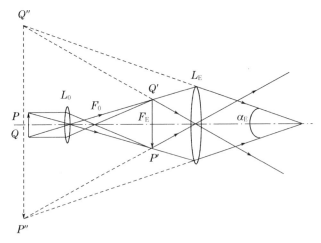

图 5-3-1 显微镜光路图

用显微镜或望远镜观察物体时,一般视角均甚小,因此视角之比可用其正切之倒数比代替。于是光学仪器的放大倍数 M 可近似地写成

$$M=\frac{\alpha_E}{\alpha_0}=\frac{\tan\alpha_E}{\tan\alpha_0} \tag{5-3-3}$$

因此,测定显微镜放大倍数最简便的方法即如图 5-3-2 所示。设长为 l_0 的目的物 PQ 直接置于观察者的明视距离处,人眼视角为 α_0,从显微镜中观察的虚像 $P''Q''$ 亦近似在明视距离处,设其长度为 l,此时人眼视角为 α_E,于是

$$M=\frac{\tan\alpha_E}{\tan\alpha_0}=\frac{l}{l_0} \tag{5-3-4}$$

因此,只需测量被测物实际长度 l_0,以及在测微目镜中放大后的被测物

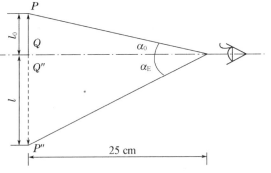

图 5-3-2 测定放大率

长度 l,则由式(5-3-4)就可求得显微镜的放大倍数 M。

而对于望远镜,两透镜的光学间隔近乎为零,即物镜的像方焦点与目镜的物方焦点近乎重合。图 5-3-3 所示为开普勒望远镜的光路图,远处物体 PQ 经物镜 L_0 后在物镜的像方焦平面 F_0' 上成一倒立实像 $P'Q'$。像的大小取决于物镜焦距及物体与物镜间的距离。像 $P'Q'$ 一般是缩小的,近乎位于目镜的物方焦平面上,经目镜 L_E 放大后成虚像 $P''Q''$ 于观察者眼睛的明视距离与无穷远之间。由理论计算可得望远镜的放大倍数为

$$M=-\frac{f_0'}{f_E} \tag{5-3-5}$$

式中:f_0' 为物镜像方焦距;f_E 为目镜物方焦距。由此可见,物镜的焦距越长、目镜的焦距越短,望远镜的放大倍数越大。对于开普勒望远镜($f_0'>0$,$f_E>0$),放大倍数 M 为负值,

系统成倒立的虚像;而对伽利略望远镜,放大倍数 M 为正值,系统成正立的虚像。因实际观察时,物体并不真正位于无穷远,像也不在无穷远,但式(5-3-5)仍近似适用。

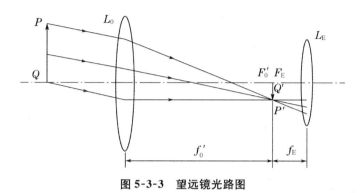

图 5-3-3　望远镜光路图

2. 显微镜组装

仪器摆放参考图如图 5-3-4 所示。

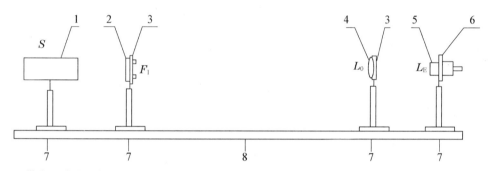

1—带有毛玻璃的白炽灯光源 S;2—1/10 mm 分划板 F_1;3—二维调节架×2;4—物镜 L_0: $f_0=15$ mm;5—测微目镜 L_E;6—读数显微镜架;7—滑座×4;8—导轨

图 5-3-4　自组显微镜

3. 望远镜组装

仪器摆放参考图 5-3-5 所示。

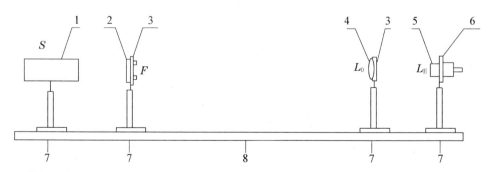

1—带有毛玻璃的白炽灯光源 S;2—毫米尺 F;3—二维调节架×2;4—物镜 L_0: $f_0=225$ mm;5—测微目镜 L_E;6—读数显微镜架;7—滑座×4;8—导轨

图 5-3-5　自组望远镜

五、预习报告要求

(1) 画出实验光路图;

(2) 自拟实验步骤;

(3) 设计实验数据记录表格。

六、问题讨论

显微镜与望远镜放大原理有哪些不同之处?

实验 5.4   自搭迈克耳逊干涉仪

迈克耳逊干涉仪作为一种精度极高的测量长度微小变化的仪器,它有多种变形和改进。其在科学实验和测量技术中有广泛的应用,迈克耳逊干涉仪的设计思想巧妙、结构紧凑、光路直观,它的调整方法在光学技术乃至整个物理实验技术中具有典型性和代表性,学生学习自己组装迈克耳逊干涉仪,对提高实验能力、动手能力和科学思维的能力有重要作用。

一、实验目的

(1) 学习按照光路原理自行组装仪器的技能,通过自行组装迈克耳逊干涉仪学习光路的调整技能;

(2) 学习利用迈克耳逊干涉仪测量空气折射率,开拓应用技能。

二、实验仪器

本实验是在光学平台及其附件中自己选择实验元器件,其主要器件如图 5-4-1 所示。

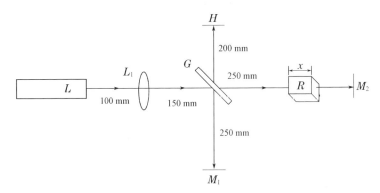

L—He-Ne 激光器、通用底座;L_1—扩束镜 $f=6.2$ mm、二维调节架、一维底座;G—分束镜(半透半反镜)、二维调节架、三维底座;H—白屏、通用底座;M_1、M_2—平面镜、二维调节架、二维底座;R—空气室、可变口径二维架

图 5-4-1   仪器组搭光路图

三、实验要求

(1) 在光学平台上组装简易的迈克耳逊干涉仪,并观测等倾干涉条纹;

(2) 在光路中加入腔内气压可调节的气室,观察由气压不同所导致的干涉条纹的移动,学习测定空气折射率的一种方法。

四、实验提示

(1) WSZ 型光学实验平台系统由光学实验平台、平台工作台、多维调节架、光源、光学元器件组成。实验中可以根据实验要求,选择合适的组件安排实验,进行开放式教学,培养学生的思维能力及实验技巧。

(2) 迈克耳逊干涉仪的构造原理及调整(参阅实验 4.8):

迈克耳逊干涉仪的干涉属于双光干涉,干涉产生明纹的条件如下:

$$\Delta = 2nd\cos\delta = k\lambda, k = 0, 1, 2\cdots$$

产生暗条纹的条件如下:

$$\Delta = 2nd\cos\delta = (2k+1)\frac{\lambda}{2}, k = 0, 1, 2\cdots$$

由上式可以看出光程的变化由折射率 n 或 d 的变化引起,两参数的变化与条纹的移动密切相关。在加入空气气室后,随着气压变化,空气折射率 n 发生变化,使光程差发生改变,此时就可以观测到条纹的移动。

(3) 实验方法如下:

① 按照光路图组装构建光路,要求调整光路之间光程差,使其近似相等。

首先调节分束镜,与入射激光成 45°;然后调节两平面镜 M_1 与 M_2 的位置,使其相互垂直。调整垂直的过程中,先不安装扩束镜 L_2 与空气室 R,利用 H 白屏上接收到的激光束光点位置调节两平面镜的垂直,调整二维调节架使两光点在白屏上重合。再装入扩束镜 L_2,使光点扩大成为光斑。将光斑位置细调至完全重合,即可以出现干涉条纹。

② 出现干涉条纹后,在光路中加入空气室 R,调节空气气压时,观测白屏 H 上的条纹移动。逐步抽去空气室 R 中的空气,观察并记录条纹移动的圈数 N,由此计算光程差的变化,并根据式(5-4-1)求出空气的折射率:

$$2(n-1)x = N\lambda \tag{5-4-1}$$

式中:x 为空气室在光路中的长度;λ 为 He-Ne 激光波长(附录查表可得)。

五、预习报告要求

(1) 拟写详细的实验步骤;

(2) 画出实验光路图;

(3) 绘制表格,记录干涉条纹随着空气压强改变的吞吐情况;

(4) 导出求空气折射率的公式。

六、问题讨论

(1) 归纳气室压强变化与折射率变化的关系。

（2）总结组装、调整干涉仪的经验和获得条纹的规律。

实验 5.5　温度的测量与报警

在日常工作和生活中,常常需要对温度进行测量。普通的液体温度计由于其可视范围小,并且不易实现自动控制。温度传感器能将温度信号转化为电信号,新型温度传感器(热敏电阻、热电偶、温度 IC 等)目前在市场上很容易购得,而且使用也比较方便。本实验主要是通过温度传感器输出的电信号对温度进行测量,进而在某特定温度进行报警。

一、实验目的

（1）了解常用温度传感器的基本原理和使用方法;

（2）设计一款温度测量装置,并可在某特定温度进行报警。

二、实验仪器

电压表,电子元器件,焊接工具等。

三、实验要求

（1）熟悉常用热敏器件;

（2）制订详细的制作计划,做好各项实验准备工作;

（3）对选定热敏器件进行定标,绘出 R - t 曲线;

（4）利用所选热敏器件制作简单温度测量和报警装置。

四、实验提示

热敏电阻是最常用的温度传感器,当温度发生变化时其阻值也会发生相应的变化,根据阻值变化方向有正温度系数和负温度系数之分,正温度系数的热敏电阻阻值随温度的升高逐渐变大,负温度系数热敏电阻的阻值则随温度的升高而变小。当温度变化引起热敏电阻阻值变化时,热敏电阻两端的电压就会发生变化,通过测量热敏电阻两端的电压就可间接测量出对应的温度值。

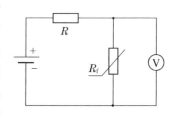

图 5-5-1　热敏电阻测温原理图

对于报警电路的设计,可以将基准电压与热敏电阻两端的电压进行直接或间接的比较,以实现在大于或小于基准电压的时候输出报警信号,用报警信号控制报警信号发生电路,就可以实现某种形式的温度报警。简单的报警电路可以用门电路、NE555 或音乐片实现,也可增加些发光器件,声光效果可增加实验的趣味性。

五、预习报告要求

（1）查找相关文献资料,了解相关知识点;

（2）认真预习将要做的实验,了解实验要点(包括测量原理、测量方法、使用仪器、实验步骤）；

　　（3）书写实验预习报告，制定具体实验步骤。

六、问题讨论

　　（1）热敏器件的阻值是否随温度线性变化？

　　（2）任何电阻只要流过电流就会有热效应，如何降低其自身工作电流引起的阻值变化？

实验 5.6　助听器的设计与制作

　　助听器电路是典型的音频放大电路，通常包括话筒、前置放大、功率放大、耳机、电源等部分。话筒主要将声音信号转化为微弱的电信号，前置放大电路对该电信号进行电压放大，功率放大电路对信号进一步功率放大后送至耳机，耳机将电信号还原成声音信号。

一、实验目的

　　（1）了解助听器各部分电路的基本工作原理；

　　（2）设计并安装助听器样机；

　　（3）学习使用示波器和数字万用表。

二、实验仪器

　　示波器、数字万用表、电源、信号发生器、电子元器件等。

三、实验要求

　　（1）掌握组成助听器各部分的原理；

　　（2）制订详细的制作计划，做好各项实验准备工作；

　　（3）测量频率响应范围。

四、实验提示

　　话筒可选用驻极体话筒，它是一种比较常用的声电转换器件。由于话筒输出的信号相当微弱，所以前置放大电路主要将微弱的电压信号进行放大，它是一个电压放大电路，可选择三极管或集成运放进行电路设计。功率放大电路主要是对电压放大后的信号进行功率放大，可选择三极管或音频功放集成电路进行设计。

图 5-6-1　助听器原理框图

五、预习报告要求

　　（1）查找相关文献资料，了解相关知识点；

　　（2）认真预习实验内容，了解实验要点（包括测量原理、测量方法、使用仪器、实验步

骤);

  (3) 书写实验预习报告,制定具体实验步骤。

六、问题讨论

  (1) 如何进一步降低整机功耗?
  (2) 频率响应范围有哪些因数决定?

实验 5.7   红外防盗报警器的设计与制作

  红外防盗报警器由两部分组成,一个是人体热释电红外传感电路部分,另一个是报警电路。热释电红外传感器是一种能检测人或动物发射的红外线而输出电信号的传感器,它由陶瓷氧化物或压电晶体元件组成,在元件两个表面做成电极,在传感器监测范围内温度有 ΔT 的变化时,热释电效应会在两个电极上会产生电荷 ΔQ,即在两电极之间产生一微弱的电压 ΔU,此电压通过内部场效应管放大后输出。目前这种人体热释电红外传感器已被广泛应用到防盗报警、自动开关等各种场合。

一、实验目的

  (1) 熟悉人体热释电红外传感器原理;
  (2) 设计制作红外防盗报警样机。

二、实验仪器

  电压表,电子元器件,焊接工具等。

三、实验要求

  (1) 熟悉热释电红外传感电路;
  (2) 制订详细的制作计划,做好各项实验准备工作;
  (3) 制作红外报警器样机并进行测试。

四、实验提示

  人体热释电红外传感电路有专用集成电路配套,比较常用的芯片是 BISS0001,不仅它的功耗低而且性能稳定可靠。传感器外加一菲涅耳透镜不仅可以扩大感应范围,而且可对红外线进行聚焦,从而提高其灵敏度。当 BISS0001 检测到红外信号时,会输出脉冲信号,用此脉冲信号可控制报警电路并可实现自动报警。

  对于 BISS0001 的使用,可查阅相关数据手册。不同的应用场合外围元件略有不同,可根据具体设计要求决定外围元件的连接方法及参数。

  报警电路可用门电路、NE555 制作,也可用音乐芯片制作。具体实现方法可查阅相关资料,自行选定一个方案。

五、预习报告要求

（1）查找相关文献资料，了解相关知识点；

（2）认真预习将要做的实验，了解实验要点（包括测量原理、测量方法、使用仪器、实验步骤）；

（3）书写实验预习报告，制定具体实验步骤。

六、问题讨论

制作防盗报警器，你能想出几种办法？

实验 5.8 水位自动控制系统的设计

在日常生产生活中，很多地方需要用到水位自动控制，大到水库，小到鱼缸。但不论规模大小，水位控制系统都在其中饰演极其重要的角色。当水位高于或低于设定界限时，水位控制系统能够实现自动调节，将水位限定在高、低界限范围内。

一、实验目的

（1）了解各种传感器的工作原理；

（2）了解水位控制的物理原理；

（3）设计制作水位控制电路模型。

二、实验仪器

万用表，电子元器件，焊接工具等。

三、实验要求

（1）熟悉水位检测和控制电路。

（2）制订详细的制作计划，做好各项实验准备工作。

（3）制作自动水位控制系统样机。

四、实验原理提示

水位控制的关键是水位的探测，最简便的方法可用探针来探测，在图 5-8-1 中，探针 1 和探针 2 接在控制电路中，调节两探针的电位到一定值（高电位）。由于一般的水都是导体，探针 1 和探针 2 中的任意一个接触到水后其电位会改变（由高电位变为低电位），设探针 1 的电位为 Y_1，探针 2 的电位为 Y_2。若探针 2 的位置为最低水位，探针 1 的位置为最高水位，则水位高低的变化会有

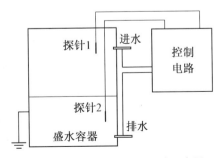

图 5-8-1 水位自动控制系统示意图

三种情况:(1) 水位在下限位置以下,Y_1、Y_2 都为高电位;(2) 水位落在下限位置以上且在上限位置以下,则 Y_2 由高电位转为低电位;(3) 水位在上限位置以上,Y_1、Y_2 都为低电位。这种逻辑状态的组合问题适合用门电路来解决,根据逻辑关系控制给水与排水的阀门,便可实现水位的自动控制。具体的报警电路也可用数字电路进行设计。

本实验中调节水位高低的执行机构是电动阀门,其工作原理相当于一个继电器,它得电工作时阀门打开,水可以流过阀门;失电时阀门关闭,水就不能通过阀门。其工作电压和控制电路电压不一定相同,根据具体情况可选择合适的继电器实现对阀门的控制。

五、预习报告要求

(1) 查找相关文献资料,了解相关知识点;

(2) 认真预习本实验要求,了解实验要点(包括测量原理、测量方法、使用仪器、实验步骤);

(3) 书写实验预习报告,制定具体实验步骤。

六、问题讨论

若增加多个水位检测点,电路将如何设计?

第六章　计算机在物理实验中的应用

随着计算机技术的飞速发展和互联网的全面渗透,计算机在科研、生产、管理、军事、家庭生活、办公及教学等方面发挥着日益强大的作用。在物理实验教学中,计算机也得到了越来越广泛的应用。例如：

在物理实验中,利用现代传感器技术和计算机技术对各种物理量进行监视、测量、记录和分析,可以准确地获取实验的动态信息,使部分测量过程实现自动化,因而有利于提高实验精度,有利于研究瞬变过程,更可以大大减轻实验人员的劳动强度,这是现代物理实验的发展方向之一。

目前广泛采用的实验教学网络化管理系统和网上选课系统,就是以计算机、多媒体和互联网为基础建立的一套教学管理系统。利用该系统,教师可以随时了解学生的选课情况并实时管理学生的整个实验操作过程,还可通过网上选课系统直接对每个学生的实验数据进行审阅和批改,批改的成绩被保存至数据库中。实验教学网站与学校教务处在网上形成交互连接,使学生的期末成绩通过网络直接送达相关部门。同时,学生也可通过网络对实验成绩进行查询,对实验项目进行网上预约、预习和仿真模拟。

计算机在物理实验教学中的应用主要体现在以下几方面：

(1) 实验数据的采集处理和过程控制；

(2) 实验数据的处理；

(3) 物理实验的模拟和仿真；

(4) CAI辅助教学；

(5) 信息数据库；

(6) 实验教学的管理和组织。

本章将对1～3项内容进行介绍,其他方面的内容可参考其他有关资料。

第一节　实验数据的采集处理和过程控制

计算机的数据采集与处理是将温度、压力、位移等模拟量采集并转化为数字量,再传送到计算机进行处理的过程。而过程控制是计算机对采集到的信号进行分析、计算、判断,然后发出指令,指挥执行机构对实验对象进行控制操作,其原理如图6-1-1所示。

实验数据的采集和处理必须先通过各种传感器及其外围电路将电流、电阻、电功率等电学量和温度、压力、光强度等非电学量转变成可以被计算机接收的电压信号,然后再由

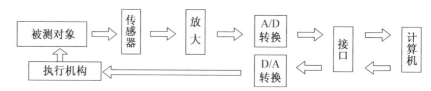

图 6-1-1　计算机数据采集和过程控制框图

模数(简称 A/D)转换电路将这些电压信号转变为计算机可以直接识别的二进制数字信号,这个过程称为模数转换。被计算机采集的数字信号经过处理后直接存储在计算机的存储器中。若还有控制过程,则被采集、存储的信号还需经计算机分析判断,然后将控制信号经 D/A 转换成模拟信号,再通过执行机构予以执行。

目前,在物理实验中常用的传感器有温度传感器(包括热电偶、热敏电阻、IC 传感器等)、霍尔传感器、压力传感器、位移传感器、压电传感器、光电传感器等。而实验中使用的 A/D 转换电路一般都集成在一块半导体芯片内,常见的 A/D 转换芯片有 8 位、10 位和 12 位三种,这三种转换芯片的分辨率依次为 $1/2^8$、$1/2^{10}$ 和 $1/2^{12}$。此外,采样频率也是 A/D 转换器的重要技术指标,大学物理实验中常用的转换器的最高采样频率为 100 kHz~1 MHz。

第二节　实验数据的处理

随着现代教育技术的快速发展,实验教学的方式发生了较大的变化。尤其是计算机技术的发展,为实验数据的处理带来了极大的方便。现在已有专门为实验教材配套的实验数据处理软件,用专用软件处理实验数据,快捷、方便、准确是其优点,这里不做专门介绍,本节主要介绍 Excel 软件在实验数据处理中的应用。

Excel 是功能强大的电子表格软件,可用于分析和处理数据、绘制图表等。该软件操作简单,容易掌握,是一个非常方便的实验数据处理软件。下面就 Excel 在实验数据处理中的一些方法和功能作简单介绍。

1. 函数功能

首先单击"开始"按钮,选择"程序"。在"程序"菜单上单击 Microsoft Excel。启动 Excel 后,便出现如图 6-2-1 所示的 Excel 应用窗口界面。接下来点击菜单栏中的"插入"按钮打开下拉菜单,点击"f_x"(函数),打开插入函数对话框(图 6-2-2)。

图 6-2-1　Excel 窗口界面

选择相应的函数进行计算,也可将函数组合后进行复杂计算或直接在单元格中输入函数进行计算。现介绍一部分函数以供参考。

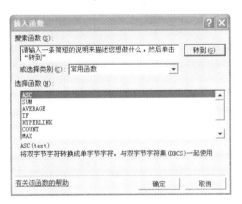

图 6-2-2　"插入函数"对话框

◆ 求和函数 SUM:某一单元格区域中所有数字之和。

例如:＝SUM(A1,A2,A3)或＝SUM(A1:A3),求 A1、A2、A3 的和。

◆ 求平均函数 AVERAGE:参数表中所有参数的平均值(算术平均值)。

例如:＝AVERAGE(A1:A3),求 A1、A2、A3 的平均值。

◆ 求最大值函数 MAX:一组参数中的最大值。

例如:＝MAX(A1:A3),求 A1、A2、A3 中的最大值。

◆ 求最小值函数 MIN:一组参数中的最小值。

例如:＝MIN (A1:A3),求 A1、A2、A3 中的最小值。

◆ 求标准偏差函数 STDEV:估算给定样本的标准偏差 S。

例如：＝STDEV(A1:A5)，求 A1、A2、A3、A4、A5 的标准偏差 S。

◆ 计数函数 COUNT：给定包含数字以及包含参数列表中的数字的单元格的个数。

◆ 直线方程的斜率函数 SLOPE：经过给定数据点的线性回归拟合直线方程的斜率。

◆ 直线方程的截距函数 INTERCEPT：线性回归拟合直线方程的截距。

◆ 取整函数 INT：将数值向下舍到最接近的整数。

◆ 近似函数：

ROUNG：按指定的位数对数值四舍五入；

ROUNDDOWN：按指定的位数向下舍去数字；

ROUNDUP：按指定的位数向上舍入数字。

◆ 部分数学函数：

SIN(正弦)，COS(余弦)，TAN(正切)，SQRT(平方根)，POWER(乘幂)，LN(自然对数)，LOG10(常用对数)，EXP(e 的乘幂)，DEGREES(弧度转角度)，RASIANS(角度转弧度)，PI(π 值)，MINVERSE(逆矩阵 $\boldsymbol{K}{\rightarrow}\boldsymbol{K}^{-1}$)，MMULT(两矩阵的乘积)。

函数的输入方法：

(1) 单击要输入公式的单元格；

(2) 单击插入→f_x函数；

(3) 在弹出的插入函数对话框中选择需要的函数；

(4) 单击"确定"在弹出的函数对话框中按要求输入内容；

(5) 单击"确定"得到运算结果。

2. 图表功能

利用 Excel 的图表功能可以对实验数据进行作图、拟合直线、拟合曲线、拟合方程以及求相关系数等。具体操作步骤如下：首先选定数据表中包含所需处理数据的所有单元格，然后单击工具栏中的"图表向导"图标，或点击菜单栏上的"插入"，打开下拉菜单，选定"图表(H)"，进入"图标向导-4 步骤之 1-图表类型"的对话框(图 6-2-3)，选定要得到的

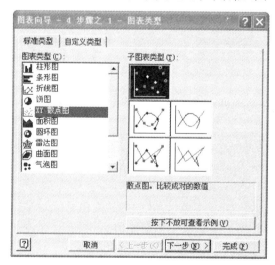

图 6-2-3 "图表向导"对话框

图表类型。例如:XY 散点图,再单击"下一步"按提示完成对话框中内容的输入,最后单击"完成",便可得到相应图表。再选中得到的图表,单击菜单栏中"图表"菜单,打开下拉菜单,选择"添加趋势线"命令;点击"类型"标签,选定趋势线的类型,如"线性"等;也可选中"选项"标签中的"显示公式","显示 R 平方值"等复选框,单击"确定"便可得到拟合直线或曲线、拟合方程和相关系数 R^2 的数值。

3. 线性回归分析

线性回归法是一种重要的处理实验数据的方法,其计算工作量较大,但在 Excel 中很容易实现线性回归分析。具体方法如下:由 Excel 的窗口界面菜单中的"工具"栏进入"数据分析(D)……",如果没有,则在"工具"菜单栏中,点击"加载宏"命令,选中"分析工具库"复选框,在弹出的对话框中选中"回归",即进入"回归"的对话框(图 6-2-4)。在"回归"的对话框中输入 X、Y 值数据所在的单元格区域,以及输出区域的位置和其他的一些选项后单击"确定"就可完成线性回归分析的计算工作。

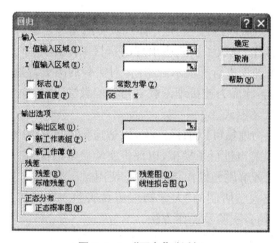

图 6-2-4 "回归"对话框

Excel 的数据处理功能非常强大,以上只介绍了其中一部分功能,其他更详细的功能可以参考 Excel 工具书。

第三节 物理实验的模拟和仿真

计算机模拟作为一门数值计算技术,是系统工程、管理科学、运筹学等广泛采用的研究方法之一。它利用计算机对一个复杂客观系统的结构和行为进行动态仿真,以安全和经济的方法获得系统过程的反映结果,以预测或评价一个系统的行为,为决策者提供科学的依据。

在物理实验中,计算机不仅可以模拟出实验中可能发生的现象,还可以通过改变控制参数模拟出不能或不易进行实验的现象,不仅可以进行计算机辅助教学(CAI)和计算机辅助设计(CAD),还可以进行科学研究。例如,模拟扩散过程、布朗运动、热交换、大爆炸等,可以形象生动地研究实验规律。模拟实验与实际实验相比,可以节省大量的人力、物力和财力。随着科学技术的发展,计算机模拟已经迅速发展成一门新型学科,深入到各行各业,正发挥着越来越大的作用。本节主要介绍仿真实验在物理实验教学中的应用。

大学物理仿真实验通过计算机把实验设备、教学内容、教师指导和学生操作有机融合,通过对实验的模拟,加强学生对实验的物理思想和方法、仪器结构和原理的理解,并加强学生对仪器功能和使用方法的训练,培养设计思考能力和比较判断能力,可以达到实际实验难以实现的效果,实现了培养动手能力、学习实验技能、深化物理知识的目的。

大学物理仿真实验具有下列优点:

(1)通过对实验环境的模拟,使未做过实验的学生通过仿真软件对实验的整体环境、所用仪器的整体结构建立起直观的认识。仪器的关键部位可拆卸、分解、调整,通过对仪器的各种指标和内部结构实时观察,使学生熟悉仪器的功能并掌握使用方法。

(2)在实验中实现了仪器的模块化,学生可对提供的仪器进行选择和组合,用不同的方法完成同一实验目标,培养学生的设计能力和对不同实验方法的优劣、误差大小的比较、判断能力。

(3)深入剖析教学过程,在设计上充分体现教学的指导思想,学生只有在理解的基础上认真思考才能正确操作,克服了实验中出现的盲目操作和实验"走过场"的缺点。

(4)对实验的相关理论进行了演示和讲解,对实验的历史背景和意义、现代应用等方面都做了介绍,使仿真实验成为连接理论教学与实验教学,培养学生理论与实践相结合思维能力的一种崭新的教学模式。

(5)实验中待测的物理量可以随机产生,以适应同时实验的不同学生或同一学生的不同次操作。对实验误差也进行了模拟,以评价实验质量的优劣。

(6)具有多媒体配音解说和操作指导,易于使用。

下面结合中国科技大学研制的"大学物理仿真实验 V2.0"仿真软件,详细介绍夫兰克-赫兹实验的计算机仿真实验及操作方法。

实验的内容主要是测量汞的第一激发态电势,从而证明原子能级的存在。实验中原子和电子碰撞是在夫兰克-赫兹管(F-H 管)内进行的,当管内充以不同的元素时,就可以测出相应元素的第一激发电势。在实验过程中,要求了解实验中的宏观量是如何与电子和原子碰撞的微观过程相联系的,并进而用于研究原子的内部结构。

进入 Windows 操作系统后,依次点击"开始"→"程序"→"大学物理仿真实验"→"大学物理仿真实验 V2.0",启动仿真实验系统。然后在系统主界面上点击"夫兰克-赫兹实验",即可进入本虚拟实验主窗口,看到场景中的实验台和实验仪器。

在主界面上选择"夫兰克-赫兹实验"图标并点击,进入本实验。在主窗口内单击鼠标右键,弹出主菜单,选择主菜单中的"系统"菜单,出现"介绍"和"退出"选项。"介绍"菜单中弹出的级联菜单包含"系统原理"和"实验仪器"选项。单击"系统原理",进入系统原理窗口,在其蓝色标题栏内双击左键即可退出。单击"实验仪器",进入实验仪器介绍窗口。选择"退出"选项,退出本实验,返回到原主界面。

在"实验预习题"菜单中,是本实验开始之前的预习题,可供学生在实验之前阅读和思考。在蓝色标题栏内按下鼠标左键,可拖动窗口、双击左键关闭该窗口。

单击"实验原理"菜单,打开"原理介绍"和"经典曲线"选项。单击"原理介绍"选项,进入实验原理介绍窗口,如图 6-3-1 所示,详细阐述了实验的基本原理和操作过程中的注意事项。在窗口左上方为实验电路图,图中蓝色管状物为 F-H 管,窗口右上方的两个旋钮分别用于调节温度 T 和灯丝电压 U_f 的大小。当温度和灯丝电压适当时,左下角区域将出现曲线,并随温度和灯丝电压的大小而变化。左上方的电路图中持续变化的可变电阻器上两端分电压为 U_{G_2K},电路图右边可变电阻器两端的电压为灯丝电压 U_f,调节时可参看右下角的实验原理说明。温度和灯丝电压调节合适之后,在屏幕上单击鼠标右键,弹出选项"实验说明"和"手工调节",用于选择实验原理的演示模式。单击"经典模式"选项,再进入经典曲线窗口。

选择"第一电势的测量"菜单,出现"实验说明""实验过程"和"数据"选项。单击"实验说明"选项,弹出关于本实验的说明,学生应仔细阅读,以保证实验的顺利进行,在蓝色标题栏内按下鼠标左键,可拖动窗口,双击右键关闭该窗口。单击"实验过程"选项,进入实验操作主窗口(图 6-3-2),开始进行实验。

双击桌面的仪器,弹出相应的仪器操作窗口。双击 F-H 实验仪右边的温度调节器,弹出温度调节窗口(图 6-3-3),然后双击 F-H 实验仪,打开 F-H 实验仪操作面板(图 6-3-4),调节温度控制旋钮和灯丝电压 U_f 旋钮,温度 T 和灯丝电压 U_f 的值显示在桌面右上角。将鼠标移到数字上会提示数字的含义。

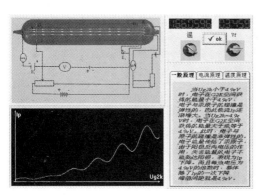

图 6-3-1　实验原理介绍窗口

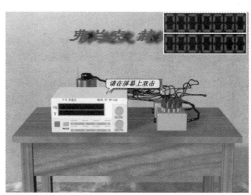

图 6-3-2　实验操作主窗口

图 6-3-3　温度调节窗口

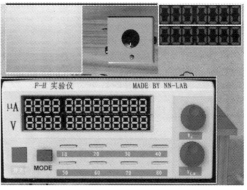

图 6-3-4　F-H 实验仪操作面板

　　在各变量未调节适当时,数字式伏特表和数字式微安表的数字颜色无任何变化,在温度控制旋钮左边的示波器屏幕上可观测波形。持续调节温度 T 和灯丝电压 U_f,当两值合适时,数字式微安表和数字式伏特表的数字均变为红色。

　　此时,按下 MODE 按钮,开始实验。有两种实验方法:① 按下 MODE 按钮,进入自动模式,仪器自动扫描,使 U_{G_2K} 自动快速增量;② 关上 MODE 按钮,进入手工调节状态,可用 U_{G_2K} 旋钮逐步增量,U_{G_2K} 旋钮位于 U_f 旋钮之下,此时可调节,仔细观察电流随 U_{G_2K} 的变化。在数字式微安表上双击左键,可弹出模拟式微安表。

　　在实验过程中,调好温度和灯丝电压之后,就不应再变动,否则会造成结果误差。手工调节 U_{G_2K} 时,可以反复观察同一段范围内的电流变化。

　　单击"数据"选项,可显示实验中所记录的数据,以供分析。选择"实验报告"菜单,弹出实验报告处理系统,建立、查看和打印实验报告,并将实验结果存档,以备评阅。

附　录

一、基本物理常数

名称	符号	数值	单位(SI)
真空中的光速	c	$2.997\,924\,58\times10^8$	$m\cdot s^{-1}$
真空电容率	ε_0	$8.854\,187\,817\cdots\times10^{-12}$	$F\cdot m^{-1}$
真空磁导率	μ_0	$12.566\,370\,614\cdots\times10^{-7}$	$H\cdot m^{-1}$
阿佛伽德罗常量	N_A	$6.022\,136\,7(36)\times10^{23}$	mol^{-1}
理想气体的摩尔体积	V_m	$0.022\,414\,10(19)$	$m^3\cdot mol^{-1}$
玻耳兹曼常数	k	$1.380\,658(12)\times10^{-23}$	$J\cdot K^{-1}$
气体常量	R	$8.314\,510(70)$	$J\cdot mol^{-1}\cdot K^{-1}$
质子质量	m_p	$1.672\,623\,1(10)\times10^{-27}$	kg
电子质量	m_e	$9.109\,389\,7(54)\times10^{-31}$	kg
基本电荷	e	$1.602\,177\,33(49)\times10^{-19}$	C
普朗克常量	h	$6.626\,075\,5(40)\times10^{-34}$	$J\cdot S$
里德伯常量	R_∞	$1.097\,373\,153\,4(13)\times10^{-7}$	m^{-1}

二、法定计量单位

表1　国际单位制的基本单位

量的名称	单位名称	单位符号
长度	米	m
质量	千克	kg
时间	秒	s
电流	安[培]	A
热力学温度	开[尔文]	K
物质的量	摩[尔]	mol
发光强度	坎[德拉]	cd

表 2　国制单位制中具有专门名称的导出单位

量的名称	SI 导出单位		
	名称	符号	用 SI 基本单位和 SI 导出单位表示
频率	赫[兹]	Hz	$1\ Hz = 1\ s^{-1}$
力	牛[顿]	N	$1\ N = 1\ kg \cdot m/s^2$
压力,压强,应力	帕[斯卡]	Pa	$1\ Pa = 1\ N/m^2$
能[量],功,热量	焦[耳]	J	$1\ J = 1\ N \cdot m$
功率,辐[射能]通量	瓦[特]	W	$1\ W = 1\ J/s$
电荷[量]	库[仑]	C	$1\ C = 1\ A \cdot s$
电压,电动热,电位,(电势)	伏[特]	V	$1\ V = 1\ W/A$
电容	法[拉]	F	$1\ F = 1\ C/V$
电阻	欧[姆]	Ω	$1\ \Omega = 1\ V/A$
电导	西[门子]	S	$1\ S = 1\ \Omega^{-1}$
磁通[量]	韦[伯]	Wb	$1\ Wb = 1\ V \cdot S$
磁通[量]密度,磁感应强度	特[斯拉]	T	$1\ T = 1\ Wb/m^2$
电感	亨[利]	H	$1\ H = 1\ Wb/A$
摄氏温度	摄氏度	℃	$1\ ℃ = 1\ K$
光通量	流[明]	lm	$1\ lm = 1\ cd \cdot sr$
[光]照度	勒[克斯]	lx	$1\ lx = 1\ lm/m^2$
[放射性]活度	贝可[勒尔]	Bq	$1\ Bq = 1\ s^{-1}$
吸收剂量比授[予]能比释动能	戈[瑞]	Gy	$1\ Gy = 1\ J/kg$
剂量当量	希[沃特]	Sv	$1\ Sv = 1\ J/kg$

表 3　国际单位制的辅助单位

量的名称	单位名称	单位符号
平面角	弧度	rad
立体角	球面度	sr

表 4　可与国际单位并用的我国法定计量单位

量的名称	单位名称	单位符号	与 SI 单位的关系
时间	分	min	$1\ min = 60\ s$
	[小]时	h	$1\ h = 60\ min = 3\ 600\ s$
	日(天)	d	$1\ d = 24\ h = 86\ 400\ s$

量的名称	单位名称	单位符号	与 SI 单位的关系
[平面]角	度	°	$1° = (\pi/180)\,rad$
	[角]分	′	$1' = (1/60)° = (\pi/10\,800)\,rad$
	[角]秒	″	$1'' = (1/60)' = (\pi/648\,000)\,rad$
体积	升	l, L	$1\,L = 1\,dm^3 = 10^{-3}\,m^3$
质量	吨 原子质量单位	t u	$1\,t = 10^3\,kg$ $1\,u \approx 1.660\,540 \times 10^{-27}\,kg$
旋转速度	转每分	r/min	$1\,r/min = 1\,852\,m$
长度	海里	n mile	$1\,n\,mile = 1\,852\,m$ （只用于航行）
速度	节	kn	$1\,kn = 1\,n\,mile/h =$ $(1\,852/3\,600)\,m/s$ （只用于航行）
能	电子伏	eV	$1\,eV \approx 1.602\,177 \times 10^{-19}\,J$
级差	分贝	dB	
线密度	特[克斯]	tex	$1\,tex = 10^{-6}\,kg/m$
面积	公顷	hm^2	$1\,hm^2 = 10^4\,m^2$

表 5 单位词头

因数	词头名称		符号
	英文	中文	
10^{24}	yotta	尧[它]	Y
10^{21}	zetta	泽[它]	Z
10^{18}	exa	艾[可萨]	E
10^{15}	peta	拍[它]	P
10^{12}	tera	太[拉]	T
10^{9}	giga	吉[咖]	G
10^{6}	mega	兆	M
10^{3}	kilo	千	k
10^{2}	hecto	百	h
10^{1}	deca	十	da
10^{-1}	deci	分	d
10^{-2}	centi	厘	c
10^{-3}	milli	毫	m

（续表）

因数	词头名称		符号
	英文	中文	
10^{-6}	micro	微	μ
10^{-9}	nano	纳［诺］	n
10^{-12}	pico	皮［可］	p
10^{-15}	femto	飞［母托］	f
10^{-18}	atto	阿［托］	a
10^{-21}	zepto	仄［普托］	z
10^{-24}	yocto	幺［科托］	y

三、物理实验常数

表1　标准大气压下不同温度时水的密度

温度/℃	密度 $\rho/(10^3 \text{ kg} \cdot \text{m}^{-3})$	温度/℃	密度 $\rho/(10^3 \text{ kg} \cdot \text{m}^{-3})$	温度/℃	密度 $\rho/(10^3 \text{ kg} \cdot \text{m}^{-3})$
0	0.999 87	30	0.995 67	65	0.980 59
3.98	1.000 00	35	0.994 06	70	0.977 81
5	0.999 99	38	0.992 99	75	0.974 89
10	0.999 73	40	0.992 24	80	0.971 83
15	0.999 13	45	0.990 25	85	0.968 65
18	0.998 62	50	0.988 07	90	0.965 34
20	0.998 23	55	0.985 73	95	0.961 92
25	0.997 07	60	0.983 24	100	0.958 38

表2　20℃时常用固体和液体的密度

物质	密度 $\rho/(\text{kg} \cdot \text{m}^{-3})$	物质	密度 $\rho/(\text{kg} \cdot \text{m}^{-3})$
铝	2 698.9	窗玻璃	2 400～2 700
铜	8 960	冰	800～920
铁	7 874	石蜡	792
银	10 500	有机玻璃	1 200～1 500
金	19 320	甲醇	792
钨	19 300	乙醚	714
铂	21 450	乙醇	789.4

（续表）

物质	密度 $\rho/(kg \cdot m^{-3})$	物质	密度 $\rho/(kg \cdot m^{-3})$
铅	11 350	汽油	710～720
锡	7 298	氟利昂-12	1 329
汞	13 546.2	变压器油	840～890
钢	7 600～7 900	甘油	1 260
石英	2 500～2 800	食盐	2 140
水晶玻璃	2 900～3 000		

表 3　海平面上不同纬度的重力加速度

纬度/(°)	$g/(m \cdot s^{-2})$	纬度/(°)	$g/(m \cdot s^{-2})$
0	9.780 49	50	9.810 79
5	9.780 88	55	9.815 15
10	9.782 04	60	9.819 24
15	9.783 94	65	9.822 94
20	9.786 52	70	9.826 14
25	9.789 69	75	9.828 73
30	9.793 38	80	9.830 65
35	9.797 46	85	9.831 82
40	9.801 80	90	9.832 12
45	9.806 29		

表 4　20 ℃部分金属的弹性模量

金属名称	弹性模量 $E/(10^9 \, N \cdot m^{-2})$	金属名称	弹性模量 $E/(10^9 \, N \cdot m^{-2})$
铝	69～70	锌	78
钨	407	镍	203
铁	186～206	铬	235～245
铜	103～127	合金钢	206～216
金	77	碳钢	169～206
银	69～80	康铜	160
锌	78		

表5　某液体在20℃时与空气接触的表面张力系数

液体	$\sigma/(\mathrm{mN \cdot m^{-1}})$	液体	$\sigma/(\mathrm{mN \cdot m^{-1}})$
石油	30	水银	513
煤油	24	甲醇在0℃时	24.5
松节油	28.8	乙醇在0℃时	24.1
水	72.75	甲醇	22.6
肥皂溶液	40	乙醇	22.0
氟利昂-12	9.0	乙醇在60℃时	18.1
蓖麻油	36.4	航空汽油(在10℃时)	21
甘油	63		

表6　液体的黏度

液体	温度/℃	$\eta/(\mu\mathrm{Pa \cdot s})$	液体	温度/℃	$\eta/(\mu\mathrm{Pa \cdot s})$
汽油	0	1 788	甘油	−20	134×10^{6}
	18	530		0	121×10^{5}
甲醇	0	817		20	$1\,499 \times 10^{3}$
	20	584		100	12 945
乙醇	−20	2 780	蜂蜜	20	650×10^{4}
	0	1 780		80	100×10^{3}
	20	1 190	鱼肝油	20	45 600
乙醚	0	296		80	4 600
	20	243	水银	−20	1 855
变压器油	20	19 800		0	1 685
蓖麻油	10	242×10^{4}		20	1 554
葵花子油	20	50 000		100	1 224

表7　固体的线膨胀率

物质	温度或温度范围/℃	$\alpha/(10^{-6}\mathrm{K^{-1}})$
铝	0~100	23.8
铜	0~100	17.1
铁	0~100	12.2
金	0~100	14.3
银	0~100	19.6
钢(0.05%碳)	0~100	12.0

物质	温度或温度范围/℃	$\alpha/(10^{-6}\mathrm{K}^{-1})$
康钢	0～100	15.2
铅	0～100	29.2
锌	0～100	32
铂	0～100	9.1
钨	0～100	4.5
石英玻璃	20～200	0.56
窗玻璃	20～200	9.5
花岗岩	20	6～9
瓷器	20～700	3.4～4.1

表8　固体的比热容

物质	比热容 $c/(\mathrm{kJ\cdot kg^{-1}\cdot K^{-1}})$	物质	比热容 $c/(\mathrm{kJ\cdot kg^{-1}\cdot K^{-1}})$
铝	0.90	铅	0.13
锑	0.21	钙	0.66
金	0.13	碳	0.51
银	0.24	铬	0.45
铜	0.39	钴	0.43
铁	0.45	锂	3.6
铸铁	0.50	镁	1.0
钢	0.46	锰	0.48
镍	0.46	铱	0.14
锡	0.23	钠	1.3
钾	0.76	硬橡胶	1.67
锌	0.39	玻璃	0.84
钨	0.13	花岗岩	0.80
铀	0.12	石膏	1.1
钛	0.52	冰	2.2
锆	0.28	大理石	0.9
黄铜	0.38	云母	0.88
康铜	0.41	石蜡	2.1～2.9
伍德合金	0.15	尼龙	1.8
石棉	0.84	聚乙烯	2.1
砖	0.80	瓷器	0.8
混凝土	0.92	石英	0.8
软木	1.7～2.1	木材(松)	2.4

表 9　液体的比热容(300 K)

物质	比热容 $c/(\text{kJ} \cdot \text{kg}^{-1} \cdot \text{K}^{-1})$	物质	比热容 $c/(\text{kJ} \cdot \text{kg}^{-1} \cdot \text{K}^{-1})$
丙酮	2.20	甲醇	2.50
苯	2.05	橄榄油	1.65
二硫化碳	1.00	硫酸	1.38
四氯化碳	0.85	甲苯	1.70
蓖麻油	1.80	变压器油	1.92
乙醇	2.43	水	4.19
甘油	2.40	乙醚	2.35
润滑油	1.87	溴	0.53
汞	0.14		

表 10　某些金属的电阻率及温度系数

金属	电阻率/ $(\mu\Omega \cdot \text{m})$	温度系数/ K^{-1}	金属	电阻率/ $(\mu\Omega \cdot \text{m})$	温度系数/ K^{-1}
铝	0.028	42×10^{-4}	铂	0.105	39×10^{-4}
铜	0.017 2	43×10^{-4}	钨	0.055	48×10^{-4}
银	0.016	40×10^{-4}	锌	0.059	42×10^{-4}
金	0.024	40×10^{-4}	锡	0.12	44×10^{-4}
铁	0.098	60×10^{-4}	水银	0.958	10×10^{-4}
铅	0.205	37×10^{-4}			

表 11　不同温度时干燥空气中的声速 m/s

温度/℃	1	2	3	4	5	6	7	8	9	10
60	366.05	366.6	367.14	367.69	368.24	368.78	369.33	369.87	370.42	370.96
50	360.51	361.07	361.62	362.18	362.74	363.29	363.84	364.39	364.95	365.5
40	354.89	355.46	356.02	356.58	357.15	357.71	358.27	358.83	359.39	359.95
30	349.18	349.75	350.33	350.9	351.47	352.04	352.62	353.19	353.75	354.32
20	343.37	343.95	344.54	345.12	345.7	346.29	346.87	347.44	348.02	348.6
10	337.46	338.06	338.65	339.25	339.84	340.43	341.02	341.61	342.2	342.58
0	331.45	332.06	332.66	333.27	333.87	334.47	335.07	335.67	336.27	336.87
−10	325.33	324.71	324.09	323.47	322.84	322.22	321.6	320.97	320.34	319.52
−20	319.09	318.45	317.82	317.19	316.55	315.92	315.28	314.64	314	313.36
−30	312.72	312.08	311.43	310.78	310.14	309.49	308.84	308.19	307.53	306.88
−40	306.22	305.56	304.91	304.25	303.58	302.92	302.26	301.59	300.92	300.25
−50	299.58	298.91	298.24	397.56	296.89	296.21	295.53	294.85	294.16	293.48
−60	292.79	292.11	291.42	290.73	290.03	289.34	288.64	287.95	287.25	286.55
−70	285.84	285.14	284.43	283.73	283.02	282.3	281.59	280.88	280.16	279.44
−80	278.72	278	277.27	276.55	275.82	275.09	274.36	273.62	272.89	272.15
−90	271.41	270.67	269.92	269.18	268.43	267.68	266.93	266.17	265.42	264.66

表 12　常用光源的谱线波长　nm

H(氢)	He(氦)	Ne(氖)	Na(钠)	Hg(汞)	He-Ne 激光
656.28 红	706.52 红	650.65 红	589.592(D₁)黄	623.44 橙	632.8 橙
486.13 绿蓝	667.82 红	640.23 橙	588.995(D₂)黄	579.07 黄	
434.05 蓝	587.56(D₃)黄	638.30 橙		576.96 黄	
410.17 蓝紫	501.57 绿	626.65 橙		546.07 绿	
397.01 蓝紫	492.19 绿蓝	621.73 橙		491.60 绿蓝	
	471.31 蓝	614.31 橙		435.83 蓝	
	447.15 蓝	588.19 黄		407.78 蓝紫	
	402.62 蓝紫	585.25 黄		404.66 蓝紫	
	388.87 蓝紫				

表 13　一些气体的折射率($\lambda_D = 589.3$ nm)

物质名称	折射率(n_D)
空气	1.000 292 6
氢气	1.000 132
氮气	1.000 296
水蒸气	1.000 254
二氧化碳	1.000 488
甲烷	1.000 444

表 14　一些液体的折射率($\lambda_D = 589.3$ nm)

物质名称	温度/℃	折射率(n_D)
水	20	1.333 0
甲烷	20	1.361 4
甲醇	20	1.328 8
乙醚	22	1.351 0
丙酮	20	1.359 1
二硫化碳	18	1.625 5
三氯甲烷	20	1.446
甘油	20	1.474
加拿大树脂	20	1.530
苯	20	1.501 1
α-溴代萘	20	1.658 2

表 15 一些晶体和关于玻璃的折射率($\lambda_D = 589.3$ nm)

物质	n_D	物质	n_D
熔凝石英	1.458 43	重冕玻璃 ZK8	1.614 00
氯化钠	1.544 27	火石玻璃 F8	1.605 51
氯化钾	1.490 44	重火石玻璃 ZF1	1.647 50
萤石(CaF_2)	1.433 81	重火石玻璃 ZF6	1.755 00
冕玻璃 K6	1.511 10	钡火石玻璃 BaF8	1.625 90
冕玻璃 K9	1.516 30	重钡火石玻璃 ZBaF3	1.656 80

表 16 一些单轴晶体的 n_o 和 n_e($\lambda_D = 589.3$ nm)

物质	n_o	n_e
方解石	1.658 4	1.486 4
晶态石英	1.544 2	1.553 3
电石	1.699	1.638
硝酸钠	1.587 4	1.336 1
锆石	1.923	1.968

表 17 一些双轴晶体的折射率($\lambda_D = 589.3$ nm)

物质	n_α	n_β	n_γ
云母	1.560 1	1.593 6	1.597 7
蔗糖	1.539 7	1.566 7	1.571 6
酒石酸	1.495 3	1.535 3	1.604 6
硝酸钾	1.334 6	1.505 6	1.506 1

参考文献

[1] 华中工学院,天津大学,上海交通大学. 物理实验基础部分(工科用)[M]. 北京:高等教育出版社,1981.

[2] 张兆奎,缪连元,张立. 大学物理实验(第二版)[M]. 北京:高等教育出版社,2001.

[3] 成正维. 大学物理实验[M]. 北京:高等教育出版社,2002.

[4] 丁慎训,张连芳. 物理实验教程(第二版)[M]. 北京:清华大学出版社,2002.

[5] 沈元华,陆申龙. 基础物理实验[M]. 北京:高等教育出版社,2003.

[6] 朱鹤年. 基础物理实验教程[M]. 北京:高等教育出版社,2003.

[7] 熊永红. 大学物理实验[M]. 武汉:华中科技大学出版社,2004.

[8] 肖苏. 大学物理实验[M]. 合肥:中国科学技术大学出版社,2004.

[9] 倪育才. 测量不确定度评定[M]. 北京:中国计量出版社,2004.

[10] 郑党儿. 简明测量不确定度评定方法与实例[M]. 北京:中国计量出版社,2004.

[11] 肖井华,蒋达娅,陈以方,董淑香. 大学物理实验教程[M]. 北京:北京邮电大学出版社,2005.

[12] 钱锋,潘人培. 大学物理实验[M]. 北京:高等教育出版社,2005.

[13] 吕斯华,段家低. 新编基础物理实验[M]. 北京:高等教育出版社,2006.

[14] 吴锋,张昱. 大学物理实验教程[M]. 北京:科学出版社,2008.

[15] 黄志高. 大学物理实验[M]. 北京:高等教育出版社,2008.

[16] 刘小廷. 大学物理实验[M]. 北京:科学出版社,2009.

[17] 李朝荣,徐平. 基础物理实验(修订版)[M]. 北京:北京航空航天大学出版社,2010.

[18] 李相银. 大学物理实验(第二版)[M]. 北京:高等教育出版社,2009.

[19] 陈小兵,杜微. 大学物理实验[M]. 镇江:江苏大学出版社,2013.